U0043213

戲說六大茶類

吳德亮◎著・攝影

推薦序

全球茶類的文化洗禮與學術傳遞

◎徐堯輝（國立中興大學副校長／生物科技學研究所教授）

從小我就養成喝茶的習慣，甚至以茶湯泡飯，現在也時常憶起與父母盤膝對飲的情景。詩人藝術家德亮掏出了我的心情，每當與家人、朋友沏茶，就浮現他禮讚茶香的一首詩：

投身滾沸之間
成就滿室茶香
葉片且婆娑舒展
釋放緊揪的心結
而湯色正盈盈
輝映你我
歡喜的心
（摘錄自《德亮詩選・卷三・茶韻留香・沏茶》）

人生許多緣分都是難以預期的，雖然早已慕名這位被冠予茶葉達人的詩人、作家、畫家、攝影家、藝術家等多重身分的資深媒體人，直到二〇一二年中興大學開始推動睿茶平台計畫，我才得與德亮詩人藝術家真正接觸，確認他是興大校友後，學長就成為日後我對他的尊稱。台灣近二十年無論是茶葉研發或產業之擴展，均有驚人的發展，有鑑於國內大學體系沒有學院提供完整的茶學教育，興大開始規劃茶學課程與實習場所，德亮學長成為學校延聘諮詢的講座，他所出版的茶藝文學豐富而廣博，自然成為同仁授課的參考工具書，他也不時蒞校演講指導，使興大睿茶平台多元且生動。此後學長所發表的專欄、雅士同好聚會、受邀演講、主持活動的訊息，他都不時傳入我的電子信箱，我很幸運蒙獲茶葉達人的文化洗禮，也使我在教育崗位上能生生不息地傳遞茶文化的精華。

德亮學長新作《戲說六大茶類》的精簡演講篇，兩年前曾在興大通識教育講座發表，滿堂的學生、老師與茶業界人士在兩小時內宛如跋涉許多茶葉聖地、嚐盡瓊漿玉露。新書雖名「戲說」而非「細說」，卻絕非輕描淡寫、簡隨而過，相反的，記錄了學長累積十多年千里跋涉，翻山越嶺找茶，圖文並茂寫茶，旁徵博引考據，為朦朧的茶區與各具特色的茗品，給了最生動寫實的註解。新書除了第一章介紹茶葉分類與發酵外，其餘二至七章按乾茶的顏色為分類的依據，分別介紹綠茶、白茶、黃茶、青茶、紅茶與黑茶，各章均詳述各種茶類的產區、品項與名茶。道盡各類茶的悠悠歷史，繁複變化的製茶工序，表現出豐富多彩的迷人魅力。綠茶是世界最古老的茶類，也是中國最多的茶種類，書中的第二章中敘述日本蒸青綠茶的發源與茶道極致的境界，體會「本來無一物」與「無一物中無盡藏」的濃濃禪意，茶文化的無遠弗屆，可以修鍊人的品格或身心。

第五章介紹青茶，也是我們熟悉並引以為傲的烏龍茶，有全球海拔最高的大禹嶺茶，又有與小綠葉蟬共舞的東方美人茶，不同茗品藉由不同發酵程度與烘焙技術，保留原茶的香氣與回甘的喉韻。第六章介紹紅茶，紅茶發源於福建武夷山桐木村的正山小種紅茶，傳入歐洲後已是當今全球產量最多的茶類，世界三大高香紅茶獨占鰲頭。台灣紅茶的故鄉日月潭，這幾年也掀起台灣的紅茶熱。第七章介紹黑茶，德亮學長曾出版過數本普洱茶專書，可見其豐富多樣，風起雲湧，多彩絢爛，成就了許多驚奇與典故，此章也包含老班章的經濟奇蹟及實用的普洱茶收藏與辨識法。

德亮學長的獨特，已可以由他所獲的尊號窺知，他的著作是茶文化的寶典，他囑咐我寫序，心裡所期待的應是透過學術的傳遞，回饋這片土地。

二〇一六年十二月五日

於國立中興大學生物科技學研究所

作者序

八十萬里茶和淪

「作為一個文人，我到底能為台灣、為兩岸真正做些什麼？」有幸成為「作家」以來，我常常思索這個問題。

二十世紀末期，當台灣茶從外銷榮景急遽轉為內銷、茶葉與茶藝市場受到重大衝擊；當宜興紫砂壺歷經多年的飆漲後忽然一夕崩盤；當台灣一向引以為傲的茶文化正面臨轉型的十字路口；當對岸茶文化或茶價正隨著改革開放的腳步悄悄甦醒。愛茶成癡的我當時就告訴自己，該是站出來用筆、用鏡頭，為台灣茶、為兩岸茶文化、為台灣正奮力崛起的壺藝家們努力發聲的時候了。

因此從新世紀伊始，我毅然放下新聞週刊總編輯的光環，開始背起相機深入「找茶」寫茶，從台灣各大茶山到對岸各大茶區，更進一步前進東北亞、東南亞、南亞等地，無論烏龍茶、黑茶、紅茶或綠茶、黃茶、白茶，可以說，只要有茶的地方，就大多有我的足跡。從二〇〇三年第一本茶書《風起雲湧普洱茶》開始，幾乎一年推出一本茶書。一路走來雖然辛苦，但十多年來，看到原本被污名化「臭脯茶」的普洱茶重新站起；看到台灣烏龍茶與紅茶再度站上國際舞台；看到原本沒落的茶區或茶品因而風雲再起；看見台灣茶器逐年扮演更重要角色；看到六大茶類在兩岸甚至全球市場輪番上陣、各領風騷；看見原本獨鍾紅茶與綠茶的外國友人開始嘗試或喜歡品飲更多元化的茶品。曾經略盡棉薄之力的我也深感欣慰，更深深感謝十多年來，兩岸讀者對我的熱情支持。

不過，推出近四十本各類著作，或單純十多本茶文化相關大書以來，從來不曾為了完成一本書，而累積了將近十年的功夫；也從來不曾為了單一的寫作主題，而歷盡艱辛、長途跋涉過漫長又遙遠的旅程。事實上，單就台北經昆明轉往西雙版納或普洱來回，前前後後不下數十次就絕對超過八千公里，何況還前往江蘇、浙江、安徽、湖南、廣東、福建、四川、江西、陝西等產茶大省，加上東北亞、澳洲甚至美國夏威夷大島等地。不斷累積的數萬張照片與文字紀錄、地圖繪製，加上近三個月不眠不休地閉關寫作，才能完成這本涵蓋所有茶品的《戲說六大茶類》，「八千里路雲和月」已經不足以形容，幾乎可以說是「八十萬里茶和瀹」了。

十四世紀明太祖朱元璋廢團茶改散茶而發源的「瀹茶法」，即今日普遍簡便取茶置壺沖泡的「撮泡法」，「瀹」字除了《通欲文》所說「以湯煮物曰瀹」；還有東漢許慎《說文解字》的「瀹，漬也」，即浸漬之意；或《文心雕龍》所說「疏瀹五藏，澡雪精神」、《孟子・滕文公上》「禹疏九河，瀹濟漯而注諸海」的「疏通」等解釋。因此我的八千里路茶和瀹，應該也包含了一路走來風塵僕僕，卻也幾乎成天沉浸在茶園或茶堆，或疏通比較

作者在雲南景邁古茶山制高點俯瞰觀察古茶園環抱的傣寨。

或以詩畫詮釋各類茶品，而始終樂在其中，甚至每當有茶葉重大事件發生，也多會受邀上電視為消費者解惑。

至於不用「細說」而以「戲說」為名，是因為真要細說分明、將六大茶類鉅細靡遺說個清楚，非得數十萬、甚至數百萬字不可，對讀者來說不僅是個負擔，也不可能進入通路、達到人人都得而閱讀的境界，那正是北京大學目前集合全國數十位學者菁英共同編纂、多達七十多部的《中華茶通典》所應呈現的。我則希望以精彩的圖文、用說故事的方式，讓愛茶人或普羅大眾能夠一次輕鬆認識全球所有茶類、進而步入繽紛迷人的茶世界，才是寫作本書的最大意義。

常聽資深茶人將各種茶做擬人化的譬喻：說綠茶就像不識愁滋味的輕狂少年；而紅茶卻是艷光四射的俏舞者。包種茶有如清秀婉約的小家碧玉；烏龍茶則宛若手姿綽約的成熟貴婦；高山茶更像冷艷尊貴的絕世美人。白茶彷彿隱於山林的藥師居士；黃茶是渾身有勁的黃金新貴；千兩茶則彷彿剛毅果決的正義之士；普洱茶卻不啻是學富五車的智者。其實，所有茶類或茶品都必須從識茶開始，接著再細細品味至深入，才能感受或體會箇中不同的玄機與風采吧。

德亮
2016 霜降

目次

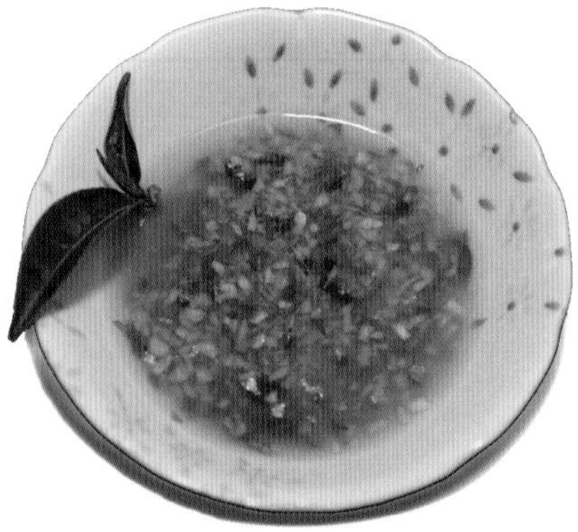

【第四章】 黃茶

【第五章】 青茶（烏龍茶）

【第六章】

紅茶

【第七章】黑茶

【第一章】

茶葉分類與發酵度

茶葉分類方式與基準

人類何時開始用茶？儘管確切時間難以查證，但中華民族最早發現並使用茶葉，則是無庸置疑的。從野生型、過渡型、栽培型三大古茶樹王分別在雲南省普洱市鎮沅縣、普洱市瀾滄縣、臨滄市鳳慶縣三地陸續被發現，更可證明世界茶葉的原鄉就在中國瀾滄江流域，經由天然或人為方式不斷向四方傳播，向東來到華中、華東、華南以及台灣等地；向北則往韓國、日本；往南則在印度、斯里蘭卡生根，往西最遠甚至抵達非洲肯亞等地。印度大吉嶺除了千百年前傳入的阿薩姆大葉種茶樹 Asscm Bush，更有來自清朝中國武夷山的小葉種 China Bush。近年甚至連美國夏威夷大島、澳洲等地都有台灣烏龍茶栽培成功而繁榮市場的事例。

一般來說，茶樹可大別為野生喬木茶樹、矮化型喬木茶園，以及現代人工栽培的灌木茶園三種。其中野生喬木茶樹只是一般通稱，嚴格說來應再細分為：野生型、過渡型與栽培型三大類，代表茶樹從原始森林進化至人類廣為種植利用的三個階段。首先，自然孕育的原生種茶樹稱為「野生型喬木老茶樹」，未經任何人類利用、管理或培育。進化至第二階段，即從野生茶樹自然落下的種籽長大成樹後，開始為先民所發現並就地採摘利用，這是人類與茶葉的首度邂逅，稱為「過渡型喬木老茶樹」。後來人類乾脆將茶籽帶回自行種植利用，就成了最早的「栽培型喬木茶樹」，經過人類馴化管理後繁衍至今，三者皆為有性繁殖。此後人類再運用智慧透過壓條、阡插等無性繁殖方式大量種植，並不斷選育改良，成就今日全球豐富多樣的茶樹品種。

從雲南少數民族最早的生採藥用、切碎或熟煮當菜的「喫茶」；至晴天曬乾、雨天醃漬等儲存備用的無採製品飲方式；到中唐以後經由茶聖陸羽的倡導，茶開始由加料的羹煮發展為清茶的烹煮，採茶後放入釜中蒸，臼杵擣碎、拍成團餅、焙乾，飲用時再碾碎、過篩、入釜拌勻、烹煮後品飲的「烹茶法」；至宋代改將研磨茶末放入茶盞以沸水注入加以擊拂，產生泡沫後再飲用的「點茶法」；再到明朝的廢「團茶」改為散茶，並以炒熟、揉捻、乾燥、烘焙的製作方式為主流，品飲方式也多了置茶入壺、沸水一再沖泡出湯的「瀹茶法」，至今累積了千變萬化的製作工序及上千種各具特色的茗品。

因此茶葉的種類到底有多少？不僅一般消費者無法搞懂，即便專業的茶農或茶商一時也很難說個

雲南省普洱市鎮沅縣九甲鄉發現的2700歲「野生型」古茶樹王。

雲南省普洱市瀾滄縣富東鄉邦崴村發現的1700歲「過渡型」古茶樹王。

明白。經過三千多年來不斷發展與演進，喜愛喝茶的中國人終究以乾茶顏色為主軸，或因加工製造方法及發酵程度的不同，將茶葉區分為綠茶、白茶、黃茶、青茶、紅茶、黑茶等六大類。

對於六大茶類的分類方式與基準，中國大陸學者陳椽教授認為：「茶葉分類，應以製茶的方法為基礎，茶葉種類的發展根據製法的演變，且需結合茶葉品質的系統性。」又說：「茶類的發展歷史先後，也可作為茶葉分類依據的參考。根據製法和品質的系統以及應用習慣上來分類。」

不過看似單純的「六分法」，卻往往造成現代人認知上的錯亂。例如武夷岩茶、凍頂茶或鐵觀音等烏龍茶只因茶葉外觀「青褐如鐵」而稱青茶；紅茶的英文為 **Black Tea**（黑茶），黑茶的英文卻是 **Dark Tea**；還有白毫烏龍與特徵為「白毫披身」的白茶毫無關連；「安吉白茶」為綠茶而非白茶；大紅袍屬青茶類的閩北烏龍茶而非紅茶等。

而且在六大茶類中，除了綠茶、紅茶與黑茶外，其他三種都屬於部分發酵的茶類。其中輕度發酵的白茶與微發酵的黃茶，不僅在兩岸所佔比例極微，在國外更可說少之又少，讓接觸較少的普羅大眾更加混淆不清。因此歐美各國與台灣目前在習慣上，大多按茶葉的發酵程度來區分為半發酵（或稱部分發酵）的烏龍茶、不發酵的綠茶、全發酵的紅茶，以及後發酵的普洱茶等四大類。至於以產製白蘭地美酒著稱的法國，為了有效區分台灣烏龍茶，乾脆稱條型包種茶為「清香烏龍」、凍頂茶為「濃香烏龍」、

雲南省臨滄市鳳慶縣香竹箐發現的3200歲「栽培型」古茶樹王，證明中國人早在商紂之前就已開始種茶。

江蘇省陽羨茶博物館內複刻展示的唐宋團餅茶。

東方美人茶為「香檳烏龍」。

此外，國人常見的凍頂茶、福鹿茶、松柏長青茶、港口茶、阿里山珠露、秀才茶等台灣名茶，或中國的武夷岩茶、杭州龍井、六安瓜片、黃山毛峰等，則係冠以地名或結合地方特色來命名的茶品，如港口茶產於屏東縣滿州鄉港口村而名，秀才茶與清代科舉毫無關連，只因產地在桃園市楊梅區的秀才窩罷了。而某些地方特色強烈的名稱也不僅指單項茶品，如福建武夷岩茶的各種茶品鐵羅漢、水金龜、肉桂、不見天等，花名高達近百種之多，令人瞠目結舌；而東台灣花蓮的天鶴茶，也包含了烏龍茶、蜜香紅茶、柚香茶在內；宜蘭素馨茶泛指冬山鄉包種茶、紅茶等所有茶品；馬祖離島的「馬紅」則包含烏龍茶與紅茶在內。其中也不乏饒富趣味的例子：如「三星」往往令人聯想到配掛三顆星的「上將」，宜蘭縣三星鄉因此將茶品名為「上將茶」；或桃園縣復興鄉早先茶園大多集中在梅花簇簇的台地上，故總統蔣經國因而賜名為「梅台茶」等。

至於有人更深入提到青心烏龍、香櫞、紅心歪尾桃、毛蟹、佛手、青心大冇、阿薩姆、烏枝、金萱、翠玉、白毛猴等名稱，則又屬於茶樹品種的領域了。

不過，上述的分類常會出現相互重疊的情況，例如「鐵觀音」既為茶品名也是茶樹品種；「普洱」茶既為地名又屬後發酵的「黑茶」類；又如「武夷岩茶」為茶品，「武夷茶」卻是台灣常見的茶樹品種等。

雲南少數民族習慣將鮮嫩茶葉蘸以香辣的「喃咪」當成生菜食用。

六大茶類概說與部分茶類爭議

綠茶（Green Tea）：是不經發酵、逕行加熱處理的「炒菁」或「蒸菁」茶類，前者包括龍井、碧螺春、六安瓜片等；後者則有日本的玉露、煎茶、玄米茶等，所謂「清湯綠葉」，二者均具有天然清香、茶湯碧綠等特色，如以玻璃壺沖泡更可以表現茶湯的顏色與葉形。由於茶葉加熱後不經發酵便進行揉捻乾燥，葉綠色澤得以保存，據說也最能留住茶葉中的「兒茶素」，因此近年學者專家紛紛發表專論，認為常飲能防老、抗氧化，甚至還有防癌的功效。

白茶（White Tea）：屬輕度發酵的茶，發酵度約五到十%。它在加工時不炒不揉，只將細嫩且葉背滿布茸毛的茶葉曬乾或用文火烘乾，乾茶外觀因而滿披白毫、型態自然。台灣目前除花蓮舞鶴茶區有少量白牡丹的產製外，大多來自中國福建，以銀針白毫最為著名。

黃茶（Yellow Tea）：是微發酵的茶，發酵度約十到二十%，由於芽葉茸毛披身、金黃明亮，而有「金鑲玉」的美稱。在製茶過程中，經過悶堆渥黃，因而形成黃葉黃湯的茶種。不過由於台灣尚無「悶堆渥黃」的技術，因而幾乎沒有任何產製。代表茶品有中國湖南的君山銀針、安徽六安的霍山黃芽、四川雅安的蒙頂黃芽等。

青茶（Blue Tea）：即俗稱的烏龍茶，屬部分發酵

綠茶以玻璃壺沖泡可以表現茶湯的顏色與葉形。

茶，發酵度介於綠茶與紅茶之間，並依茶品不同而有十五到八十五%的極大落差：如輕發酵的文山包種茶或高山茶（十五到二十%）、中發酵的凍頂茶（二十到三十五%）、重發酵的鐵觀音（四十到五十%），以及發酵程度更重的白毫烏龍（六十到七十五%）與紅烏龍（八十五到九十%）等。

半發酵茶在台灣學界大多稱為「包種茶」，而今日風行台灣的烏龍茶，則是「半球型包種茶」的俗稱，有別於「條型」的文山包種茶，以及「球型包種茶」的鐵觀音。

一九八〇年全球烏龍茶產量僅約一・八萬公噸，佔世界茶葉總產量的一%左右，至二〇〇六年攀升至十三・六萬公噸左右，約佔全球茶葉總產量的三・九%，二〇一〇年比例略降為二到三%。不過在台灣卻最受茶人的喜愛。

紅茶（Black Tea）：是一種全發酵茶，發酵度在九十五%以上，是當今全球產量最多的茶類，也是全世界僅次於白開水而排名第二普及的飲料，佔全球茶葉總產量的七成以上。好的紅茶外觀色澤呈烏黑帶光澤，湯色紅艷透明、滋味醇厚。而與其他茶類最大的

俗稱烏龍茶的青茶因發酵度不同而有極大差異。

六大茶類製作工序流程速見表

綠茶	白茶	黃茶	青茶	紅茶	黑茶
採菁	採菁	採菁	採菁	採菁	採菁
殺青（兩岸為炒青、日本為蒸青）	熱風萎凋（部分地區使用日光萎凋）	萎凋	日光萎凋	萎凋	靜置
揉捻	乾燥	殺青	室內萎凋	揉捻	殺青
乾燥		揉捻	搖青	發酵	揉捻
		悶黃	殺青	乾燥	曬青
		乾燥	揉捻		渥堆
			乾燥（但台灣半球型烏龍茶在初乾後會多一道熱團揉工序再複乾）		乾燥（但茯茶會多一道發金花工序）
					緊壓成形

不同，就在於紅茶是最具「包容性」和「變化多端」的茶類，可以添加研製成各式加味紅茶，如檸檬紅茶、麥香紅茶、泡沫紅茶，以及近年紅透半邊天的「珍珠奶茶」等。知名茶品則有日月潭紅茶、花蓮蜜香紅茶、祁門紅茶、斯里蘭卡烏巴紅茶、印度大吉嶺紅茶等。

不過近年歐美國家對紅茶製作的標準卻大多依 ＩＳＯ三七二〇 來認定，而發酵程度並未在規範之內，因此印度大吉嶺春摘紅茶為保持香氣，就出現了十五到二十%之間的輕發酵茶，徹底顛覆華人世界對紅茶全發酵的概念。

黑茶（Dark Tea）：屬後發酵茶，發酵度約八十%。最常見的就是以雲南大葉種茶樹為原料、大多壓製為成團成餅的緊壓「普洱茶」，少數為散茶，經十數年甚至數十年悠悠歲月「陳化」而成。由於發酵時間較長，因此葉色多呈暗褐色，風味圓融醇厚（詳見吳德亮著《普洱藏茶》一書／聯經）。

此外，著名的黑茶還包括湖南安化的黑茶（含千兩茶、黑磚茶、花磚茶、茯茶等）、廣西梧州的六堡茶、陝西咸陽的茯磚茶、安徽祁門蘆溪的六安籃茶等。

不過近年中國雲南許多學者卻紛紛提出異議，認為經過現代「渥堆」工序加速發酵而成的「熟普洱」，由於「葉色油黑凝重」，稱黑茶固無不妥，但一九七五年渥堆工序發明以前、或一九九〇年代以後，許多未經渥堆、必須透過長時間自然發酵轉化而成的普洱生茶，歸類為黑茶並不恰當，應「正名」為「綠製普洱茶」，以有別於本屬黑茶類的「黑製普洱茶」才是。甚至還有學者主張將普洱茶獨立為新的茶類，但信陽農林學院茶學院的郭桂義教授卻指出「目前普洱茶製法和品質的差異，並未獨立於六大茶類之外。」認為「當年的普洱生茶應歸為綠茶類，當年的普洱熟茶或數十年以上的陳年普洱茶才可歸為黑茶類。」而台大食品科學系教授孫璐西也有類似說法，認為普洱生茶應列入綠茶類。

事實上，綠茶以高溫乾燥「烘青」而成的「滇綠」，與普洱生茶以日曬方式乾燥「曬青」而成的「滇青」，其實仍存在許多差異，尤以陳化多年後更明顯不同：未經人工發酵工序所產生的普洱生茶，

左上　綠茶（龍井）。中上　白茶（銀針白毫）。右上　黃茶（蒙頂黃芽）。
左下　青茶（阿里山烏龍）。中下　紅茶（祁門紅茶）。右下　黑茶（普洱茶）。

與傳統上所界定的不發酵綠茶絕對不同，例如陳放五十年的綠茶，經實際沖泡比較，無論湯色、喉韻、風味、口感等，與普洱陳茶幾乎毫無相似或雷同之處，只能說是「陳年老綠茶」罷了，因此至今仍為爭議焦點。至於將普洱生茶陳化多年後再歸類為黑茶似乎也不恰當，因為今天市場流通的許多陳年老茶，包括近年炙手可熱的台灣老烏龍茶、福建老白茶等，也絕不會因為陳化多年轉為黝黑而列入「黑茶」吧？

此外，原本綠茶即為中國品飲市場的最大主流，近年更為了迎合兩岸或外銷市場，無論福建安溪鐵觀音或台灣高山茶，多已呈現「烏龍茶綠茶化」的趨勢，茶菁愈採愈嫩，萎凋、發酵、殺青愈來愈不足，甚至為保持香氣不待全然乾燥就送進冷凍庫急凍。而安徽霍山黃芽近年也有為迎合綠茶市場，幾近省略悶黃渥堆傳統工藝的現象。總之，今天世界不停在變、市場也不斷在改變，茶農、茶商、茶葉研究學者如何在競爭日趨激烈的大環境下，求取茶類或茶品產製的最大公約數？將是現階段最嚴苛的挑戰了。

至於許多朋友喜愛的「花茶」，在過去一直被認定為非單一茶類，而係某些茶類加上添加物而成，如以綠茶加茉莉花而成「香片」；以紅茶加上佛手柑油而成「伯爵茶」、加上玫瑰花而成「玫瑰花茶」等「加味紅茶」，或加上牛奶、粉圓等以雪克機搖出的「珍珠奶茶」；又如普洱茶加上生鮮菊花而成的「菊普」；甚或將烏龍茶連同柚花一起烘焙而成「柚香茶」等。

二〇一六年春天，我在北京大學召開的《中華茶通典》學術暨編纂工作會議上，許多學者卻多主張將花茶以「再加工茶」之名，另立為第七大茶類。近年更有學者依照中國大陸出口茶的類別，將茶葉分為綠茶、紅茶、烏龍茶、白茶、花茶、緊壓茶與速溶茶等七大類。顯然茶葉分類的基準至今仍有爭議，或許若干年後，正式文獻將出現七大或八大茶類的論述，就留待學者進一步討論了。

早年行政院農委會茶業改良場曾表示，原則上除了紅茶外，其他所有茶類的基本製程都包含了殺青、揉捻、乾燥等工序，只因其後加工步驟或方式的不同而衍生為其他茶類：例如加上萎凋可衍生為白茶類；萎凋再加攪拌則衍生為青茶類；加上悶黃為黃茶類；加上渥堆即成黑茶類等。但台東分場場長吳聲舜則指出：儘管白茶傳統為室內萎凋，但現階段已有加上熱風，部分地區更使用炒菁或日光萎凋。而紅茶早期是用鍋炒，如武夷山正山小種或金駿眉至今仍保留的傳統「過紅鍋」工藝，以及今天花蓮瑞穗的蜜香紅茶等，但今日大部分的紅茶多改用甲種乾燥機代替手工了。

陳放50年的老龍井呈現的茶湯或風味與普洱陳茶明顯迥異。

〖第二章〗

綠茶

Green Tea

一、綠茶品項與名茶

綠茶是世界上最古老的茶類，也是中國最多的茶種類。從唐代作為貢茶的「陽羨茶」（今江蘇省宜興市）到宋代貢茶的「北苑茶」（今福建省建陽市與建甌市），歷代名茶競出，包括浙江省杭州市的「西湖龍井」、浙江省安吉縣的「安吉白茶」、江蘇省蘇州市的「太湖碧螺春」與南京市的「雨花茶」、安徽省六安市的「六安瓜片」、安徽省黃山市的「黃山毛峰」與「太平猴魁」、安徽省歙縣的「老竹大方」、江西省廬山的「廬山雲霧茶」、河南省信陽市的「信陽毛尖」、湖南省武陵山區古丈縣的「古丈毛尖」、貴州省都勻市的「都勻毛尖」、陝西省漢中地區的「午子仙毫」、雲南省宜良縣的「寶洪茶」等，可說黃河以南各省幾乎都有綠茶的產製，品項之多也絕對超越其他茶類。

浮梁古鎮的婦女至今仍用鐵鍋炒青及乾燥。

綠茶的採摘時間，除少數茶品如六安瓜片或太平猴魁外，大多以清明前、茶樹剛發芽時採摘，稱為「明前茶」，且以明前第一摘為最優，例如西湖龍井就以清明前採收的「明前春茶」為貴，其次才是穀雨前採收的「雨前春茶」，且有「雨前是上品，明前是珍品」之說。雨前茶稱為「二春茶」，之後至夏至所採就稱為「三春茶」而缺乏賣相了。而立夏後再採摘則葉片已變厚，稱為「四春茶」，也可稱做

「梗片」。

始創於一九〇〇年的太平猴魁為綠茶類的「尖茶」，也被譽為中國的「尖茶之冠」，就是以穀雨前後採摘為最佳。外形特色是壓扁的葉芽挺直肥實，兩頭尖而不翹、不彎曲。產於黃山區（原太平縣）新明鄉猴坑一帶的猴村、猴崗、顏家三合村。傳說「猴魁」原本是野生茶，後來飛鳥銜來茶籽撒播在石縫之中而逐漸繁衍成茶園，由於四壁陡峭採摘不易，因此特別馴養猴子攀上峰頂採茶，因而得名太平猴魁，信不信由你。

同樣產於黃山的黃山毛峰，則是以成茶「白毫披身，芽尖似峰」而命名，由於黃山古稱徽州而又名「徽茶」，為清代光緒年間的謝裕大茶莊所創制。茶樹品

太平猴魁被譽為中國的「尖茶之冠」。

因山區終年雲霧繚繞而得名的廬山雲霧茶。

黃山毛峰係以成茶白毫披身，芽尖似峰來命名。

種為黃山種與黃山大葉種，於每年清明穀雨之間採摘肥壯嫩芽以手工炒製，外形微卷如雀舌狀，特色在於茶品銀毫顯露，色澤油潤光滑且綠中泛黃，且帶有俗稱「黃金片」的金黃色魚葉。沖泡後湯色清碧微黃且霧氣繞頂，入喉後韻味更顯幽長。

至於江西省九江市廬山的廬山雲霧茶，古稱「聞林茶」，早在宋朝時就作為貢茶，因廬山的茶樹主要生長在海拔八〇〇公尺以上的含鄱口、五老峰、漢陽峰、小天池、仙人洞等地，終年雲霧繚繞，而從明代更名為「廬山雲霧茶」，至今已有三百多年歷史。

而產於河南省信陽市西南山區的信陽毛尖，特殊之處在於傳統手工炒製的生鍋、熟鍋、烘焙三大工序，而兩鍋均有專用的傾斜並列光潔鐵鍋。生鍋作為殺青與初揉，熟鍋則以茶把進行「裹條」、「扇條」、「趕條」等整形工藝，成了茶葉外形細、圓、光、直的四大品質特徵，最後再進行初烘與複烘兩次焙火，因而呈現色翠香高、白毫顯露，沖泡後湯色黃綠的風格。因此一九一五年即在舊金山萬國博覽會榮獲金獎，並於一九五九年列入「中國十大名茶」版本之一。

產於河南省信陽市的「信陽毛尖」。

午子仙毫是陝西漢中著名的綠茶。

因產於南京雨花臺而得名的雨花茶。

我第一次品飲午子仙毫，則是在遠赴漢中尋訪涇渭茯茶原料時意外發現，因產於陝西省漢中市西鄉縣秦嶺群山環抱之中的午子山一帶而得名，以清明前後無公害生態茶園採摘的細芽嫩葉製成。條型的成茶外觀微扁，當地茶農說是蘭花狀，翠綠顯毫，沖泡後香氣特別明顯，入口後也十分厚實，「清」而不「利」，可說是中國西部地區難得一見的上品綠茶了。

外觀有如松針般條索緊直渾圓，因產於南京中山陵「雨花臺園林風景區」而得名的雨花茶，儘管創始於一九五八年，說不上什麼歷史淵源，在現代愛茶人眼中可是炒青綠茶中的珍品，也是中國三針（安化松針、南京雨花、恩施玉露）之一。採摘清明前十天半開展的一芽一葉為原料，要求採摘精細、嫩度均勻與長度一致。因此緊、直、綠、勻就成了雨花茶的特色，而且四萬五千個芽葉才能製作一市斤（五〇〇公克）的雨花茶，彌足珍貴。

儘管綠茶的製作不脫殺青、揉捻、乾燥三大工序，一般也依殺青方式的不同而將綠茶大別為「炒青」與「蒸青」兩大類，但也有學者認為應加上乾燥方式的不同，再分為「烘青」與「曬青」共四大類。

炒青是今天兩岸綠茶最廣泛使用的製作工藝，即將茶菁在攝氏一二〇度左右的鐵鍋（早年多為徒手或柳枝翻炒，今天多已改用殺青機）中翻炒而成，以西湖龍井與太湖碧螺春為代表。由於在乾燥或揉捻過程工藝的不同，而有長條形、圓珠形、扇平形、針形、螺形等不同的形狀，因而又分為長炒青、圓炒青、扁炒青等方式，各具不同的品質特徵。

而以蒸汽殺青的「蒸青綠茶」本為中國古代的殺青方式，唐朝時傳至日本而成為扶桑綠茶的主流至今。主要以蒸汽破壞鮮葉中的酶活性，形成乾茶色澤深綠、茶湯淺綠、茶底青綠的「三綠」品質特徵。近年中國大陸也有少量產製，如湖北省的「恩施玉露」等。

至於烘青綠茶，係以「烘籠」進行烘乾的綠茶，外形亦可分為條形茶、尖形茶、片形茶、針形茶等，特徵為香氣濃郁、略沉悶且有烘烤過的味道，一般來說，黃山毛峰、太平猴魁、六安瓜片等名茶大多列為烘青綠茶。而湖南的古丈毛尖與雲南大葉種普洱生茶，以日光進行乾燥的曬青方式，則歸類為「曬青綠茶」。由於二者至今仍有爭議，故今天綠茶大多仍僅大別為炒青與蒸青兩種。

浙江省安吉縣的安吉白茶是綠茶而非白茶。

炒青綠茶——龍井與碧螺春

儘管「中國十大名茶」選拔與論述至今版本不下十數種，但西湖龍井與太湖碧螺春卻始終排名在內，兩種綠茶的名氣之大可以想見。因此日據時期，統治者唯恐台灣製作綠茶會嚴重影響本國綠茶的發展，而頗多壓抑。直至日本戰敗，一九四九年撤退來台的國府軍民礙於兩岸隔閡，就近尋找他們在大陸慣喝的「炒青綠茶」，新北市三峽區的茶農才以當地特有品種「青心柑仔」製作炒青綠茶，並沿用「龍井」與「碧螺春」之名，不僅滿足了來台軍民的思鄉情緒，三峽綠茶也從此鹹魚翻身。

產茶歷史已超過一千五百年，據說最早始於南北朝時的杭州西湖龍井，最受清朝乾隆皇帝的喜愛，曾經四度前往杭州，不僅品茗、觀看茶葉採製，還留下了〈坐龍井上烹茶偶成〉等多首詩，其中「龍井新茶龍井泉，一家風味稱烹煎。寸芽出自爛石上，時節焙成穀雨前。」對龍井可說推崇備至了。

西湖龍井原產於杭州市西湖區，今天則按各產地生態條件與炒製工藝的不同，而區分為「獅、龍、雲、虎」四大類：其中「獅」指的是龍井村獅子峰一帶，包括以獅子峰為中心的胡公廟、龍井村、上天竺、棋盤山等地，所產綠茶稱為西湖龍井中的上品「獅峰龍井」，乾茶呈糙米色，香氣最純。「龍」則為翁家山、楊梅嶺、上下滿覺隴、白鶴峰一帶，稱為「石屋四山龍井」。而「雲」則在雲棲、梅家塢、五雲山一帶，是西湖龍井產量最大的地區，稱為「梅塢龍井」，色澤翠綠為最大特徵。至於「虎」即為遊客最熟悉的「虎跑泉」的虎跑，與四眼井、赤山埠、三台山等地。

西湖龍井採摘細嫩茶菁，要求芽葉均勻成朵；高級龍井做工更為精細，具有「色綠、香鬱、味甘、形美」的品質特徵。製造要領則為「手不離茶、茶不離鍋、揉中帶炒、炒中帶揉、炒揉結合」，完全徒手炒製，甚至往往以手掌壓在鐵鍋內的茶菁上感受溫度是否適宜，連續操作後起鍋烘乾而成，正如中國著名茶葉專家駱少君院長所說「有生命的炒」，對於一般多改為滾筒機炒製量產的西湖龍井，她也

上　杭州西湖翁家山龍井（左）與台灣三峽日盛茶園的龍井（右）外觀與茶湯比較。
下　太湖洞庭碧螺春（左）與台灣三峽碧螺春（右）外觀上明顯不同。

杭州梅家塢龍井茶園。

表示「機器畢竟是沒有生命的，只能作大眾化的茶品」，因此二者價格差異極大。至於二者如何分辨？專家說以開水沖泡後觀察茶葉的浮沉，其中「迅速下沉」的必是手工上品。

翁家山已傳承十數代的茶農表示，茶園都是一代一代傳下來的，其中樹齡甚至超過數百年，龍井茶需要陽光，而翁家山山高、陽光足、霧水多，上等龍井需在明前採摘三十歲以上茶樹的一心二葉，茶芽大約兩公分。

而三峽龍井茶則係採摘春秋兩季青心柑仔種的一心二葉嫩芽，不經發酵直接殺青揉捻，外觀新鮮碧綠帶油光，茶湯呈黃綠色，明亮清澈，滋味活潑。除了炒、揉、捻等工序外，三峽綠茶尚多了一道碾壓的過程，製成外形扁平狹長且具白毫的劍片形綠茶，與杭州龍井無論在外形與風味上均大不相同。當地茶農表示，三峽龍井的滋味十分特殊，聞時清香、飲下苦後回甘，據說還具有清血路的功效。

太湖碧螺春主要產於中國江蘇太湖內的兩座大島「東洞庭山」與「西洞庭山」，因此也稱為「洞庭碧螺春」，卻與湖南境內的洞庭湖毫無關連，看官可千萬別搞混了。

太湖碧螺春據說早在隋唐時期即享盛名，迄今已有千餘年的歷史，當地農民原本稱為「嚇殺人香」，而「碧螺春」之名則為清朝康熙皇帝南巡蘇州時所御賜，作為極其珍貴的貢品。其特色在於所產茶葉具有特殊的花朵香味，且全部以早春時期的嫩芽「一旗一槍」——即一心一葉製成，再經茶工雙手反覆揉、搓、團、炒，直至葉條緊密捲曲如螺為止，而且必須當天炒製完畢，以保持茶菁新鮮度，具有「香氣馥郁、回味甘洌」的特色，成茶條索緊結，捲曲成螺，白毫密被且銀綠隱翠。並以香鮮濃、味道醇、色鮮艷三者號稱「三鮮」，沖泡後頗能感受花香果味沁人心脾的清新風韻。

不過三峽茶農卻信心滿滿地表示，儘管三峽碧螺春以一旗二槍的形式採製，炒青與揉捻工序也全部改以機器取代，質地柔嫩且清香味甘也不輸太湖碧螺春，只是外形大不相同、香氣也略遜一籌罷了。

捲曲如螺的太湖碧螺春又稱洞庭碧螺春。

三峽綠茶不老傳奇

早已過了採茶季節，新北市三峽成福橋旁的製茶廠依然傳來隆隆機器聲，引人好奇。把車停妥打算問個究竟，門口居然還有幾個茶農捧著一包包茶菁排隊等候，年紀最大的一位阿桑應該有七十多歲了，依然健朗地從機車後方取出茶菁，熟練地舉起塑膠茶簍放在磅秤上。但見茶廠主人取出紙筆登記數量，隨即拉開抽屜取出現金給付，緊接著為下一位茶農磅秤。

主人是正全茶廠第四代掌門李謀全，看我一臉狐疑，他笑著說「青心柑仔」是三峽特有的長青茶樹，每年從三月中旬到十一月源源不斷，幾乎每隔半月或二十天就可以採摘。他說目前自家茶園連同茶農契作，總共還有一八〇公頃、約三百戶人家，因此每天都可以收到最新鮮的茶菁，春、冬兩季製作綠茶，夏、秋則以蜜香紅茶與東方美人茶為主。當然手上也得隨時準備現金付給茶農，目前每斤收購價約一二〇至一七〇元台幣不等。

原來今日三峽普遍種植的青心柑仔，儘管在台灣無論種植面積或市佔率都遠低於青心烏龍、青心大冇、金萱、翠玉、四季春等茶樹，卻是北台灣特有的地方品種。屬灌木型小葉種、早生、茶芽肥大的青心柑仔，當地茶農都以閩南語暱稱為「柑仔種」，特色為茸毛多、根系深、有明顯主幹、樹型直立、開花量少。神奇之處在於一般茶樹約莫十五年就會逐漸老化，而青心柑仔卻會在屆齡老化之時，自動從根部長出新的樹芽，且很快繁枝張葉取代原有的老欉，繼續為愛茶人奉獻嫩芽新葉。

因此在成福橋的另一頭，日盛茶廠第七代掌門周平國特別帶著我在茶園四處穿梭，並指著一叢叢嫩綠的茶樹告訴我，別看它們一副生氣盎然的年輕模樣，其實年齡多超過六十歲了。至今所採得茶菁依然質地柔嫩、色澤碧綠，成茶品質香高味醇，外形纖細捲曲、白毫顯著，所產製的碧螺春與龍井等綠茶，都深受歡迎而供不應求，具有絕對的競爭優勢。

青心柑仔會在老化之時自動從根部長出新的樹芽。

三峽紅龜面山的茶園。

周平國說國府遷台後，三峽以當地獨有的青心柑仔種，仿製中國龍井與碧螺春綠茶而大受歡迎，滿足了來台軍民的思鄉情緒，內銷市場一片榮景。他指著前方跨越橫溪的「成福橋」回憶說，三峽茶園與茶市長久以來多集中在橫溪兩岸的成福一帶，最興盛的時期則在一九七六至一九八一年間。當時從各地蜂擁而至的茶商，往往將彼時尚為吊橋的成福橋擠得水泄不通，盛況可以想見。

我特別求證於當地已逾八十高齡的老茶師黃啟璋，他說五〇年代家中綠茶大多銷往眷村，還將北部眷村劃分為七大區，每週每天固定前往一區售茶，七天剛好跑完一輪。他回憶說，當時每天一大早就得出門，抵達時早有官兵或眷屬拿著現鈔等候買茶，遲到還會挨罵。因為中國大陸七成以上都喝綠茶，至於台灣人最喜愛的烏龍茶，不過流行於廣東與福建兩省罷了。

不過三峽茶葉近年卻有明顯「由綠轉紅」的趨勢，周平國解釋說，外省第一、二代今天已逐漸凋零，第三代以後幾乎完全融入台灣社會，喝茶習慣也以烏龍茶或各種調味紅茶居多，因此日盛製茶今年已完全停止龍井的產製，除了少量碧螺春外，大多改製為近年最受歡迎的蜜香紅茶與東方美人。

儘管今日三峽茶園面積已大為減少，茶市也早已消失在九〇年代初期，海山地區原本二五〇〇公頃的茶園猝降至目前的二五〇公頃左右，而稱得上「茶廠」的也僅存兩家。但李謀全說茶廠目前仍能年產綠茶十五萬斤、蜜香紅茶約七萬斤，綠茶還能供應某大國際連鎖咖啡所需，多虧了青心柑仔源源不斷的不老傳奇了。

三峽成福一帶的青心柑仔茶園幾乎一年四季都可採摘。

烘青綠茶——六安瓜片

車輛緩緩駛出六安市區，進入裕安區石婆店鎮後，眼前景象頓時被一畦畦綠油油的茶園取代，從近景的山坡到遠方層巒疊翠的群山，放眼所及盡是一波波綠浪推湧，在春天怒放的油菜花金色花浪層層簇擁下，不斷在車窗外綻放熱情狂野的光芒，讓同行的周君跟我，顧不得清明時節的紛紛細雨，頻頻跳車「喀嚓喀嚓」猛按快門。

說到品茶，就不能錯過清代大文豪曹雪芹的巨著《紅樓夢》吧？其中第四十一回〈櫳翠庵茶品梅花雪〉的「妙玉品茶」引人入勝，「三杯論」尤其影響深遠。而妙玉當時說的「六安茶」就是「六安瓜片」，文中賈母道：「我不吃六安茶。」也引發許多學者的討論，有說賈母飲食清淡，藉以襯托六安瓜片的香氣高長、滋醇味厚，也有說是作者曹雪芹藉賈母之口表達對明朝失國的極大惋惜。因此不僅茶人神往，許多藝文界的朋友也都對六安瓜片充

春天在六安市裕安區與油菜花璀璨共舞的茶園。

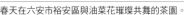

六安瓜片只採一心一葉的一「葉」。

滿遐思，只是少有品嚐罷了。

「六安瓜片」是江淮地區的第一大名茶，產於安徽省六安市，在六大茶類中也名列中國十大名茶之一。採摘時間則與安徽南部的「太平猴魁」相同，要遲至穀雨（四月十九日）前後才採摘。

六安瓜片是一種外形與剖開的香瓜片相仿、色澤翠綠的「片形」綠茶，也是綠茶中唯一全由葉片製成、不帶嫩芽或茶梗的茶品，亦有人說它形似「瓜子」。其採摘時間也較其他綠茶稍遲，通常以穀雨前後所採製為最佳。

六安瓜片外觀特別明亮油潤，沖泡後香氣高揚，茶湯柔軟而鮮醇回甘，上品且帶有熟栗般的清香。產地都在六安市的裕安區、金寨縣、霍山縣，尤其金寨縣齊雲山所產瓜片在開湯後，飄搖的茶香往往霧氣蒸騰，又稱「齊山雲霧瓜片」。

經由當地知名茶人盧董開車帶路，我們前往「六安瓜片第一村」，即海拔約六八〇公尺的沙家灣村潔淨無污染的山區，拜訪以有機茶栽種聞名的「碧榕茶業」第三代掌門張曉露。他說六安瓜片只採一心一葉的一「葉」，因此每個採茶工一天最多僅能採一斤，每日工資一二〇元人民幣，而四斤半至五斤茶菁才能做一斤茶。

其實六安產茶的歷史甚為久遠，早在唐代茶聖陸羽所撰《茶經》就有「廬州六安」；明代許次紓在《茶疏》中也說「天下名山，必產靈草。江南地暖，故獨有茶。大江以北，則稱六安」。因此同屬安徽省，六安在長江以北、淮河以南的「皖北」；而黃山毛峰與太平猴魁的產地黃山，則位處「皖南」的江南。

不過六安瓜片的產生卻是近百年的事：約在一九〇五年左右才問世。採摘後經扳片、剔去嫩芽及茶梗，再透過傳統加工工藝製成。清朝時列為「貢品」，特別受到慈禧太后的喜愛，還曾「月奉十四兩」。

六安瓜片茶葉單片不帶梗芽，起潤有霜。

碧榕茶業有機茶栽種的六安瓜片茶園。

張曉露親自為我示範六安瓜片的製作工藝，從原始生鍋、芒花掃和栗炭等炒製工具，至拉火翻烘、手工翻炒，前後達八十一次，完成後茶葉單片不帶梗芽，起潤有霜。趕緊取出白瓷蓋杯來沖泡，蒸騰四溢的香氣不僅令人沉醉，茶湯入口後回味也十分悠長，在綠茶中名列前茅可說當之無愧了。

曬青綠茶——古丈毛尖

車輛疾駛在湖南二二九號省道上，進入永順縣後，兩旁忽然出現了一畦畦的茶園，微風中茶樹飄搖的畫面格外動人。趕緊要求司機停下問個究竟，原來不遠處就是古丈縣，遠自唐代就以「古丈毛尖」綠茶而聞名。可惜我們來得不是時候，明前採茶季節早已過了，無緣一睹湘西女子頭戴銀飾、提著小簍採茶芽的熱鬧畫面。

曾經在湖南電視看過大陸名歌唱家宋祖英胞妹宋佳玲，風情萬種地代言古丈毛尖的短片，報導還說作家余秋雨與莫言曾於二〇一三年，受邀在長沙鬥茶會上分享獲獎的古丈名茶。司機則在一旁插嘴說「古丈縣就是宋祖英的故鄉」，並語帶神秘地宣告「待會抵達芙蓉古鎮，還會有更大的明星等著。」

果然進得鎮內，大陸資深演員劉曉慶大大小小的照片，就從青石板路兩側的店家沸沸揚揚撲面而來，賣的卻不是茶葉，而是當地聞名的「米豆腐」，而且看板上清一色標榜自己才是正宗。

原來古鎮本名「王村」，隸屬湖南省湘西土家族苗族自治州永順縣，是秦漢時期酉陽城舊址，也曾作為土王的王都，至今已有兩千多年的

以曬青方式乾燥的古丈毛尖色澤看似普洱曬青毛茶的黃褐泛青，而非一般綠茶常見的翠綠。

歷史。一九八六年因著名導演謝晉執導，劉曉慶、姜文主演的電影《芙蓉鎮》在此拍攝而聲名大噪，王村也趁勢更名為「芙蓉鎮」，從此閃耀中國的觀光地圖。而劉曉慶在片中飾演的米豆腐攤販胡玉音，也使得米豆腐成了當地最大的特色小吃，遠遠蓋過了古丈毛尖的光芒。

穿過「擺手堂」前方土家族熱鬧的舞蹈表演，進入古典亭閣構成的風雨橋，透過雕花窗格往外看，潺潺溪流看似平靜無波，遠方卻有不尋常的水聲隱隱如戰鼓般傳來，讓我不自覺加快腳步，並刻意略過右轉入村的指標，直往河道下游方向一口氣奔至山腰，往回一看，驚人的畫面頓時橫陳在眼前。

原來整個村寨就「掛」在對岸沛然瀉下的瀑布上，儘管只有兩階，每層約莫六〇公尺高、寬不過七〇公尺，卻彎彎排列如弓，把高低錯落的吊腳樓逐一懸在張緊的弦上，形成驚人的相對高度與寬度。吊腳樓構成的土家民居，彷彿從懸崖底處奮勇而上的攀岩勇士，抖落一串串滔滔飛沫後，昂然佇立雲端。透過慢速快門直擒水光粼粼，又像一幅幅飄然落地的巨大窗帷，在鱗鱗千瓣的飛簷翹角與青草岩石之間，蒸騰起白茫茫的雨霧。

回頭踩著陡峭的石階直下入村，又進入截然不同的另一方天地：連棟的黛瓦木構吊腳亭閣就貼著瀑布拔「水」而起，顧不得浪花飛濺，倚欄抓起相機就「喀嚓喀嚓」猛拍，但見湍激澎湃如萬馬奔騰，千舌流暢如雨漫天灑下。而水聲夾雜啁啾鳥鳴，更彷彿天籟般雄偉的交響詩令人悸動。

話說土家族是古代巴人後裔，早在兩千多年前就在今天湘西一帶繁衍生息，今天人口數僅次於漢、壯、滿、回、苗、維吾爾，名列中國第七大民族，也是湖南、湖北與重慶三省市僅次於漢族的第二大民族。

土家族最大的建築特色為吊腳樓，半為陸地半為水，大多依山就勢而建。因此從河渡碼頭拾級而上，繼續漫步青石板構成的五里長街，放眼所及盡是青瓦木構的吊腳樓，且幾乎全為店舖

除了當地特有的米豆腐、牛角梳、銀飾，以及土家織錦作坊色彩艷麗的背包、壁掛等，當然也少

不了以販售古丈毛尖為主的茶莊，只是看板上的劉曉慶換成了宋佳玲。

海拔一五〇〇公尺高原孕育的古丈毛尖，由於雲霧多、日照少，使得茶葉內質柔嫩且茸毛甚多。製茶據說最早始於東漢，唐代即以芽入貢，清代又列為貢品。

當地耆老說，古丈毛尖在每年清明前，採摘芽茶或一芽一葉初展的芽頭，且從八世紀的蒸青製法，至十二世紀改變為炒青製

掛在瀑布之上的芙蓉古鎮處處都有茶葉飄香。

古丈毛尖在竹雕名家陳明堂的手作茶則內但見條索緊細且多白毫顯露。

法，主要分為殺青、揉捻與乾燥三個工序。與一般綠茶最大的差異，在於兩種不同的揉捻，以及三種不同的乾燥方式：首先揉捻有冷揉與熱揉之分，前者為鮮葉殺青經攤涼後揉捻；後者則是殺青後不待攤涼即趁熱進行揉捻。二者的差別在於嫩葉宜冷揉以保持黃綠明亮的湯色，而老葉則適合熱揉以利於條索緊結，並減少碎末。

至於乾燥，除了一般綠茶最常見的烘乾方式，還多了傳統的炒乾，以及類似普洱曬青毛茶使用的曬乾等三種。耆老解釋說，揉捻後的茶葉含水量仍高，為避免在炒鍋內結成團塊或茶汁黏結鍋壁，因此大多先經烘乾以降低含水量，再進行炒乾工序。

不過最讓我好奇的，卻是以陽光曝曬作為乾燥的方式：因為綠茶與普洱青茶的最大差異，就在前者是「高溫殺青、高溫烘乾」而成「烘青綠茶」；普洱茶卻是「低溫殺青、陽光曬青」而成的「曬青茶」，二者不僅風味口感迥異，曬青茶「越陳越香」的後發酵也成了普洱茶最迷人的特色。

因此我特別帶回了以曬青方式乾燥的古丈毛尖，放在竹雕名家陳明堂的手作茶則內仔細端詳，但見條索緊細，或直如標槍，或彎似魚鉤，且多白毫顯露；只是色澤看似普洱曬青毛茶的黃褐泛青，而非一般綠茶常見的翠綠。以沸水注入小壺沖泡，茶湯不僅隱含山靈之氣，還帶有一般綠茶所沒有的霸氣。入口後但覺水細綿長，輕柔中透出無比清揚，而且「茶味持久，茶韻悠長」，讓我大感驚奇。

浮梁茶、賦春綠

還記得唐朝大詩人白居易膾炙人口的一首長詩〈琵琶行〉嗎？其中「商人重利輕別離，前夜浮梁買茶去。」詩句不僅傳誦千古，也讓現代人普遍將浮梁茶列為「通向世界的一張歷史名片」。而同時期茶聖陸羽《茶經》所述的「歙州茶生婺源山谷」，更使得緊鄰的婺源茶自古即名滿天下。

浮梁與婺源均位於中國江西省，地名從唐朝至今始終未曾改變，後者目前行政規劃為江西省上饒市婺源縣，浮梁縣則從上饒市脫出而隸屬景德鎮市管轄。兩地至今仍保有唐朝留下的矮化型喬木古茶園，而浮梁茶農儘管多屬於個體戶小型經營，卻保留了最古老的製茶方式，除了曬菁外，大部分的綠茶炒製居然與雲南少數民族烘菁毛茶的工序相同，跟台灣最南端的「港口茶」相似度也高達九十％以上，讓我大感驚奇。

為了探討千百年前茶樹從西南向中原傳播，以及茶葉製作工藝從布朗族、哈尼族等少數民族到中原漢族的淵源與演變，我特別在江西省上饒市商務局的熱情邀請與全力贊助下，踏上了中原古老的兩個茶鄉浮梁與婺源。

浮梁是悠遠的茶文化故鄉，遠從唐代的片茶（也稱團茶或餅茶）就已名滿天下，其後仙芝、嫩蕊、福合、祿合等名茶，歷經宋、元、明、清數代且多列為貢茶，特色為葉色清香持久、滋味甘醇綿長，且外形纖細勻稱、條索緊細，屬世界三大高香茶之一，明末戲曲大師湯顯

浮梁茶農至今保留了最古老的製茶方式，從炒青、揉捻至炒熟全在同一口鐵鍋內完成。

浮梁瑤里古鎮徽派建築明顯的飛簷翹角與粉牆黛瓦，掩映青山綠水之間。

浮梁瑤里至今仍保留了許多矮化型的喬木古茶樹。

祖曾為文盛讚說「浮梁之茗，冠於天下。」

除了茶，浮梁也是最早的瓷器之鄉，遠從宋代就已「摘葉為茗、伐楮為紙、坯土為器、茶瓷互利。」民間傳說浮梁製瓷更始於漢代，所謂「新平治陶，始於漢世。」當時考慮燒瓷污染，而在瓷礦下游集中燒瓷，久而久之形成了「昌南」古鎮。儘管昌南在宋朝景德元年改名為景德鎮，但從昌南的英文China小寫為瓷器，大寫則是中國來看，顯然中國作為瓷器大國，最早應溯源自浮梁，著名的燒瓷原料「高嶺土」也來自浮梁，即所謂「高嶺土、瑤里釉」。元朝更曾在浮梁設立瓷局，建有專燒御器的樞府窯。

從省會南昌下機，經景德鎮前往作為陶瓷發祥地而得名的瑤里古鎮，古名「窯里」，也是浮梁最具「瓷之源、茶之鄉、林之海」特色的地方。一條逶迤清澈的瑤河貫穿東西，錯落有致的古建築群則臨水而建，包括保存完好的明清商業街、牌樓、宗祠、進士第、大夫第等，從西漢建鎮迄今，已有兩千多年歷史了。深具徽派建築特色的粉牆黛瓦掩映青山綠水之間，飛簷翹角則在楊柳飄逸的水面蕩漾，現代與古典交會的豐饒景象，讓我忍不住「喀嚓喀嚓」猛按相機快門。

時值春茶採收季節，那方才見婦人在河畔洗衣，孩童在一旁喧鬧嬉戲；這端敞開的老舊木門內，但見茶農徒手在黑亮的鐵鍋內以文火同時炒茶揉茶，遠道而來的茶商忙著挑茶選茶，看不出「重利輕別離」的傾向，倒是扯開嗓門大聲議價的舉動，引來許多老外觀光客的側目。

我特別挑了些剛炒熟的綠茶，以沸水直接沖入隨身攜帶的評鑑杯內，黃綠透亮的茶湯頓時將清香溢滿屋內。慢慢沁入心脾後，飽滿甘醇的滋味在口腔中持久不散，純由慢火手工炒製的獨特風韻，也非現代機器成就的茶品可以比擬。作為唯一進入《唐詩三百首》的茶品，浮梁茶歷經千百年的嚴苛考驗，魅力依然絲毫不減。

號稱「中國最美的鄉村」的婺源，茶鄉主要在賦春。與台灣或福建、廣東等地常見，背著大簍快速採摘一心二葉的採茶景象不同：穿著藏青色布衣的婦人腰間竹簍只有水壺般大小，但見她聚精會

婺源賦春綠茶。

神地在單一茶樹上採摘毛尖嫩芽，並不時抬起臀部挪移著板凳前往下一株，剛冒出新芽的春尖隱棲在一片蒼綠中，讓清明時節特有的香樟花香隨涼風吹拂著。由於婺源古代屬於徽州所轄，保留了大批古樸典雅的徽派建築，作為茶園背景更襯托江南的秀麗。

採茶的大娘說，一斤「賦春綠」有六萬餘芽，每株約莫兩百芽，每日辛勤採摘的結果，所得也不過六斤左右的鮮葉，工資約二十元人民幣。口訣是「芽梢不要開了葉，只採芽尖不採短小」。

婺源茶葉種類繁多，其特徵在於葉質柔

婺源賦春綠茶只採芽尖，一整天僅能採上一小簍。

婺源茶鄉主要在賦春，周遭有徽派建築環抱妝點。

婺源江嶺璀璨亮眼的萬畝梯田。

軟細嫩而光滑，水色澄清而滋潤。現代則以外形細緊纖秀、彎曲似眉的「茗眉」最為著名。上饒市商務局秘書吳麒告訴我，必須採摘白毫顯露、芽葉肥壯，且大小或嫩度均一的芽葉，完整工序包括攤放、殺青、揉撚、烘焙、鍋炒、複烘等六道。製成的綠茶具有翠綠緊結、銀毫披露、湯色清澈明亮、葉底嫩勻等特色。

能夠具體載入唐朝茶聖陸羽的《茶經》，婺源的茶文化自然淵源深厚，當地特有的茶俗也自成一格：喝茶分為文士茶、富人茶與農家茶三類，從招待文士的「茶具清雅精緻，中裝褶裙侍茶」；到「茶具華麗精美，綢子長衫侍茶」招待富人；至「茶具粗糙古樸，農婦衣裝侍茶」的農家茶，顯然古代喝茶也有嚴重的階級與貧富之分吧？與明代詩書畫家徐文長傳頌一時的「坐、請坐、請上坐；茶、泡茶、泡好茶」倒有異曲同工之妙。

名重天下陽羨茶

江蘇省宜興市向有「中國陶都」稱號，傳承數百年歷史的紫砂壺早已名滿天下。不過更早就名列唐朝貢茶之首的陽羨茶，現代人卻大多感到陌生，名氣遠不及同屬江南的西湖龍井與太湖碧螺春。

其實古稱「陽羨」的宜興，遠自唐代就以陽羨茶入貢著名，每年貢茶萬兩，由於鮮芽色紫形似筍，而又稱「晉陵紫筍」或「陽羨紫筍」。以七碗茶詩傳頌千古的唐代詩人盧仝，曾寫下「天子未嚐陽羨茶，百草不敢先開花。」的名句，可見陽羨茶在唐代早已名重天下。西元七百五十多年的肅宗年間，有山僧進陽羨茶，還被茶聖陸羽品為「芬芳冠世產，可供上方。」其珍貴可以想見。

宜興在紫砂壺更早之前就以唐朝貢茶之首的陽羨茶聞名天下。

二〇一三年穀雨前後，我受邀在宜興大覺寺舉辦的素博會與陽羨茶文化博物館兩地，擔任兩岸名茶名壺PK活動主持人兼評審，經由茶博館王亞明館長的熱心導覽與解說，我對陽羨茶總算有了進一步的認識：

話說唐代茶葉的型制本為「蒸而成團」，陽羨茶也從最早的一芽一葉或二葉初展的茶樹嫩芽，經過蒸、搗、拍、焙、穿、封、幹等工序製成的圓形片狀餅茶，到明太祖朱元璋廢團茶改散茶，歷經唐朝烹茶法、宋代點茶法乃至明代以降的瀹茶法等數度更迭，始終受到騷人墨客的喜愛。例如北宋時首選貢茶已為北苑茶（今福建省建甌）所取代，大才子蘇軾依然留下「雪芽我為求陽羨，乳水君應餉惠泉。」的名句。

二十一世紀的今天，陽羨貢茶雖已逐漸消失在現代人的記憶中，但今日宜興綠茶仍以湯清、芳香、味醇等特色而聞名，著名茶品有陽羨雪芽、太湖雪眉與荊溪雲片等。

座落宜興雲湖風景區內的「陽羨茶文化博物館」，佔地四十二畝、耗資五千萬人民幣（約台幣二億五千萬元），集收藏、研究、展示、茶藝表演於一體，以山水園林式布局的茶文化廊，將整個區域相互銜接，讓人從中體悟陽羨茶文化、宗教禪文化以及紫砂陶文化三者的深厚底蘊。

從一片荒山野地，經

宜興雲湖風景區內如詩如畫的茶園風光。

由王亞明館長帶領同仁篳路藍縷、一磚一瓦耗時六年建設而成的陽羨茶文化博物館，由兩個部分組成，其一為主樓，共分為序廳、千年茶史、唐貢焙茶、茶詩流韻、名山名寺、泥紫茗馨（紫砂名壺展示）、千年茶館、盛世茶業（當代宜興七大名茶展示）等七個專業展廳，以及一個臨時展廳，透過文字與展品等形式，以極盡聲光與3D特效的高科技，詳細展示陽羨茶的形成、傳承與發展的歷史進程。其二為風情茶苑，以三座各具特色的茶館，包括英國館、日本館與台灣館等，供遊客休憩品茶。

從大門進入，開宗明義的序廳以模擬的茶樹、綠竹，加上手繪背景突顯茶園與竹林共舞的繽紛。緊接著第一展廳則以「千年茶史」為主題，以雕塑展現茶聖陸羽薦茶的場景，更以3D影片呈現當年陽羨茶成為貢茶的歷史情節。第二展廳則以豐富的圖示、雕塑與繪畫，詳細說明唐代貢茶的製作工藝與器具，頗為可觀。

第三展廳為歷代詠陽羨茶的詩詞歌賦，包括盧仝、蘇軾、梅堯臣、文徵明、陳維崧等歷代名

本書作者應邀在陽羨茶文化博物館演講，應館長要求當場揮毫寫詩予館方典藏。

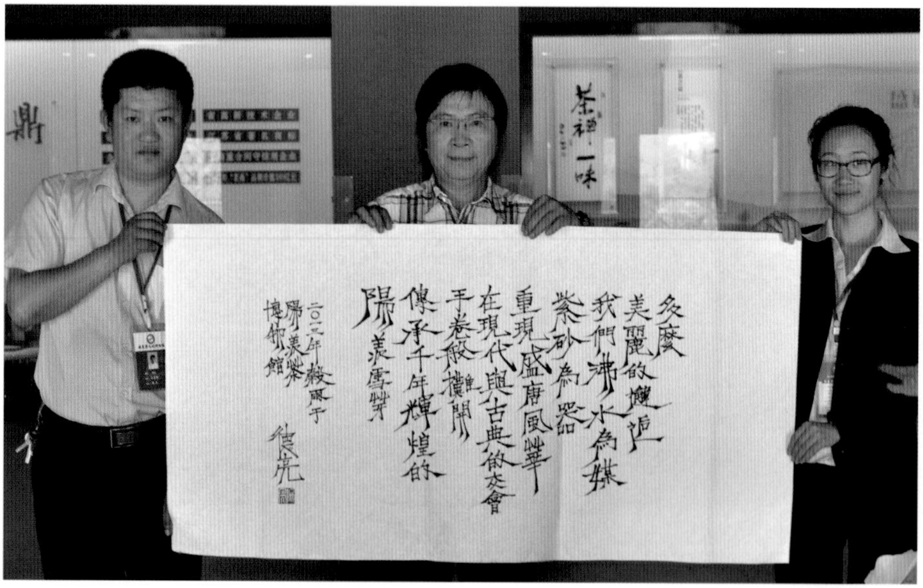

座落宜興雲湖風景區內的陽羨茶文化博物館。

人雅士。而我受邀在館內以「台灣茶兩百年」為主題演講，臨去前王亞明館長還特別要我當場揮毫，留下一首詩作館藏，在先賢詩文薈萃的氛圍中，以台灣詩人茶藝家的身分為陽羨茶寫詩，儘管不免忐忑惶恐，卻也深感榮幸了。

最吸引民眾目光的莫過第六展廳的「千年茶館」，以擬真的手法，具體呈現宜興在唐宋與明清時期茶館興盛的狀況，包括茶局巷、茶亭以及宋代鬥茶、明清茶舖茶擔等。話說茶樓茶館是千百年來中國人飲茶品茗的專門場所，例如唐代茶樓酒肆尚未全然分家，但已可供文人雅士聚會，或作為茶宴之用；民間且有「店舖投錢取飲」，如後世之大碗茶。宋時茶館已專門化，從北宋張擇端所作「清明上河圖」畫中即可略窺一二。至明清兩代，茶館達於鼎盛，且上至達官顯要，下至販夫走卒等皆各有所好，據說當時僅宜興四大鎮內就有茶館七十餘家。今天市區不僅隨處可見庭園風格的大小茶館，也完整保留了明代以來的茶局巷、茶亭等茶文化遺蹟，見證陽羨茶曾有的輝煌歷史。

武當山道茶

「道可道，非常道。」儘管早在唐代，僧人皎然的〈飲茶歌〉就有「三飲便得道，何須苦心破煩惱。」的說法，但謹記老子《道德經》首兩句的我，卻始終不敢輕易言道。不過數月前，台北大學的賴賢宗教授來電，說要帶一位武當山的茶人來跟我結識，卻引起我的高度興趣。

許多人對武當山的印象，多半還停留在武俠小說中的武當派，其實武當山早在魏晉時期就已經是名滿天下的道教名山，今天不僅道觀建築群已列入世界文化遺產，武當的「道樂」還列為中國國家級非物質文化遺產。因此我大膽臆測，武當山的茶道應該也與道教有著深刻淵源或連結吧？

果然來者就是「武當道茶文化」專業委員會的秘書長李曉梅副教授，本身也是小說家的她，之前曾讀過我的幾本茶書，因此趁著受邀來台從事宗教學術交流之便，前來我工作室拜訪。

李曉梅說，中國茶道從一開始萌芽，就與道教有著千絲萬縷的聯繫：道教講究陰陽五行，因此早將茶分青、白、黃、紅、黑五色，不同於近代中國劃分的綠茶、白茶、黃茶、青茶、紅茶、黑茶等六大茶類。不過道教的青茶原指綠茶，五色茶中似乎獨缺烏龍茶（現代歸類為青茶），卻又說「黃為土，入胃，適胃應飲鐵觀音」，將清朝才出現的鐵觀音歸為黃茶之列，也令我百思不解。

讀過金庸武俠巨著《射雕英雄傳》與《神鵰俠侶》的朋友，對「全真七子」應不致太陌

武當山以傳承明代珍稀的貢茶「騫林茶」為鎮山之寶。

生，七人是否真如小說所言「武功高強」不得而知，但其中馬丹陽的文采則無庸置疑，他曾有宋詞詠茶說「無為茶，自然茶，天賜休心與道家，無眠功行家。」。因此道茶也稱為「無為茶」或「自然茶」。

李曉梅進一步表示，陸羽《茶經》早有晉代道人飲茶的記載，至唐代隨著道教的盛行，道教尚茶之風也更加普及，道觀一般都設有「茶堂」以茶禮賓，還以茶供養三清、招待香客。可惜在禪茶文化崛起後逐漸式微。

因此她特別根據史料重新整理撰寫《武當道茶茶禮十八式》，將武當的武術、道樂與道教文化等元素與茶藝結合，重現道茶文化的仙姿道骨。而道法也無所不在，認為小小的茶杯中亦能蘊藏博大精深的禪理與玄機。

因此正式的道茶主泡應為一男一女，分別著黑色與白色道袍，手持拂塵上場，盤腿打坐行茶。副泡為一女一男，手持竹棕為扇，煮水候湯。此外仍須有道人在側後方行太極拳、太極劍、吹簫等，以神龕及三清神像為背景，還須演奏清揚空靈的武當道教音樂。此外，由於武當過去為皇室家廟，因此以金色布作為案上茶巾。

李曉梅說道茶在分茶時需細聽偃溪水聲，以虔誠的心境分茶，使茶真正具有「道」的含意。之間還須謝茶，以道教手印行抱拳禮，她說武當道茶的每一種手印，都是一種語言，傳遞道與茶、天與地、地與人和諧相生的關係。而奉茶更須以茶喻理、以茶悟道，使心境達到清靜、恬淡，心靈隨著茶香彌漫。

看我聽得懵然，李曉梅特別於次日再度來訪，披上正式的白色道袍，頓時從一位學者變身為仙風道骨的女道長，在我工作室進行一場精簡版的道茶示範表演。儘管人數與相關茶器、道具等皆不足，也讓我大開眼界了。

李曉梅首先以蓮步入場，以每一步僅為腳掌一半距離的步履緩緩走近茶桌，她說武當道茶屬於宗

武當道茶文化的李曉梅副教授示範道茶文化。（唐文菁提供）

教茶藝，在茶藝中融入道教思想，讓人在茶中悟道，在道中悟茶，因此茶禮全程必須心靜如水、無喜無憂，達到「無為、忘我、心神合一」的境界。

但見她先抱拳頂禮，然後閉眼調息，營造祥和平靜的品茶氛圍，接著持觀音瓶於三指之上，再用柳枝蘸聖水向中、左、右方向點灑甘露。而雙手泡茶則是武當道茶的最大特色：從溫杯開始，就同時使用雙壺、雙蓋碗、雙茶海，左右手同時將沸水注入蓋碗中，稱為「日月同輝」。而同時沖泡兩種不同的茶葉，利用溫差、手法等，將兩種不同的茶葉以相同的時間沖泡出最佳品質，則稱為「雙龍出海」。

當天沖泡的茶品為明代珍稀的武當貢茶「騫林茶」，茶品湯色金黃，開湯後不同於一般綠茶的異香頓時溢滿室內，古籍所載「清香特異」果然不虛。啜飲入喉，悠遠山林的氣韻在口腔內蕩漾，香氣且持久不散；圓潤的口感則在味蕾舌尖輕轉，淡而微甘。

李曉梅也帶來了兩片古茶樹鮮葉，放在燈光下仔細觀察，深綠的葉片蠟質甚厚，葉尖細長有弧形，前端則有鋸齒。她說古代道教文獻中，騫林茶樹被仙化為「月中樹林」，是武當山的鎮山之寶。茶樹樹根多從山體岩石縫內長出，所謂「騫林茶樹，依岩撲石」；「葉青而秀，木大而高」，樹高達十公尺，樹基圍徑三・三公尺，顯然兼具了雲南喬木古樹茶與武夷岩茶的特色，只是產量極少，茶品全為當地農民手工自製，而鮮為人知罷了。

雲南小葉種寶洪綠茶

資深名作家張曉風老師幾個月前忽然來電，說民國四大才女之一的張充和女士，日前以一百多歲的高齡在美國去世，相關報導提及對日抗戰時期的一九三九年，張充和客居昆明，借住在呈貢的雲龍庵，「沉浸在有曲、有詩、有茶、有酒的日子裡」。某日在品過一盞高香馥郁的寶洪茶之後，張充和展紙研墨，寫下了一首〈雲龍佛堂即事〉：「酒闌琴罷漫思家，小坐蒲團聽落花。一曲瀟湘雲水過，見龍新水寶紅茶。」而「寶紅」應是「寶洪」誤植。因此曉風老師希望我能告知寶洪茶產於何處？是什麼茶能讓「民國最後一位才女」如此推崇？

寶洪寺早已消失在荒煙蔓草之中，所幸寶洪茶至今還有少量生產。（唐文菁提供）

在我的印象中，寶洪茶應屬綠茶，又名「十里香茶」，因原產於雲南省昆明市宜良縣的「寶洪寺」而名。是始於唐代、大盛於明代的歷史名茶，明、清兩代都曾作為貢茶，也是雲南唯一的「小葉種」茶（其他滇綠、滇紅、普洱茶均採自大葉種茶樹）。外形扁直平滑如杉松葉，色澤綠翠，茶湯則呈黃綠色。

我隨即致電雲南友人求證，得到的答覆卻令人扼腕，因為寶洪寺早已消失在荒煙蔓草之中。所幸寶洪茶至今還有少量生產，曾於二〇一一年在日本綠茶競賽中榮獲金獎。而他手上剛好有一盒一九九八年的寶洪茶，二話不說就幫我寄過來了。

曉風老師聞訊也十分高興，趕緊約了幾位愛茶的藝文界朋友，包括腳傷仍奮力拄著拐杖前來的名作家亮軒、竹雕名家翁明川與盧

由福建引進的寶洪茶為雲南少數的小葉種茶樹。（唐文菁提供）

月娥伉儷、名畫家楊恩生、中央大學教授康來新等，就在阿亮工作室來個「寶洪茶品茶會」。儘管賓主盡歡，但茶品明明是寶洪茶，外盒上方卻有「龍井」兩個大字，且過期逾八年的綠茶外觀已呈黝黑，沖泡後深褐色的茶湯也完全沒有綠茶的清香甘醇，未免遺憾。

所幸身為資深茶道教師的太座唐文菁日前返回雲南省親，在昆明的一場茶會上，意外巧遇滿臉長鬚、法號「寶洪山人」的居士，大夥就浩浩蕩蕩跟著上山，在宜良縣城西北五公里外看見寶洪寺遺址，周邊茶園環抱，可真是「踏破鐵鞋無覓處」了。在太座的協助下，我也終於透過「微信」與這位傳奇的山人通上了視訊。

發下弘願要重建寶洪寺的山人說他來自福建泉州，茶樹則分布在寺院四周的寶洪山上，早在唐朝建寺時（當時稱報國寺或相國寺，明洪武年間改建後稱寶洪寺），就由福建來的開山和尚所引進，種植至今已有一千兩百多年了。由於海拔高（一九五〇公尺），年平均氣溫十六・三度，山巒起伏，雲霧繚繞，茶葉因而萌發力強，芽葉肥壯且白毫豐滿，具有香氣高揚持久的特色。

山人說寶洪寺鼎盛時共有九十九間佛堂與廂房，還供有上百尊鑄造精美的巨型銅佛，可惜在五、六〇年代「大躍進」時期，全都被鎔解為五十多噸的銅材上繳，目前僅存斷垣殘壁，大殿遺址依稀可見殘存的青磚，以及附近村民暗自收藏的珍貴老磚瓦，令人不勝唏噓。不過他說近年已有福建商會全力籌款支持，重建時日應不會太遠了。

山人說一九三九年時，寺方曾在各省廣招茶葉專家，以杭州龍井的工藝製茶，至六〇年代改名為「宜良龍井」，並在一九八二年南京中國茶博會上勇奪佳績，引起杭州抗議，才恢復「寶洪茶」舊名，並正式註冊商標。而山人則是在二〇一〇年接下茶廠並取得商標，就這樣一個人守著三百五十畝的茶園，年產一・三噸，只做春茶，可說稀有珍貴了。

數日後太座返台，帶回了兩小罐紫色瓷瓶裝的寶洪茶，我趕緊再告知曉風老師，電話彼端傳來她喜悅的聲音，說「寺沒了，佛沒了，才女沒了。茶，居然又讓有心人給種了出來」。因此立即再度邀集亮軒及翁明川夫婦前來，品賞真正的寶洪茶滋味。

為表慎重，我特別以銀壺大師陳念舟的湯沸銀壺煮水，並當著大夥的面拆開瓷瓶封口，倒入白瓷的茶荷內，但見翠綠偏黃的嫩芽外形如雀舌，悠悠然升起一股幽香。再請太座以玻璃壺沖泡，讓大夥清楚看見壺中嫩芽成朵舒展的曼妙舞姿。黃金透亮的茶湯輕啜入口，不僅與杭州龍井的「色綠、香鬱、味醇、形美」四絕不相上下，甚至更為濃郁醇厚，些微的炒栗香在口腔內飽滿生津，讓我大感驚奇。

飲罷三盅，曉風老師表示：「杭州龍井較為生青嫩相，移居到雲南的『異鄉龍井』卻濃郁得令人稱奇，它是強韌的茶，是恣縱自是的茶，也是沉實凝定另具其別韻的

寶洪茶是始於唐代、大盛於明代的歷史名茶。

茶。」

亮軒接著回應說：「所謂淡中有味，霧裡看花，別具一格。綠茶大多難免生澀，而此茶全無，卻依然飄散著採摘時的新鮮舒展。此茶自有羽化而登仙的風神，妙在不即不離，是茶中仙品，似乎並不易得，而所得已盡。一茶之味，恍然若夢，甘露已緲，舌韻依稀，或許僅此一席之緣，正是恰到好處。」果然是最懂茶的文學家了。

看著曉風老師低頭聞著杯底餘香，時光彷彿拉回至一九三九年，年輕的才女張充和梳著麻花辮，悠閒地沖瀹著寶洪茶。而作為現代才女、作為我高中時參加文藝營就已聲名遠播的散文老師、作為當今兩岸著名的大作家，兩人同樣姓張，同樣啜飲著寶洪茶隔著時空款款對話，阿亮工作室頓時也時光倒流了起來。正如她臨去時所說：「我因為沈從文而愛了他的小姨子張充和，因張充和而愛了她在抗戰時期流浪西南地區借居的見龍寺，因見龍寺而愛了寺邊所種的寶洪茶。我今來品此茶，不禁浩嘆，一方水土一方茶，想來千山萬水一丘一壑，一切我去過和不曾去過的地方，都各有其雋永難忘的悠長滋味。」

寶洪寺遺址旁至今依然生氣勃勃生長的400歲老茶樹。

二、日本三大蒸青綠茶與茶道

在日本三大名茶中，「靜岡茶」色最美；「宇治茶」以香味取勝；「狹山茶」則味最濃，所謂「色數靜岡，香數宇治，味數狹山」。其中宇治茶產於京都南部地區，富士山下茶香飄搖的靜岡縣是日本最大產茶縣，狹山茶則分布在埼玉縣西部與東京都的西多摩地區。

日本綠茶主要分為玉露、抹茶、煎茶、番茶、焙茶、莖茶與玄米茶等多種，其中以玉露最為尊貴，入口圓滑芬芳、有甘露味為主要特徵。抹茶則是覆下園的玉露採摘後，蒸青不加揉碾而直接烘乾，再用茶臼碾成微細粉末的茶粉（今天已為全自動機器所取代），作為抹茶道專屬茶品。

而煎茶是現今最受日本一般消費者歡迎的茶品，佔日本茶葉總生產量的八十五％，用蒸揉成針般的固體狀，保留茶葉的清香與甘醇；至於莖茶則是製茶過程中篩選茶梗所成的茶品；玄米茶係以煎茶加糙米的調味茶，與番茶、焙茶等，多為大眾化的茶品。

抹茶在過去多用茶臼碾成微細粉末的茶粉。

左　日本綠茶中品質最高的玉露茶。右　今日日本綠茶產量最多的煎茶。

今日已為全自動機器所取代的抹茶製作。

遠自唐宋時期，日本就不斷透過遣唐使、留學生、僧侶等前來，攜回豐富的中國文化，經過融合而發展為獨樹一格的精緻文化，尤以「茶道、香道、書道、花道」四大傳統最為著名。茶道包括源自中國宋代點茶法的「抹茶道」，以及源自明代瀹茶法的「煎茶道」二者。

儘管根據記載，唐德宗貞元二十一年（西元八〇五年），就有高僧最澄將茶葉傳回日本，但日本茶道與禪宗意識的正式發源，應在十二世紀：一般認為，宋代浙江餘杭徑山寺圍座品茶研討佛經的「茶宴」，就是今天日本抹茶道的濫觴，由當時日本遣唐使之一的佛教高僧榮西禪師，自中國禪宗（臨濟宗）引進抹茶，將徑山寺茶宴與抹茶製法傳回鎌倉幕府時代的日本。

不過，宋代茶葉型制為類似今日普洱茶緊壓成形的「團餅茶」，以印模壓製為圖樣精緻的龍鳳團餅，點茶前必須先碾成粉末再置入茶盞，以沸水注入加以擊拂，產生泡沫後再飲用。日本茶道則是直接以抹茶粉放入茶碗注水，並用茶筅擊拂攪拌後飲用。

抹茶道也稱做「茶之湯」，進入日本後由村田珠光、武野紹鷗等先賢發揚光大，很快就發展出自己的風格與流派。最著名的是豐臣政權時代的一代宗師千宗易，不僅先後擔任織田信長及豐臣秀吉的「茶頭」（事茶人），還有當時的正親町天皇御賜「利休」居士封號，地位極為尊崇，並普遍被譽為「茶聖」，在日本的地位絕不亞於中國唐朝的茶聖陸羽。

儘管千利休後來因得罪豐臣秀吉，而於七十歲之齡遭命切腹而歿，但茶道並未因此沒落，反而經由他的孫子千宗旦發揚光大，他一生不登仕途，悠然自得地將千利休質樸、靜寂、誠摯待客的茶道徹底化，並明確提倡「茶禪一味」，奠定了千家茶道屹立不搖的基礎。

後來千宗旦將千家家督連同茶室「不審庵」，交由三男千宗左繼承，成為本家的「表

日本傳統歌舞伎結合抹茶道的展演。

千家」；自己則與四男千宗室另建「今日庵」茶室，由於位在街道裏側，而稱為「裏千家」；加上次男千宗守創立的「武者小路千家」，合稱「三千家」，傳承至今。

抹茶道最大的意義就是要鍛練人的品格或身心，達到盡善盡美至「和、敬、清、寂」的境界，進而體會「本來無一物」與「無一物中無盡藏」的濃濃禪意。主客珍惜相聚的機會，從茶室的擺設、器具的講究，達到用心的極致。

因此抹茶道受邀的賓客無論男女都須穿上正式和服，而亭主與半東兩人則在傳統和服胸襟上插著懷紙與古帛紗，前者為品嚐和菓子時用，後者作為杯墊。亭主先行熱茶碗，再從漆器製成的精緻茶棗（即盛茶的小罐）取出綠茶粉，以杓注入沸水後用茶筅攪拌，一盞噴雪浮甌的抹茶便呈現眼前。唯恐賓客品茶時感覺苦澀，半東先奉上懷紙上的和菓子茶點，適時引出抹茶的香味，再將茶碗主花紋對著賓客奉上，客人接過茶碗後必須先以順時鐘方向轉兩次，讓主花紋向著主人，然後慢慢喝下茶湯，飲罷再以逆時鐘方向轉兩次，讓主花紋對著自己，同時仔細欣賞花紋的美。

上　源自中國宋代點茶法的日本抹茶道。

下　半東先奉上和菓子適時引出抹茶香味，再將茶碗主花紋對著賓客奉上。

至十七世紀的明末清初，中國高僧隱元禪師應德川幕府之邀東渡弘法，不僅在京都宇治市建立一座中國式寺院「萬福寺」，還將明代盛行的「瀹茶法」傳到日本。當時宇治製茶師特別將抹茶的「蒸青」製成方式，與中國「炒青」綠茶的揉捻工藝結合，製作出蒸青煎茶而廣受喜愛，成了日本煎茶道的濫觴。

學者也多認為，隱元禪師將瀹茶法乃至明代的文士茶風帶入日本，不僅為日本帶來喝茶方法的變革，更帶來觀念的革新：有別於相對嚴苛、繁瑣，且原本僅在貴族或武士間風行的傳統抹茶道，逐漸發展為士農工商皆能參與的煎茶道。

為了紀念隱元禪師的貢獻，「全日本煎茶道連盟」從一九五五年開始，每年五月都在萬福寺舉辦「全國煎茶道大會」，今天已堂堂邁入第六十一屆了。

隱元禪師於一六六一年，受德川幕府第一代將軍家康賜予宇治寺地，以中國福州黃檗山萬福寺為樣本，闢建萬福禪寺，創立了黃檗

全日本煎茶道連盟從1955年開始，每年5月都在萬福寺舉辦全國煎茶道大會。

宗，與臨濟、曹洞並稱為日本禪宗三大派。難得的是寺院整體建築布局或供像風格，均為明代樣式，就連寺內所有對聯匾額都以漢字書寫，包括山門外「不許葷酒入山門」的石柱，沒有任何一字採用平假名或片假名。

現任全日本煎茶道連盟理事長的「松莚流煎茶道」家元（即「掌門」之意）中村松繼表示：煎茶道沒有太多繁複的禮法與形式，注重的是飲茶時的心境，尤其著重個人的才學修養，以及個性品味的發揮，進一步體會茶道藝術之美，因此很快就受到日人的喜愛，而從明治初期逐漸興盛。副理事長德山圭峰且補充說，從六十年前僅有二十多個流派加入連盟，今天已有三十八個流派參加，包括深耕台灣多年的「方圓流煎茶道」，以及與台灣茶界交流密切的「美風流」、「小笠原流」、「松風流」、「瑞芽庵流」、「三彩流」、「靜山流」、「黃檗東本流」、「二條流」等在內。

煎茶道沒有太多繁複的禮法與形式，注重的是飲茶時的心境。

有人說煎茶道與最典型的撮泡法，即早年盛行於福建、廣東沿海一帶，並傳至台灣的「工夫茶」十分接近。而方圓流台灣支部蔡玉釵支部長也認為：煎茶道在精神與禮儀表現接近工夫茶，更不乏明代品茶、賞器、吟詩賞畫與聞香等，同時融入生活藝術的「文士茶」精神，只是使用器皿略有不同，且表現更為精緻罷了。

事實上，兩岸茶席常見的燒水壺、泡茶用的陶瓷小壺、分茶用的茶海或茶杯等茶器，與煎茶道所用幾乎完全相同，只是名稱不同，或型制略有差異：如燒水為鐵製或陶瓷或銀器的「湯沸」，泡茶則用急須（大多為白瓷或青花或局部貼有金箔，少數為生鐵鑄造）、注回急須（有蓋的茶海），與又稱「水注」的土瓶（陶瓷燒製的盛水壺，有側柄與提梁兩種），還有飲茶用的茶甌（白色小瓷杯）等。

煎茶道在精神與禮儀表現接近工夫茶，只是使用器皿略有不同且更為精緻。

歷史悠久宇治茶

日本歷史最久的宇治茶，早在鎌倉幕府時代，明惠上人將榮西禪師栽植於母尾的茶樹分植於宇治，成了宇治茶園之始。

話說日本茶品以玉露等級最高，我特別走訪了多年勇奪宇治茶冠軍的「小島製茶」，在綠浪推湧的茶園之中，有一大片以偌大的黑網遮蔽，稱為「被覆」的「覆下園」。主人小島孝夫告訴我，那正是作為「玉露」的茶樹，在採摘前一個月必須搭棚覆蓋，以降低陽光照射。五月份正值採茶季節，婦女們就在被覆下辛

婦女在小島製茶以偌大的黑網遮蔽的玉露茶園辛勤採茶。

左　已傳承六百年、曾作為幕府將軍御用茶的「上林三入」本店。右　宇治表參道上極富特色的中村藤吉喫茶店。

勤採茶，每日工資約一萬日幣。

小島孝夫說，陰暗處緩緩培育生長的茶葉，不僅能保留較多的葉綠素，且葉肉柔嫩、水分飽滿，茶葉也會帶有「被覆香」。為了成就雍容細膩的茶香，還須以手工採菁，從蒸菁、烘葉（或稱葉打）、揉捻、乾燥、精揉至複火，每一步驟均依循世代累積至今的古法工藝製作，其他未遮蔽的茶樹則產製一般煎茶。

宇治除了滿山遍野的茶園，還有一條茶香滿溢的古老街道，那原是宇治川畔、前往百年古剎「平等院」的表參道，今天則林立著喫茶所、茶舖與茶器店。其中最著名、也最為台灣茶人所熟悉的，就是已經傳承六百年、作為幕府將軍御用茶的「上林三入」本店了。第十六代掌門不僅擅於茶園管理與茶品行銷，選茶、製茶的功力更是一流，為了推廣宇治茶，一樓作為喫茶所並販售茶品，店內聘用了中文、英文等多國人員，公開展示茶葉磨成抹茶的過程，還在一樓擺上了一箱箱堆疊的古老茶箱，向來自全球的遊客展示源遠流長的製茶歷史。

「上林三入」二樓展示了宇治茶相關歷史文件與器具，包括一八七六年代表參加美國費城世界博覽會的證書、明治天皇結婚二十五週年獻上御茶的文件，以及各式老茶甕、老

宇治平等院宛如浮於極樂寶池宮殿般的國寶鳳凰堂。

照片等。三樓則為茶室，讓遊客親身製作抹茶或茶道體驗。

宇治也是抹茶的故鄉，位於宇治車站附近的「中村藤吉總店」，以及表參道上的分店，可都是大有來頭。成立於安正元年（一八五四年）的中村藤吉除了在博覽會上屢次獲獎，更曾進貢大正及昭和天皇，建築風格為明治時代茶商宅邸的代表性建築群，也成了宇治的重要文化景觀。

建於西元一〇五二年，已有多處列入世界文化遺產的宇治「平等院」古剎，進入山門後，右側即有巨大的「宇治植茶紀念碑」呈現眼簾。而建在池中島上，宛如浮於極樂寶池宮殿般的國寶「鳳凰堂」，以神秘的輪廓推開滾滾紅塵，屋頂則伸展璀燦雙翼的金鳳凰，畫面早已作為十圓日幣銅板。而金色陽光透過晚春鮮綠的楓葉與紅色建築相互輝映，水中巨大的倒影竟也閃閃發光，令人悸動。

富士山下靜岡茶

富士山是日本第一聖山，跨越靜岡、山梨兩縣縣境。不過，靜岡人往往會理直氣壯地告訴你：富士山的正面只有在靜岡縣才能一窺全豹，山梨縣看到的不過是背影罷了，信不信由你。對愛茶人來說，富士山更是孕育好茶的聖山，除了作為全球馳名、泡茶首選的富士山雪融水外，在富士山下無限開闊的勝景中，放眼所及盡是一畦畦綠油油的茶園：每逢四月採茶季節，但見身著傳統採茶衣的婦女穿梭在茶園中，手腳俐落地摘採春茶，或紅或藍加上白色小碎花的頭巾隨風飄搖，彷彿五

每逢四月採茶季節可見身著傳統採茶衣的婦女摘採春茶。

在富士山下無限開闊的勝景中一片綠油油的茶園。

彩繽紛的熱帶魚悠游在綠浪推湧中，醉人的景象讓人忍不住「喀嚓喀嚓」猛按快門。

靜岡縣是日本最大產茶縣，茶園面積佔了全國四成以上，茶葉年產量更高達全國的二分之一。而靜岡茶又因各地不同特色而分為掛川茶、島田茶、川根茶、金谷茶、奧大井茶等，其中海拔較低的茶葉，為了抑制苦味而加長了蒸新芽的時間，稱為深蒸煎茶。

號稱「日本第一茶鄉」的金谷町位於縣城靜岡市以西，也是日本最大的製茶機械生產地，製茶廠房和瓦屋嚴整有序地錯落其間。密集的茶園中隨處可見一根一根像是電線桿般的金屬桿，頂端裝有三葉片的風扇螺旋槳，令人好奇，任職茶博館的山本明香告訴我，那是作為防霜之用的感應架。

金谷車站南邊廣闊丘陵稱為「牧之原」台地，覆蓋了渥綠簇簇的一片廣大茶園。時間回溯至一八七六年，末代幕府大將軍德川慶喜還政予明治天皇的動盪時代，為抒解幕府失業家臣與武士的生計，特別集合了幕府舊臣披荊斬棘開墾了這片原野，並積極栽培生產綠茶，如今已成為號稱「東洋第

金谷茶之鄉博物館是全日本唯一的茶葉專門博物館。

一」的集團茶園。

每年春天至初夏，宛若鋪了一張張綠油油地毯般的牧之原茶園，飄搖著陣陣茶香，不但為當地帶來了可觀收入，也造就了渾然天成的美麗風光，與磅礴秀麗的富士山相互輝映，成為日本大型月曆或風景明信片上最常出現的畫面。牧之原公園內，立有宋代赴中國修行並帶回茶種、傳授飲茶方式的榮西禪師塑像，對於今日以茶葉為最大經濟作物、七成以上人口倚賴茶葉為生的金谷町民來說，榮西禪師的偉業應不亞於中國盛唐時遠赴天竺取經的玄奘法師吧？

由金谷町官方經營的「茶之鄉博物館」，即位於金谷密布的茶園之中，是全日本唯一的茶葉專門博物館。館中最引人注目的是精緻複製的一株中國雲南千年大茶樹，由二樓穿透樓板直抵三樓後伸出巨大交錯的枝葉，為洋溢著宮廷氣息的上海茶館「湖心亭」增添了幾番韻味。館內陳設有展現各國不同飲茶習俗的土耳其餐廳、尼泊爾民宅，而有關牧之原的開拓史蹟、茶的歷史、茶葉製造過程等，也多以圖文或實體模型詳細解說。

館內最著名的建築，是十七世紀日本尊稱「天下第一」的茶道宗師、作為當時德川幕府茶道師範的小堀遠州所建築的茶室與庭園完整複刻，話說小堀遠州首創「綺麗空寂」的茶道形式，對於日本的茶陶茶器製作更有深遠的影響。室內完整保留了當時精雕細琢的工藝，庭園浮現在澹澹水面上的木造茶亭、白石垣、綠池等，充分展現了日本傳統建築之美。

優雅的「縱目樓」茶室就在小橋流水環抱的日式庭園中，潔淨的榻榻米上，身著莊嚴和服的專業茶師，以精緻的志戶呂燒茶碗為我示範日本的抹茶道。而在庭園素雅的青簷白牆外，有護城河般的流水淙淙，我特別踏上連接的八曲橋，眺望周邊茶香與櫻花共舞的迷人景致。以頭戴白雪的富士山作為背景，無限展延的茶園如手卷般攤開，密集的葉面飽含濕潤的光澤，將微微雨中的朵朵櫻紅襯映得格外嬌妍，整個心彷彿也跟著火紅的櫻花燃燒了起來。

上　號稱日本第一茶鄉的金谷町，山頭清晰可見「茶」字。
下　穀雨前後準備摘採的川根春茶。

龍貓故鄉狹山茶

看過日本TBS電視劇《夫婦道》的朋友，對入間市或狹山茶應該不會陌生。沒錯，由武田鐵矢、高畑淳子主演的該劇共十一集，就是描述埼玉縣入間市狹山茶園一對夫婦日常生活的家庭劇，由於劇情寫實歸真，與近年普遍偏離實際生活的日劇不同而深受歡迎，兩岸也有許多朋友透過租片或在土豆與優酷等網站觀看，據說有人看過後「眼睛都哭紅了」。

打開日本茶葉史，早於九世紀初的平安時代，傳教大師最澄就從中國天臺山國清寺將茶種帶回日本，種植於京都；至八三〇年，慈覺大師圓仁在埼玉縣川越市建造無量壽寺北院、中院與南院，並將茶種從京都比叡山攜來，種植於中院，中院因此成了狹山茶的發源地，至今還留有紀念石碑，讓後人緬懷慈覺大師的偉業。

儘管北院今天已改名為「喜多院」，依然是埼玉縣最大的代表寺院，每日均有香客絡繹

狹山茶發源地川越市無量壽寺中院至今還留有紀念石碑。

左　狹山茶以滋味最濃郁聞名。右　以側把急須沖泡玉露茶，青綠的茶湯在白色茶甌中鮮活呈現。

不絕，院內許多建築如仙波東照宮、多寶塔、山門、客殿、五百羅漢、慈惠堂等，也都指定為重要文化財。

中院又稱「佛地院」，正式名稱為「天臺宗別格本山」，從屹立山門外的石柱「日蓮上人傳法灌頂之寺」看來，顯然與日蓮正宗也有密切關係了，就在我舉起相機拍照的同時，《南無妙法蓮華經・壽量品第十六》彷彿也在耳際不停迴繞。古木參天的幽靜院內，有座明治至大正時期著名詩人與小說家島崎藤村贈與岳母加藤幹的茶室「不染亭」，目前也已列入文化遺產。

長久以來，朋友們對靜岡或宇治茶並不陌生，至於狹山茶就所知有限了。因此在旅日好友山本明香的悉心導覽下，我特別走訪埼玉縣「找茶」，第一站當然是前往川越市的中院朝聖了。其實緊鄰東京都、從十七世紀江戶時代就作為「城下町」的川越，車程僅需一個小時，由於二戰末期未曾遭逢戰火，留下了大量寺院與歷史街道，而有「小江戶」之稱，放眼所及盡是青磚瓦片建築的倉庫群與古老住宅、世代相傳的百年老店等，充滿濃濃的懷舊風情。

東京都與埼玉縣之間的狹山丘陵，不僅在一九八八年作為宮崎駿動畫電影《龍貓》的故事背景而聲名大噪，也因為緊鄰的地理位置，使得狹山茶有東京都產與埼玉縣產之分。

以狹山茶聞名的入間市茶園多緊鄰房舍。

日本人常說「狹山茶」味最濃，為了進一步深入瞭解，明香特別安排我前往狹山茶的最大產區入間市，到世居當地的茶農三木家作客。與其他茶葉產地比較，入間較為寒冷，使得茶葉較厚，通常還以「狹山火入」的特殊方式進行加工，所成就的甘甜濃郁則成了當地茶葉的最大特徵。

與台灣茶園多位於郊區鄉間或高山之上，且多遠離住宅明顯不同，狹山茶園往往在市區即可瞧見，且幾乎與櫛比鱗次的農舍或住宅緊鄰，一根根防霜害用的銀色三葉片螺旋風扇，彷彿電線桿般密集遍布其間，與顏色或紅或橙的明艷屋頂構成繽紛的畫面。

正如劇中武田鐵矢飾演的好爸爸高鍋康介，謙卑、熱情又爽朗的三木正充，怕我們迷路在一畦畦的茶園之中，特別相約在入間市博物館門口，由他的兒子三木宏征開著小車帶領我們進入茶園參觀。他說入間市茶農大多一貫化地經營栽種、製茶至販售，因此民眾多能直接向茶農購買茶葉。

迫不及待坐下來，看著三木宏征熟練地以側把急須沖泡玉露茶，青綠的茶湯在白色茶甌中鮮活呈現，杯緣且有流金般的湯暈層層擴散；帶有些許海苔味的飽滿香氣，則以柔滑如絲的黏稠徐徐入喉，瞬間拂去我長途旅行的疲憊。三木夫人還笑盈盈地奉上親手製作的麻糬，圓潤綿密的口感，配上玉露濃郁甘醇的特殊風味，令人回味再三。

【第三章】

白茶

White Tea

白茶主要產區與等級劃分

在六大茶類中，屬於「輕度發酵」的白茶，儘管歷史悠久，卻一直到近幾年才異軍突起，成為大陸民眾爭相品飲或炒作的茶類，並迅速蔓延來台。目前產區主要在福建省東北部地區，福鼎、政和、建陽、松溪等縣市，以及雲南省普洱景谷、安徽黃山市歙縣等地，台灣東部也有少量生產。原料主要為福鼎大白茶、政和大白茶、建陽水仙等，並因採用鮮葉原料或工藝的不同，依序分為霧頂銀芽、外觀如銀似雪而得名的白毫銀針、白牡丹、貢眉、壽眉等不同等級。

白茶的製作不炒不揉，只將細嫩且葉背滿布茸毛的茶葉曬乾或用文火烘乾，茶品因而滿披白毫、型態自然，具有芽毫完整、毫香清鮮、湯色黃綠清澈，以及滋味淡雅回甘等品質特色。

白茶每年從三月下旬開始採摘嫩芽，製作頂級的白毫銀針與近年才異軍突起的霧頂雲芽，至清明前後開始採摘一芽一葉製作白牡丹，算是第二波了。約莫從五月後採摘一芽二至三葉、甚至僅採葉製作「貢眉」或「壽眉」。

福鼎市是中國白茶發源地之一，遠自清朝康熙年間就設有貿易口岸出口白茶，至今仍是最高品質的產區。境內丘陵起伏，常年氣候溫和，雨量充沛，山地以紅黃壤為主，主要種福鼎大白茶優良茶樹品種。而福鼎大白茶茶樹又稱「福鼎白毫」，以毫毛明顯為品種特徵，屬小喬木型、遲芽種，葉

福鼎大白茶品種古老名稱為「綠雪芽」。

左　採摘福鼎大白茶嫩芽所製作的霧頂雲芽。右　外觀如銀似雪而得名的白毫銀針。

厚、分枝密、毫毛多且茶芽肥壯。春天在三月發芽，至十一月才停止生長，尤以春天第一輪茶葉品質最好。

福鼎大白茶品種原產於太姥山，古老茶名「綠雪芽」，約在一八五七年加以繁殖後，於一八六五年開始以大白茶芽製成銀針，而稱為「大白」。相對於採自菜茶者則稱「土針」或「小白」，作為貢眉或壽眉的原料。

相較其他茶類，白茶的自由基含量最低，黃酮含量最高，氨基酸含量平均值高於其他茶類，近年且有研究報告指出，具有退熱、祛暑、解毒，以及明目降火的功效。

白茶的製作也全然迥異於其他茶類：鮮葉採摘攤放後立即進行萎凋，無需殺青及揉捻，直接以文火進行乾燥，至含水量六％時即完成毛茶製作，保留茶葉原始滋味。看似簡單的製法，卻非得有嫻熟的技藝與長年累積的經驗才能精準拿捏。傳統工藝製作的福鼎白茶，應具有白毫明顯、茶湯圓潤的特性。而最頂級的霧頂雲芽與白毫銀針，必須採足數萬枚茶芽才能製成一市斤茶品，自然格外價昂了。

白茶產區有「北路」與「南路」之分：福鼎市所產的白毫銀針屬「北路銀針」，毫毛厚密富有光澤，湯色碧清呈杏黃色，香氣清淡，滋味醇和。而「南路銀針」則產於政和，茶樹品種為政和大白茶，毫毛略薄，光澤雖不如北路銀針，但香氣清鮮，滋味較濃。

學者表示：政和縣早在十二世紀就發現大白茶品種，並引用《宣和北苑貢茶錄》的記載說「白茶，政和二年（一一一二年）造。」而宋徽宗所撰《大觀茶論》中，還有一節專論白茶，說「白茶，自為一種，與常茶不同。」主要是說產於北苑御焙茶山上的野生白茶。北宋政和年間（一一一五年），關棣縣令向宋徽宗進貢銀針白毫，因「喜動龍顏，獲賜年號」，「關棣」因此改縣名為「政和」，沿用至今。不過宋代所稱白茶是否等同今日盛行於中國茶市的白茶？仍有待考證。而白牡丹的製作時期應在福鼎白茶之後與政和白茶之前，但原創於甌寧水吉（今屬福建省建陽市），應是可以確定的。

其實根據史實，白茶一直到清朝嘉慶初年（一七九六年），才有真正的產製，並以當時的閩北菜茶品種作為茶菁。至咸豐、同治年間（一八五一至一八七四年），政和縣鐵山鄉人改植大白茶，並於光緒十五年（一八九〇年）產製銀針白毫試銷成功；民國初年建陽與政和等地也開始產製白牡丹運銷香港，售價比普通紅茶和綠茶高出許多，從此成了福建省主要的茶類。

不過，二〇一六年深圳茶葉博覽會上，櫛比鱗次的白茶攤位卻只見福鼎白茶，遍尋不著政和白茶的身影，令人納悶。經詢問多位茶商，大多僅含蓄地表示：政和因海拔較低，今日名氣且遠不如福鼎響亮，因此為市場考量，大多拼配為福鼎白茶，或直接以福鼎白茶名義行銷了。

白茶品項以芽白肥壯、茸毛多為最佳，所謂「茶貴白」是也。不過在品飲習慣向以半發酵（烏龍茶）或全發酵（紅茶）茶品為主的台灣，或品飲不發酵綠茶為大宗的對岸，對於口感清淡的微發酵

以白牡丹緊壓的新茶餅（左）、老圓茶（右）以及與普洱圓茶一樣的外包裝（下）。

白茶，接受度一向不高。因此過去大多僅作為保健飲品，據說性清涼的白茶，具有退熱降火、解酒醒酒、清熱潤肺等作用，只是相較於其他茶類，依然屬於較稀有的茶類罷了。

至於近年花蓮縣瑞穗鄉舞鶴茶區產製的白牡丹，主要原料為俗稱「白文」的台茶十四號，採摘端午節前後至中秋之間，且經過小綠葉蟬吸吮過的一心一葉的夏茶，不經揉捻與殺菁的工序，但輕發酵、重萎凋，且不作日光萎凋，直接以室內自然萎凋與風乾處理而成，茶湯則呈杏黃或橙黃色，味道也一樣清淡高雅。由於年產尚不及兩百台斤，因此更顯稀有，每年也都有「茶饕」慕名前往購買，作為清涼健康的夏日冷泡茶之用。

近年花蓮縣瑞穗鄉舞鶴茶區產製的白牡丹。

左　清明前後採摘一芽一葉製作的白牡丹算是白茶的第二波。右　每年5月後採葉製作的壽眉。

福鼎白琳鎮尋訪白茶

在福鼎白茶暴紅之前的兩三年前，我對白琳鎮的印象僅停留在著名的「白琳工夫」紅茶。不過二〇一六年春天前往中國「瓷都」景德鎮時，當地深耕有成的台灣陶藝家劉欽瑩取出了一款「霧頂銀芽」白茶，除了白毫銀針應有的外觀特徵「色如白銀、狀如銀針」外，少了銀針常見的白中偏綠，厚密的毫毛更彷彿從雲霧中破繭而出的曙光，在進入熱壺後發出淡而綿密的香氣，品飲入喉儘管溫潤醇和，卻不失御風而行的快意，一改我對白茶既有的平淡印象。一問之下，茶品居然來自福鼎白琳鎮，當下就決定動身前往。

從景德鎮經武夷山一路開車向南，約莫七小時方能抵達的福鼎市，因境內「太姥山」的覆鼎峰而得名，地處中國福建省東北部沿海，是寧德市下轄的縣級市，北接浙江省，可說山海相繆，而有「福建北大門」之稱。

進入白琳鎮後，滿山遍野與道路兩側放眼所及，盡是一畦畦綠油油的茶園以及大小林立的茶廠，讓見獵心喜的我不斷要求停車衝上茶山，但見明前紛紛吐出的新芽，密被的茸毛在雨後初晴的薄日下閃閃發光，相機觀景窗內宛如銀雪霜覆與綠浪共舞，格外迷人。前來迎接的「鼎琳香茶業」主人董希堅說，全鎮共有茶園面積兩萬多畝，年產值三千兩百萬人民幣，作為閩東首家獲得國家綠辦批准的「綠色食品基地」，白琳鎮可說當之無愧了。

董君進一步告訴我，福鼎市共有十個鎮，全都有茶葉種植，其中尤以中部的白琳鎮規模最大，其

福鼎大白茶新芽密被的茸毛在雨後初晴的薄日下閃閃發光。

白琳鎮隨處可見種植福鼎大白茶的茶園。

次為點頭鎮與磻溪鎮。白琳鎮還是中國著名的玄武岩之鄉，不僅有最優質的白茶，也是福建三大工夫紅茶之一的「白琳工夫」發源地。

董君說他從小就跟著在國營「白琳茶廠」工作的父親耳濡目染，學得一身製茶技藝，長大後也進入茶廠從基層一直做到資深主管，直到八〇年代末期改革開放，國營茶廠因體制變更而停業，才出來自行成立公司開設茶廠，至今已逾二十年，算是白茶生產的老字號了。目前自有茶園一五〇〇畝，茶樹品種以「福鼎大白茶」為主。

其實白茶的暴紅與價格狂飆，不過是近兩三年內的事，但市面上隨處可見、如普洱圓茶般緊壓成茶餅，卻早在五、六年前就已十分普遍，而且所有等級的白茶均可壓製，不知是否與多年前普洱茶價格狂飆有關？至於陳期超過十年以上的老白茶，今天也跟老普洱茶一樣炙手可熱，問他手上有無囤藏老茶？他說公司業績一向亮眼，當年茶品往往不到年底就全部售罄，根本沒有囤茶的機會，看著老白茶近年在北京屢創天價，他也只能兩手一攤，笑笑帶過。

至於霧頂銀芽，董君頗為自得地表示，那是他累積近三十年的經驗，以特殊工藝所研發製作，且絕對「獨家」，無怪乎價格雖高，每年仍供不應求。

五月白琳鎮茶園內正趕著採摘茶菁製作壽眉的茶農夫婦。

鼎琳香茶廠偌大的室內熱風萎凋車間。

福鼎管陽鎮白茶

二〇一一年一月，國際咖啡連鎖龍頭「星巴克」宣布開賣首款福鼎白茶茶品「中國白牡丹茶」，響亮又富詩意的名字很快就在全球蔓延；兩年後更大手筆推出多款茶飲與精裝福鼎白茶，正式登陸歐美各大門市。

話說福鼎白茶主要產於福建省寧德市福鼎市桐山街道、桐城街道、山前街道，以及太姥山鎮、貫嶺鎮、前岐鎮、沙埕鎮、店下鎮、磻溪鎮、白琳鎮、點頭鎮、管陽鎮、崳山鎮等地。在偶然的機緣下，我認識了來自管陽鎮溪頭村的年輕茶人陳寧化，經由他的詳細介紹，我對當地的白茶也有了進一步的認識。

談到他的家鄉，陳寧化說溪頭村二百戶過去出了許多國民黨將官，就連「陳氏宗祠」的牌匾都出自蔣介石時代的黨國大老陳立夫之手。

陳寧化說原本只是普通小茶廠，白茶、紅茶與綠茶都有產製，也是村內唯一的茶廠，

陳府白茶的貢眉圓餅。

上　採摘的茶菁攤放在竹製的莪架上進行日光萎凋。（陳寧化提供）
下　管陽鎮溪頭村的福鼎大白茶茶園。（陳寧化提供）

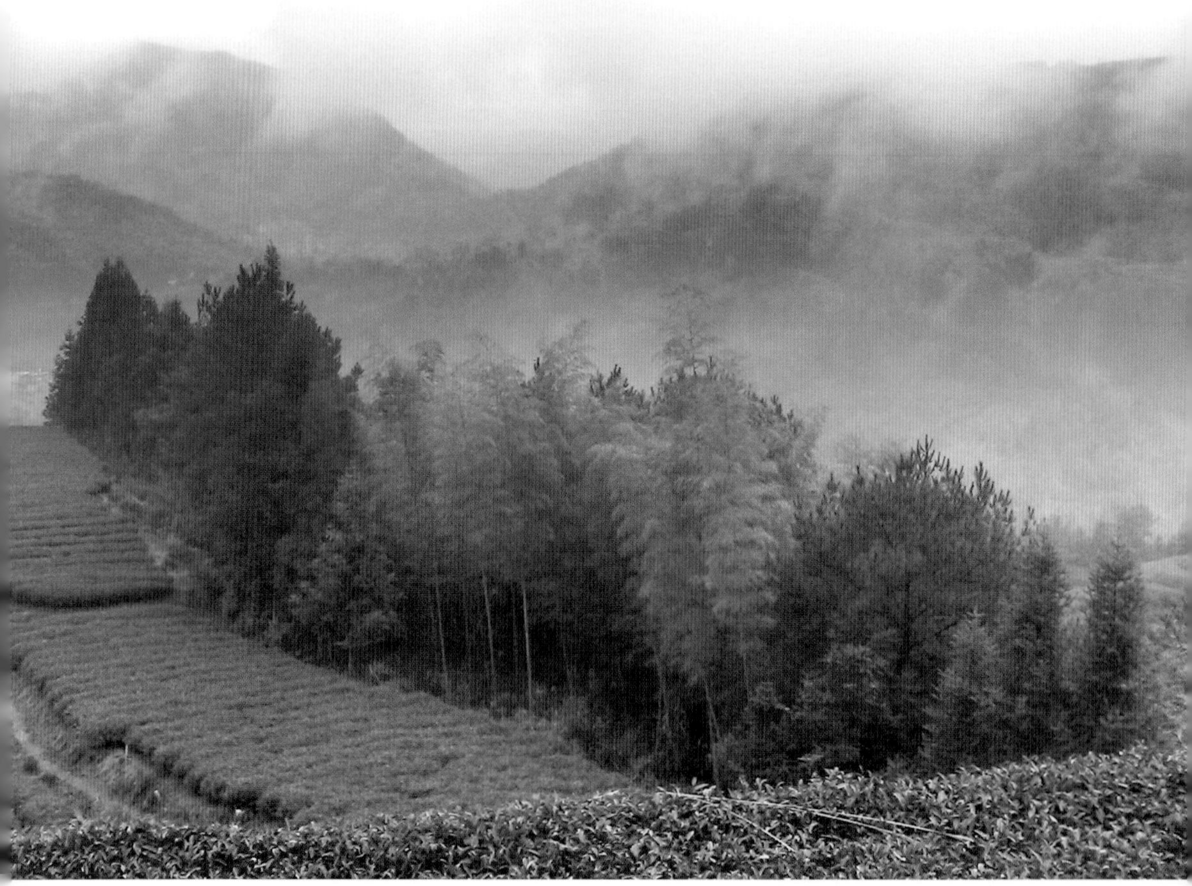

稱為「陳府家茶」。二〇一〇年才開始獨鍾白茶，認為白茶擁有一股不可言喻的人文氣息，讓茶人與稍有品味或閱歷的人不自覺地喜歡。他還說白茶很「真」、充滿禪意，因此修行的人也很喜歡，因而更名為「陳府白茶」。

根據《中國制茶工藝》記載：清嘉慶元年（一七九六），福鼎茶農用福鼎菜茶的芽首創白毫銀針，製作方法就是日光萎凋，將採摘的新鮮茶樹芽葉進行生曬，工藝與製作中草藥方式相同，因此學者認為：福鼎白茶的製作技藝堪稱最古老的製茶方式。而陳寧化則認為白茶基本是全手工，最多只能做到半機械；因此白茶廠沒有設備，可是風雨雷電都要運用上，他自嘲說像諸葛亮用兵一樣。

陳寧化說製作白茶，先採摘清明前茶樹的芽葉，攤放竹製的蔑架上，進行日光萎凋，並根據當日的氣候變化進行調整。太陽剛升起、中午時光與日落時分，氣候南風或北風天，都要調整蔑架方向與萎凋時間，盡量使茶葉自然失水，萎凋至九成乾燥後，將茶葉堆積進行微發酵，最後用炭火低溫烘焙

白茶的攤涼工序。（陳寧化提供）

以布袋鬆壓方式製作壽眉圓餅工序。（陳寧化提供）

乾燥而成。

陳寧化說管陽鎮是省級生態鄉鎮，海拔較高，雨水充沛，常年雲霧繚繞，因此茶品茶多酚含量遠高於其他地區，氨基酸含量也較高，回甘好。至於有人說新的白茶寒性重，他認為那是做工不好。

儘管面臨現代化的衝擊，陳寧化始終堅持傳統的複式萎凋，也就是日光萎凋與室內萎凋相結合，茶品標榜純天然、富有大自然氣息，且「毫香蜜韻顯著」。白毫銀針完全採一芽製作，分為「抽針」與「剝針」兩種工藝，特色則是「毫香蜜韻」。而白牡丹則採一芽一葉或二、三葉；壽眉則完全採剝針留下的葉，或原料低的葉片製成。

圓餅的壓制，陳府白茶也迥異於普洱圓茶的「緊壓」方式，而以獨特的「鬆壓」方法，布袋定型七天，茶餅鬆緊合適，有利於後期轉化，品飲時也較容易剝開。

雲南大葉種曬青白茶

在雲南山區產製普洱茶、兩岸都頗負盛名的台商蔡君，忽然寄來了一款「有機蟬蜓白」古樹鐵餅要我品嚐。蟬蜓白？顧名思義，應該是用「著蜓」的大葉種茶葉所製作的「白茶」吧？

果然撥開白棉包裝的茶票紙，但見餅面上緊結的嫩葉滿披白毫，不僅與金黃偏褐色的普洱圓茶大不相同，條索也不若普洱青餅呈現的肥厚。迫不及待以茶刀撥開些許，取來台灣岩砂壺名家鄧丁壽的「無為」茶壺沖泡，沸水注入後不待倒出，一股帶著東方美人濃郁蜜香的山靈之氣，立即溢滿整個室內。

放眼近兩年的中國茶葉市場，就以白茶最夯，北京馬連道上也幾乎由白茶獨領風騷，導致多年前貯藏在倉庫裡的老白茶也紛紛出籠，一個個奇貨可居，尤其將散茶緊壓成圓餅後價格更高，再透過市場不斷炒作狂飆，恰與幾年前大陸民眾一窩蜂狂炒武夷山金駿眉紅茶、老班章與冰島普洱茶，或更早炒作武夷山大紅袍的景象如出一轍。

因此十多年前就進入雲南山區，在全球最大的萬畝古茶樹群落——普洱市瀾滄縣景邁千年古茶樹園與當地政府簽下五十年經營權的蔡君，儘管多年來始終以唯一榮獲美國、歐

以雲南大葉種古茶樹著蜓後所製作的白茶。

左　雲南瀾滄裕嶺一茶廠靜置萎凋中的白茶。右　雲南瀾滄裕嶺一茶廠緊壓白茶成餅的工序。

盟、日本、中國等四大國際有機認證的普洱茶，叱吒兩岸與國際舞台，去年開始也不能免俗，頻頻接到北京訂單而產製白茶，且幾乎都緊壓為圓餅。

其實白茶基本工藝包括萎凋、烘乾、揀剔、複火等，而以雲南大葉種茶樹所製作的白茶則為曬青而不烘乾。蔡君就透過國際電話告訴我，長久以來，雲南白茶的特色主要就在「曬青」而非福建白茶的「烘乾」，而原本普洱茶與綠茶最大的差異，就在殺青、揉捻後透過日照「曬青」而成普洱茶，全然迥異於綠茶的高溫「烘青」。曬青白茶最大的優勢，就在於口感保持茶葉原有的清香味。

所謂「著蜒」，源自新竹北埔、峨眉一帶的「膨風茶」（或稱「東方美人」），源於一種體積甚小、約莫蚊子般大小的「小綠葉蟬」叮咬過的茶菁，會散發出一股迷人的蜜果香，即閩南語俗稱的「蜒仔氣」，尤其茶葉經叮咬後，茶樹本身的治癒能力還會使葉芽的「茶多酚類」活性增強，「茶單寧」含量也會明顯增加，意外成就膨風茶的獨特風味。

來自新竹北埔的蔡君，深知小綠葉蟬叮咬過的著蜒茶菁，正是成就東方美人茶濃郁蜜果香、至今所向披靡的秘密武器，因此特別保留作為白茶原料，製成的茶品為原本金黃的湯色更增添了透亮的琥珀色，天然的蜜果香也增添了迷人的豐姿熟韻，因此很快就能征服北京茶人挑剔的味蕾，並迅速風靡整個大陸市場。

【第四章】

黃茶

Yellow Tea

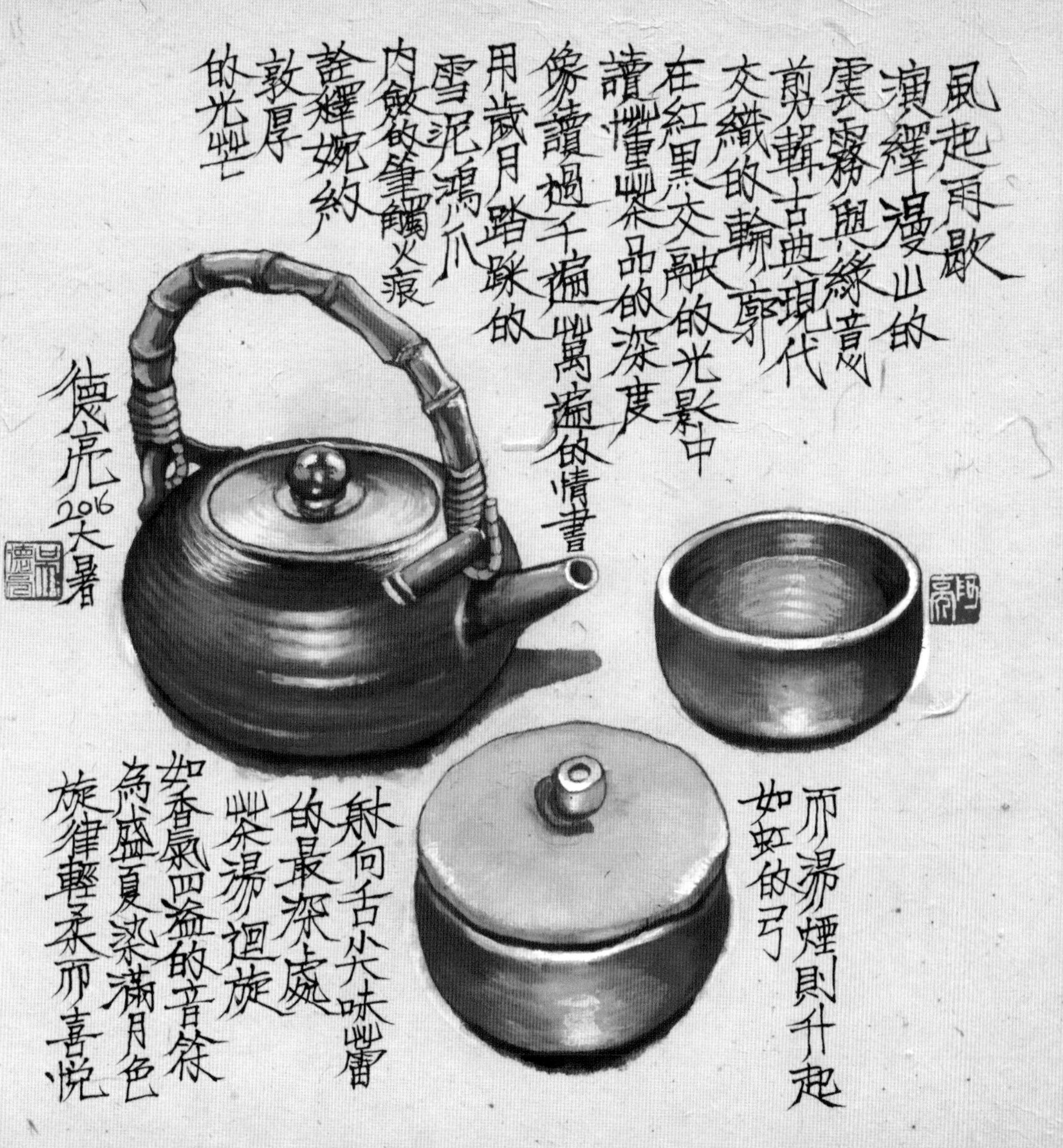
風起雨歇
演繹漫山的
雲霧與綠意
剪輯古典現代
交織的輪廓
在紅黑交融的光影中
讀懂茶品的深度
像讀過千遍萬遍的情書
用歲月踏跡的
雪泥鴻爪
內斂的筆觸火痕
詮釋婉約
敦厚
的光芒
而湯煙則升起
如虹的弓
射向舌尖味蕾
的最深處
茶湯迴旋
如香氣四溢的音符
為盛夏染滿月色
旋律輕柔而喜悅
德亮
2016大暑

黃茶的種類與品質特徵

黃茶屬於輕微發酵茶，芽葉茸毛披身、金黃明亮。在製茶過程中，經過悶堆渥黃，因而形成「黃葉黃湯」的茶種。著名茶品以中國湖南岳陽君山島的「君山銀針」、四川雅安名山縣的「蒙頂黃芽」、安徽六安市霍山縣的「霍山黃芽」等為代表。

黃茶的由來，據說是茶農在綠茶殺青、揉捻後，由於乾燥不足或不及，使得葉色變黃而得名，後來更進一步在製茶過程中進行「悶堆渥黃」，才使得品質特徵更為明顯。典型工藝流程包括殺青、悶黃、乾燥、揉捻等。

以蒙頂黃芽為例，「包黃」就是形成蒙頂黃芽品質特徵的最關鍵工序，先以鍋壁表面平滑光潔的平鍋殺青，再經初包、複炒、複包、三炒、堆積攤放、四炒、烘焙等八道工序才能大功告成。由於芽葉特別細嫩，精心製作後的外形扁直、芽條勻整，乾茶色澤嫩黃且芽毫顯露，沖泡後透亮金黃的茶湯特別香醇濃郁，葉底更明顯呈現全芽的嫩黃色。

學者認為黃茶的悶堆渥黃與黑茶的渥堆，基本上都是利用高溫殺青破壞酶的活性，其後多酚物質的氧化作用則是由於濕熱作用引起，並產生一些有色物質。變色程度較輕的即為黃茶，而程度重的就形成黑茶了。

黃茶的種類並不多，由於品種不同，在茶片選擇與加工工藝上也有甚大差異，因此可大別為**黃芽茶**、**黃小茶**和**黃大茶**三種。其中以「黃芽茶」最為尊貴，上述的君山銀針、蒙頂黃芽、霍山黃芽均屬之，此外還有浙江德清的莫干黃芽等。原料大多採摘單芽或一芽一葉，例如君山

產於四川蒙頂山的蒙頂黃芽屬於黃芽茶。

霍山黃大茶採摘一芽二至三葉、甚至一芽四至五葉為原料製作。（張曉露提供）

銀針全採肥壯的芽頭製作，而蒙頂黃芽則採一芽或一芽一葉，但最頂級的蒙頂黃芽，每斤就須採四萬顆芽才能製作，因此除了金黃透亮的湯色，還有外形扁直、芽條勻整，以及色澤嫩黃、芽毫顯露等特色，品飲時花香也格外幽長，令人沉醉。

而「黃小茶」則採摘細嫩芽葉，著名茶品有湖南寧鄉的「溈山毛尖」、浙江溫州與平陽一帶的「平陽黃湯」等。至於「黃大茶」則採摘一芽二至三葉、甚至一芽四至五葉為原料製作，主要茶品包括安徽霍山的「霍山黃大茶」，以及廣東韶關、肇慶等地的「廣東大葉青」。

採摘細嫩芽葉製作的溫州黃小茶。

洞庭君山舞銀針

儘管到岳陽樓只是「路過」，從洞庭湖大橋透過車窗遙望黃色的飛檐盔頂，陽光下雖非「皓月千里」，卻也能在「浮光躍金」的「一碧萬頃」中，感受北宋名臣范仲淹「先天下之憂而憂，後天下之樂而樂」的恢弘氣度吧？

話說「君山銀針」是中國十大名茶中唯一的黃茶，僅產於湖南省洞庭湖中的君山島，全採剛抽出尚未張開的茶樹嫩芽製作，因而細卷如針而名；也有形如長眉而稱「老君眉」，即《紅樓夢》第四十一回〈櫳翠庵茶品梅花雪〉中，賈母提到的「老君眉茶」。在六大茶類中，與四川雅安的蒙

沖泡後芽尖群起豎立在金晃晃茶湯水面的君山銀針。

頂黃芽、安徽霍山的霍山黃芽並列為微發酵的黃茶類。

由於台灣現階段並無悶黃渥堆的工藝，因此從未有過黃茶的產製，即使在對岸也同樣稀有珍貴，因此趁著受邀赴湖南演講之便，我特別走訪了古稱嶽州的岳陽市，一探君山銀針的製作奧秘。

浮游於浩浩蕩蕩的洞庭煙波之中，由大小七十二座山峰組成的君山島，是中國第二大淡水湖洞庭湖中的一個小島，與千古名樓岳陽樓遙遙相對，面積僅有〇・九六平方公里，古代稱為湘山或洞庭山。由於大詩人屈原曾在《九歌》中，將葬於此的舜帝二妃稱為湘君與湘夫人，後人因此改名為君山，又有「愛情島」或「有緣山」之稱，也曾被《道書》列為天下第十一福地。

上　君山銀針產於岳陽樓一橋之隔的君山島上。
下　君山島入口處唐代大詩人劉禹錫的題詩雕像與茶園。

不過吸引我的卻不是水天一色的秀麗景致，或島上龍涎亭、洞庭廟、湘妃祠等景點，更非園區入口巨石上，唐代大詩人劉禹錫的題詩「遙望洞庭山水翠，白銀盤裡一青螺。」而是滿山遍野與香樟樹共生的茶園，徽派建築特色的馬頭翹角在綠浪推湧中若隱若現，潔淨的步道與悅耳的啁啾鳥鳴，更讓人感到身心舒暢。

經由長沙府窯陶瓷藝術公司負責人吳琪的安排，登島後隨即有人笑盈盈來接，交換名片後一看不得了，來者是君山銀針茶業公司總經理王准，他說公司早取得君山

君山島上與徽派建築相互輝映的茶園。

公園茶場的獨家經營權，在此投資了數億人民幣，建設了集產、學、研、生產觀賞、茶文化宣傳與交流於一體的偌大園區，可算是半個島主了。

果然搭乘園區專屬的電瓶環保車進入，在粉牆黛瓦的「君山御茶園」停下，立即有江南仕女妝扮的三名女子，為我們做茶藝示範：為了呈現銀針泡開後芽豎懸湯、直立不倒的「刀山劍砦」畫面，茶藝師特別將茶品一一置入玻璃高杯中，沸水沖入後，但見芽尖群起豎立在金晃晃的茶湯水面，不一會兒又垂直下沉，然後再度徐緩上升，共三起三落，蔚為奇觀。有人說「君山銀針會在水中跳舞」，果然所言不虛。

王總告訴我，君山茶應始於唐代，但製作黃茶則應在清代，當時分為「尖茶」、「茸茶」兩種。「尖茶」如茶劍，白毛茸然，為清廷納為貢茶，稱為「貢尖」，而君山銀針應為貢尖演變而來，他當場拆開今年的春茶讓我瞧個仔細，但見茶品滿披茸毛，肥壯勻齊的芽頭金黃光亮；再看茶芽外裹一層白毫，內部卻呈橙黃色，無怪乎還有「金鑲玉」的美譽了。

儘管君山島海拔僅有六十四公尺高，但王總說每年春夏兩季湖水蒸發，島上因而雲霧瀰漫，相對濕度大，成就茶樹生長的良好環境。尤其君山銀針每年只在清明前後七至十天，採摘春茶的首輪嫩芽，直接揀採肥壯多毫的芽頭，經揀選後，以大小勻齊的壯芽製作銀針，更顯彌足珍貴。

王總說採摘時為防止芽頭或茸毛擦傷，茶簍內必須襯上白布，並嚴格規定「九不採」：雨天不採、露水芽不採、紫色芽不採、空心芽不採、開口芽不採、凍傷芽不採、蟲傷芽不採、瘦弱芽不採、過長過短芽不採等。而每採摘十萬五千個茶芽，僅能製作一斤銀針茶，即

君山銀針只採摘春茶首輪嫩芽肥壯多毫的芽頭製作。

便熟練的採摘老手，每人每天最多也僅能採摘兩○○公克，量少價昂可以想見。

採摘後的茶芽須經殺青、攤涼、初烘、複攤涼、初包、複烘、再包、焙乾等八道工序，歷時三天三夜共七十多小時才能大功告成。而殺青工序過去多在斜鍋中進行，鍋子尚須在鮮葉殺青前磨光打蠟。不過王總說為了因應現代化的精準產製，目前多改為烤麵包機般的大型機具，茶菁在均溫達到二五○度時，置入十五秒即可完成，可獲得最佳且穩定的品質，目前也已申請專利。

至於形成黃茶特有色香味最重要的「悶黃」工序，是初烘攤涼後，立即以牛皮紙包覆再置入箱內四十至四十八小時，稱為「初包悶黃」。由於包悶時氧化放熱，包內溫度逐升，二十四小時後尚須及時翻包，以使轉色均勻。而複包則至茶芽呈金黃色澤、香氣濃郁為止，也須費時二十小時左右。

返回台北後，我將帶回的君山銀針取出，各秤出標準的五公克，分別以茶碗、玻璃茶海兩者沖泡。碗內有杏黃明淨的湯色茶影交相輝映，而玻璃茶海中如群筍出土般一一豎直的畫面尤令人心曠神怡。儘管入口後鮮爽不如綠茶、甜醇不如紅茶，但都能明顯感覺清香沁人，在齒頰間留下難以言喻的獨特滋味，這也是黃茶最迷人之處吧。

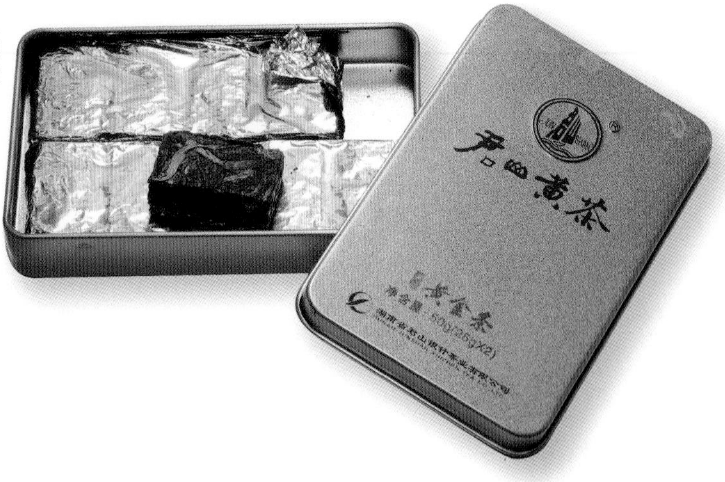

君山銀針近年也趕上普洱茶熱，製作了小金磚「黃金茶」。

霍山黃芽

「霍山黃芽」與「六安瓜片」同屬江淮地區的兩大名茶，二者都產於安徽省六安市，六安瓜片係不發酵的綠茶，而霍山黃芽卻屬於微發酵的黃茶。每年都僅採一季春茶，霍山黃芽的採摘則較六安瓜片約早半個月，於清明（四月四日）前後採摘。

霍山黃芽主要產於六安市的霍山縣，以大化坪鎮、太陽鄉、太平鄉、東西溪鄉等地最為著名。成茶外形「條直微展、勻齊成朵、形似雀舌、嫩綠披毫」，沖泡後主要特徵為湯色黃綠透亮、葉底嫩黃。

霍山黃芽也是中國歷史名茶，自唐代開始就作為貢茶，至清代更深受歡迎。儘管在二十世紀一度失傳，所幸一九七〇年代又恢復生產。主要工序為採摘後經過殺青、做形、攤放、足火、複火，最後再進行烘乾。殺青又分為生鍋和熟鍋，生鍋主

產於六安市霍山縣的霍山黃芽。

炒青、熟鍋則另加做形。

當地茶農張曉露說霍山黃芽原料須適時分批按標準進行採摘，採摘手法採用折采，總體要求幼嫩勻淨，才能達到形狀、大小、色澤一致。採摘時進行揀剔，與君山銀針的「九不採」相較，霍山黃芽則僅需做到「無芽不採、蟲芽不採、霜凍芽不採、紫芽不採」等「四不採」。採回經揀剔後薄攤在團簸內，晴天露水葉攤放二至三小時，陰雨天則攤放四至五小時，將青草氣與表面水分散發，待芽葉發出清香，葉色由鮮綠轉為暗綠即可製作，包括殺青（生鍋、熟鍋）、毛火、攤放、足火、揀剔複火等五道工序。張曉露說一般多上午採青，下午製茶，鮮葉絕不過夜。

不過，回程行經市區，在有「茶商驛站」的大型牌樓旁，廣場上擠滿了小貨卡、摩托車以及提著大袋小袋茶菁來此交易的茶農、茶販等，當街就提著大秤細數後付錢走人，一簍簍裝滿綠油油茶菁的黃色竹簍上方，則林立著為遮蔽風雨及陽光使茶菁不受傷害的各式大花傘，對應近景的「霍山黃芽」大茶壺，與不遠處丘陵般的小茶山，可說色彩繽紛，熱鬧極了。

黃茶屬於微發酵茶，和綠茶的製作工藝非常類

霍山縣城以霍山黃芽牌樓與大茶壺作為地標。

霍山茶商驛站廣場上擠滿來此交易的茶農與茶販當街磅秤買賣。

以霍山黃芽聞名的霍山縣隨處可見茶園。

似，只是在乾燥的前或後，需要比綠茶多加一步「悶黃」的工藝罷了。由於台灣現階段並無悶黃工藝，因此從未有過黃茶的產製，即使在對岸也同樣稀有珍貴吧？儘管與湖南洞庭湖的君山銀針、四川雅安的蒙頂黃芽並列為中國三大黃茶，但仔細比較，霍山黃芽的外觀卻沒有一般黃茶的顯著黃色，葉色偏綠者為多，同時還帶有熟板栗香。因此有人說今天霍山黃芽已接近「綠茶化」了。

張曉露則無奈地表示，由於中國絕大多數的市場均以綠茶為主，因此霍山黃芽「綠茶化」可說是市場發展無可避免的趨勢，正如安溪鐵觀音今天也從原本的「青褐如鐵」明顯變成了「綠觀音」。他說霍山黃芽如今為了迎合市場而大多綠茶化，導致茶農逐漸忘卻從前的傳統工藝，而當地碩果僅存的老師傅也急遽凋零中，少有人再悶堆渥黃，因此做出來的黃茶，跟綠茶顏色幾乎相近。張君雖然年輕，卻不忘繼續追求先人留下的工藝，他說：「只要我還有一口氣在，絕不會讓這傳統工藝斷在我們這一代。」讓我深深感佩。

〖第五章〗

青
Blue Tea
茶（烏龍茶）

烏龍茶的起源、發展與分類

青茶即俗稱的烏龍茶，起源則有兩種說法：一說為烏龍茶係由宋代貢茶龍團、鳳餅演變而來，約創製於清朝雍正三年（一七二五年）前後，是由閩南安溪人所發明的製法，以後再逐漸傳入閩北與台灣。

二說為烏龍茶應創制於明末清初的十七世紀中葉，起源則在福建武夷山。武夷岩茶以有別於陽羨、松蘿、龍井等綠茶的製作工藝，在松蘿茶的基礎上，增添了萎凋與做青工序，使茶菁內的兒茶素、咖啡因等元素隨著水分的消失而慢慢氧化，發酵度達到四十%，成茶葉片呈現出「三紅七綠」的黃金比例，「炒焙兼施」的工序且一直沿用至今。

多數專家表示，烏龍茶應於十七世紀中葉在武夷山發源，再隨著瀹茶文化的興盛與先民的不斷遷徙，走過將近三百年的悠悠歷史，繁衍出豐富多彩的烏龍茶世界。向南有閩南烏龍的安溪鐵觀音與永春佛手、廣東烏龍的鳳凰單欉與嶺頭單欉等；向東則越過海峽，成就了台灣名滿天下的包種茶、凍頂烏龍茶、白毫烏龍與高山茶等，各自散發迷人的魅力。

烏龍茶的由來，也充滿了傳奇的色彩，其中流傳較廣的是在十七世紀，有茶農上山摘採茶菁，帶回加工途中驚見黑蛇，趕緊棄茶而逃。待黑蛇消失後返回山上，但見茶菁已在陽光下發酵，完成日光萎凋後的香氣令人著迷，因而無心插柳地製成了部分發酵的新

烏龍茶增添了日光萎凋與做青工序而使茶葉發酵。

烏龍茶依型制可分為條型（左）、半球型（中）、球型（右）三大類。

烏龍茶既有綠茶的鮮濃，又有紅茶的甜醇，因此最受台灣茶人的喜愛。

茶類，為了紀念黑蛇的「偉大貢獻」，而命名為「烏龍茶」。

烏龍茶既有綠茶的鮮濃，又有紅茶的甜醇，因此最受台灣茶人的喜愛。不過在中國大陸，品飲烏龍茶的人口比例卻不算太高，其中又以廣東、福建等省居多。目前兩岸年產量的總和僅約十五萬噸，主要為福建省（九・七萬噸）、廣東省（一・六萬噸）與台灣（一・五萬噸），加上浙江、江西、湖南、四川、貴州、雲南等省，以及越南等國的少量生產，僅佔全球茶葉總產量（二五〇萬噸）的二至三％左右，卻佔了台灣所有消費茶的九十五％以上。

三百年來，烏龍茶外觀也從最早的單一條型逐漸擴增演變，包括條型（文山包種茶、武夷岩茶、東方美人茶等）、半球型（凍頂烏龍茶與台灣高山茶）、球型（台灣木柵鐵觀音）等三大型制。而烏龍茶的分類，除了發酵程度與外觀的不同，目前學者多以產區來劃分，大別為閩北烏龍茶、閩南烏龍茶、廣東烏龍茶與台灣烏龍茶四大類。

一、閩北烏龍

武夷岩茶

大紅袍、水金龜、半天妖、不見天、白雞冠、肉桂、水仙……，一長串奇怪的名字，不僅讓初入門的愛茶朋友大感不解，就連許多資深茶人一時也很難分辨。當然，大紅袍非袍，肉桂與卡布吉諾咖啡調料絕對無關，水仙也非花，水金龜更非昆蟲，其實都是名滿天下的武夷岩茶茶樹品種，同時也是茶品名稱罷了，統稱為「花名」。

所謂花名，就是武夷山歷代從菜茶的原始品種中，將有性群體與有性雜交繁殖的後代群體，經過反覆單株選育，在積累許多單株並評選後，經過採製、品質鑒定以及反覆評比，最後依據樹形、葉色、種植地、香氣、滋味等不同的個性特徵所命名的茶樹。

例如以神話傳說命名的大紅袍、鐵羅漢、水金龜、半天妖、狀元紅；以生長環境命名的不見天、石角、嶺上梅、過山龍、金鑰匙、水中仙，其中「不見天」係因巨大岩石遮蔽，使得茶樹看不見天空而得名，英文標示 No

左　由於茶樹為岩壁擋住，看不見天空而得名的「不見天」。
右　大紅袍的六株母樹已申報為「國家古樹名木」受到嚴格保護。

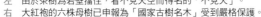

北斗一號（左）與小紅袍（右）二者皆非大紅袍。

Seeing Sky更令人莞爾。還有以茶樹形態命名的釣金龜、鳳尾草、醉海棠、一枝香等；以葉形命名的瓜子金、金線、竹絲、金柳條等；以茶樹發芽遲早而命名的不知春、迎春柳等；以葉色命名的太陽、太陰、白吊蘭、水紅梅、綠蒂梅等；以茶香命名的石乳香、夜來香、十里香、白麝香等；以傳統種植年代命名的正唐樹、宋玉樹、正唐梅等。據說最多曾有高達八百種以上的紀錄，花名之多，可真令人瞠目結舌。

其實武夷岩茶最早的茶名是「晚甘侯」，見諸唐朝孫樵的〈送茶與焦刑部書〉：「晚甘侯十五人，遣侍齋閣。此徒皆乘雷而摘，拜水而和。蓋建陽丹山碧水之鄉，月澗雲龕之品，慎勿賤用之！」以擬人化的筆法將茶品稱為晚甘侯。「晚甘」代表甘香濃馥、美味無窮，「侯」則為尊稱。由於當時崇安縣武夷山市隸屬於建陽縣，因而稱「建陽丹山碧水」，晚甘侯也成了武夷岩茶最早的茶名。

清朝蔣蘅的《晚甘侯傳》更進一步說：

「晚甘侯，甘氏如薺，字森伯，閩之建溪人也。世居武夷丹山碧水之鄉。」將武夷岩茶化身為人作傳，還引用《詩經》：「誰謂茶苦？其甘如薺。」說武夷岩茶「甘氏如薺」。今天武夷山九龍茗叢園入口岩壁上，也刻有「晚甘侯」三個大字，內文為明朝許次疏所著《茶疏》開宗明義的一段文字：「江南之茶，唐人首稱陽羨，宋人最重建州，於今貢茶兩地獨多。陽羨僅有其名，建茶亦非最上，惟有武夷雨前最勝。」對武夷岩茶可說推崇備至了。

武夷山是中國著名的旅遊區，面積二七九八平方公里的武夷茶原產地保護範圍內，可說山清水秀，九曲溪水迂迴環繞其間，儘管遊客終年絡繹不絕，在嚴密的保護之下，依然保持極佳的生態環境，也是中國最著名的茶區之一。一九九九年並經聯合國教科文組織列為世界文化與自然遺產。

而所謂「岩茶」，源於武夷山方圓六十公里內，有三十六峰與九十九名岩，利用岩石縫隙間或沿邊築石岸種茶，稱為「盆栽式」茶園，所謂「岩岩有茶，茶以岩名，岩以茶顯」。更有人說「武夷十焙，貴如黃金」，以及「三年成藥、五年成金；八年成寶、十年成丹」，其珍貴可見一斑。

因此武夷岩茶首重岩韻，俗稱為「岩石味」或「岩骨花香」，指的就是一種味感特別醇厚，能常留口腔、回味持久深長的感覺。

武夷岩茶所以號稱茶中之王，從生長環境便不難明瞭：唐代大茶聖陸羽在《茶經》一書曾提到茶山之土

2008年大紅袍二代茶品與湯色、葉底表現。

「上者生爛石，中者生礫壤，下者生黃土。」由此看來，海拔六五〇公尺的武夷山景區內，茶園土壤多由火山礫岩、紅砂岩及頁岩三者組成，土質疏鬆，腐植含量高、酸度適宜，非爛石即礫壤，有機質與養分含量高。而且茶樹多生長在岩壑幽澗之中，四周有山巒為屏障，岩壁且遍布雜樹野草，在陽光不直接照射的「漫射光」環境中，孕育了武夷岩茶的特殊品質，從進入景區後偌大岩壁上的「巖韻」兩個大字，正足以說明一切了。

由於葉片亮得跟金龜一樣而得名的「水金龜」。

尤其景區內岩泉終年滴流不絕，生長著許多野生四季蘭、菖蒲、桂花與杜鵑，遍布在岩壁與溪澗邊，空氣中所瀰漫的花香，對岩茶的香型絕對有影響，所謂「岩骨花香」絕非浪得虛名。

話說武夷山無岩不茶，各岩又有各自獨特的風味，因此景區內三岩（慧苑岩、天心岩、馬頭岩）、三坑（慧苑坑、牛欄坑、倒水

水金龜的茶湯與葉底表現。

武夷岩茶首重岩韻，景區岩壁上「巖韻」兩個大字正足以說明一切。

由於黃色的葉片在陽光照射下形同白色，加上葉形似雞冠而得名的「白雞冠」。

坑）、二澗（流香澗、九龍澗）所種植產製的茶品稱為「正岩茶」，由於土壤通透性佳，鉀錳含量高、酸度適中，茶品岩韻特別明顯。此外，還有所謂「七月挖金、八月挖銀」，在每年七、八月份將茶樹兩旁土挖開，讓太陽曝曬，防止長蟲而無需噴撒農藥，十一月時剷除周邊雜草，火燒後回填茶樹挖開的土而無需施肥，使得正岩茶得以在優越的自然環境中滋長。且每年僅採收一季（春末），而每季頂級單品不過二十斤左右，其他也僅不到百斤，因此每市斤高達人民幣萬元以上仍供不應求。

而「半岩茶」生長在較矮的山上，土壤酸度稍大，含鋁稍多，土層稍薄。稍遠的「洲茶」，產在平地和沿溪兩岸，土壤為沖積土。還有更其次的是武夷山以外的所謂「外山茶」，三者無論樹種、製作與烘焙方式皆大同小異，價格卻往往十分之一都不到，從茶園土壤與生長環境應可略窺一二吧？

儘管武夷岩茶花名多，但真正能列為名欉、特色明顯的約僅二十來種，其中最著名的有大紅袍、鐵羅漢、白雞冠、水金龜等四種，合稱為武夷「四大名欉」；也有人將大紅袍、名欉、肉桂、水仙、奇種列為「五大名欉」，而五大名欉也還有大紅袍、水金龜、鐵羅漢、半天妖、水仙的另一個版本。至於晚甘侯雖是武夷岩茶最早的茶名，卻直至近年才有「晚甘侯」新的名欉出現。

大紅袍自古即有「茶中之王」美譽，也是武夷岩茶中的極品，具有「岩骨花香」的特殊奇韻，且茶味「圓滑甘潤，久藏不壞，溫而不寒」，列為武夷五大名欉之首，成茶條索緊實，香氣馥郁（蘭花或桂花香）、醇厚回甘，在武夷岩茶中最富岩韻。

大紅袍花名的由來，民間傳說是清朝某新科狀元，以武

白雞冠茶湯與葉底表現。

2008年鐵羅漢（上）與祥興80年代老鐵羅漢（下）茶品比較。

武夷山景區內正岩茶（左）與景區外半岩茶生長土壤截然不同。

武夷山仙茗茶廠的手工搖青工序。

夷山岩壁採製的茶葉治癒了皇后的痼疾，皇帝龍心大悅特別御賜大紅袍披在茶樹上而得名。也有一說是早春茶芽萌發時，茶樹遠眺特別艷紅似火，宛如紅袍披身，而有了如此浪漫的品名。

儘管依照傳統上的嚴格界定，大紅袍應該以生長在武夷山天心巖附近，九龍窠陡峭岩壁上的茶樹為原料，才是獨特岩韻的正宗。只是母樹至今僅存六株，不

武夷四大名欉由左至右水金龜、大紅袍、白雞冠、鐵羅漢外觀上的差異。

僅自二〇〇六年起停止摘採，且已申報為「國家古樹名木」受到嚴格保護。因此目前市面上流通的大紅袍，大多為無性繁殖技術，在武夷山景區內外以採剪穗育苗所繁育種植，以「五採、五養」的科學採摘法產製的茶品。早先有人依序稱為「北斗一號」、「北斗二號」，甚至「小紅袍」等，但基因分析結果與大紅袍全然無關，此說近年已被推翻，認為北斗號應為獨立的花名。至於有人稱之為大紅袍二代、三代等，顯然也與「無性繁殖」的概念不符。亦有當地茶人認為，大紅袍母樹扦插繁殖的是二代，俾使茶人有所區隔，但之後再扦插的都稱二代，說三代或四代就太荒謬了。

大紅袍成茶外形緊結，部分呈蜻蜓頭狀，沖泡後味甘而香氣濃郁，葉底則柔軟而亮麗、呈現朱紅色的外緣，部分且具有「綠葉紅鑲邊」的特徵，茶湯則為金黃或橙黃甚至呈深褐黃色，艷麗透亮。

葉片亮得跟金龜一樣而得名的「水金龜」，原名為「滴水金龜」，又因成茶外觀為

武夷山幔亭茶廠作為武夷岩茶焙火之用的炭焙屋。

扭曲的條型，因此又有「蜻蜓頭」的俗稱，一種茶樹擁有兩種昆蟲名，武夷山人的想像力真是夠了。成茶外形條索肥壯，緊結勻整，內質香氣（梅花香）馥郁。

「白雞冠」由於黃色的葉片在陽光照射下形同白色，加上葉形似雞冠而得名。原產於武夷山隱屏峰蝙蝠洞，主要分布在武夷山內山。成茶色澤黃白明亮，紅點明，香氣高爽帶有菌菇類的揚香，也有茶人說是「豆漿味」，濃醇甘鮮、入喉回韻與回甘十分飽滿。

「鐵羅漢」據說早在宋代就有花名，堪稱最早的武夷名欉了。原產於武夷山慧苑岩之內鬼洞，兩旁是懸崖峭壁，茶樹植於一狹長地帶的小溪澗旁。成茶有明顯的岩韻，香氣濃郁而幽長。

「武夷水仙」的葉片大而肥厚，成茶自然外形條索壯結、色澤烏黑油潤，因此無論茶樹或茶品的外觀，在與其他名欉相比時，能夠輕易以肉眼分辨。主要特色在於湯色橙紅清澈、滋味鮮醇濃爽、葉底肥厚軟亮且紅邊明顯。

完整的武夷岩茶製作工藝包括了曬（雨天則烘）、搖、抖、撞、涼、圍、堆等做青手法，經「兩曬兩涼，重輕結合，雙炒雙揉、去漚提香、成條為主」，至初焙、複焙，熟化香氣，最終達到「香、清、甘、活」的最高境界。換句話說，就是從採菁、萎凋、做青（搖青）、殺青、揉捻、烘焙、揀剔到毛茶，再經烘焙而成。通常四月下旬至五月下旬以前製作毛茶，之後再精製，包括揀梗與精焙等。

由於茶菁的嫩度對岩茶品質影響頗大，因此採茶時機的選擇十分重要，過嫩則成茶香氣偏低、滋味苦澀；過老則味淡香粗。因此當地有句俗諺說「及時採是寶，過時採是草」，一般在穀雨後開採至立夏後七天左右結束。標準是「三葉半開面」，即頂端駐芽開一半，以下三葉全展開時採摘最佳。

至於萎凋則包含日光萎凋與加溫萎凋，「仙茗茶廠」主人黃壽生表示，今天武夷岩茶大多為批量生產，不可能完全倚賴室外萎凋，所以有時在室內以炭火代替。且日光萎凋時間並無一定，至第一片嫩葉低頭即可，所謂「看天做青，看青做青，看茶做青」，室內萎凋則至第二片葉子低頭。萎凋的過程是鮮葉生理失水的過程，也是形成岩茶香味的基礎，因此要恰到好處，失水過多則成「死葉」，水分散發不夠則影響做青。

黃壽生說武夷岩茶的烘乾、攤涼要反覆三次，茶葉才有活性。不過令我好奇的是：仙茗茶廠的室外居然堆滿了焦炭，原來是作為乾燥機熱力來源的熊熊烈火，但見工人熟練地為鍋爐不斷加炭升溫，滿天飛揚的火花頓時瀰漫在黑夜與星空競艷，讓人錯以為來到鋼鐵廠或打鐵鋪。

近年由於中國大陸經濟快速崛起，原本就稀有價昂的武夷岩茶，更成了茶饕爭相搶購的最愛，因而武夷不再「十焙」而大多簡化至「三焙」。武夷岩茶通常在每年五月初製茶，製成的毛茶也從每月烘焙一次（連續三

武夷水仙茶品與湯色、葉底表現。

武夷山仙茗茶廠以焦炭熊熊烈火提供乾燥機的熱力。

月），改為每週在炭焙屋烘焙一次（連續三週），每次十小時，溫度約一二〇至一四〇度，以利行銷。且由於早期焙火較重，退火時間需長達約一年，目前則退火約八至十個月就夠了。

炭焙屋的產生則是源自明朝廢團茶改散茶、不再以烤炙方法而改變的新工藝，步驟依序為：茶葉篩選分級、初乾後攤涼、將毛茶置入焙籠、輕輕將焙籠置於炭坑上。黃壽生表示，初焙後要將三、四葉揀下，稱為茶片，作為枕心、平價茶，或煮茶葉蛋，或當作有機肥等使用。

牛欄坑來的肉桂與老欉水仙

今年五月我又去了一趟武夷山，當地「天驛古茗」茶廠據稱擁有三坑二澗最多的茶園，因此特別在陶藝名家劉欽瑩的推薦下前往拜訪。主人宋超知道我對武夷岩茶的論述頗多，特別取出了一款「肉桂」以白瓷蓋杯沖泡，熱杯置茶後彷彿緊閉許久的門扉被猛然開啟，花香推擠著果香瞬間瀰漫整個室內，讓我大感驚奇。但見宋君嘴角浮上一抹神秘的微笑，再度舉瓶注水倒入杯中，茶湯就像是被融解的琥珀，金晃晃透出胭紅，極度誘惑地要我品嚐。

果然輕啜入口，立即有濃郁的水蜜桃滋味伴著蘭花香在唇齒間舞動，入喉後仍有飽滿的香氣在口腔內如漣漪般迴旋，與丹田升起的豐姿熟韻再度交會，更在杯底留下深邃的幽香。

看我頻頻點頭稱讚，隨行的長沙劉總迫不及待就要掏錢購買，宋超這時才表示，

天驛古茗沖泡的牛肉有濃郁的水蜜桃與蘭花香。

茶品來自牛欄坑，頂級肉桂每年最多不過三十市斤，每斤高達人民幣三萬元的天價依然炙手可熱。

過去武夷岩茶以大紅袍名氣最大，因此為推廣其他茶品，地方政府近年特別將所有茶品統稱為「大紅袍」作為外包裝，內部小分裝才有真正花名，正如台灣嘉義縣為振興地方茶業，數年前也將所有嘉義茶統稱「阿里山高山茶」一樣。不過宋超卻說近年武夷岩茶最搶手的茶品卻非大紅袍，而是肉桂與老欉水仙，尤以牛欄坑所產最為價昂，當地「行話」特別簡稱為「牛肉」與「老水牛」，令人莞爾。

讓我好奇的是：老欉水仙不僅不同於一般水仙，屬於中葉種小型喬木，與一般灌木型的水仙明顯有異，且獨水仙有「老欉」、其他茶樹則無？宋超解釋說在武夷山，僅有水仙能不斷生長至百歲以上，而樹齡超過六十年以上才能稱為「老欉水仙」，無怪乎品賞後，除了醇厚的喉韻與幽香，還能感受悠悠歲月增長的飽和度。

帶回台北後，先以劉欽瑩手作、林鴻徽繪圖

武夷山近年將所有茶品統稱為大紅袍作為外包裝，內部小分裝才有真正花名。

牛欄坑的老欉水仙茶樹，葉片特別大而肥厚。

的青花半陶蓋碗沖泡，「岩骨花香」又比當初在武夷山沖泡更勝一籌，顯然茶器的選擇對氣韻的釋出絕對有影響。就在幾天前，「無垢茶人」銀壺大師陳念舟來訪，堅持要我以他的單柄銀壺「凡燈」與骨瓷茶海「靜淨」沖泡，且置茶量整整少上一半，浸泡時間也要我從五十秒縮為二十五秒試試。

果然透過銀壺出湯的「牛肉」，香分子與味分子瞬間被分解為數十倍的細小分子，口感極致綿密而深遠，傳統「炭焙坑」以龍眼木炭三焙後的火氣全然消失，岩韻顯得更加清晰而不帶絲毫濁氣與澀味。原本「三年成金、五年成寶」方能修成正果的武夷岩茶，彷彿在無垢銀壺中提前臻於完美，花果香浸潤的味蕾不僅多了一份雨後圓潤，杯底回吐的幽香更顯活潑靈動，可說淋漓盡致了。

大紅袍與半天妖

輾轉自對岸取得了極為難得的數款武夷正岩茶，包括近年炙手可熱的大紅袍、半天妖、肉桂、白雞冠等四大名欉。說「難得」，是茶品來自中國首批非物質文化遺產、武夷岩茶製作技藝傳承人王順明手製，價昂還在其次，重要是茶品取得殊為不易。得來不易的四大名欉，我特意邀來名作家亮軒品賞，想聽聽他的看法。

首先以青花名家林鴻徽手繪的半瓷土蓋杯沖泡半天妖，傳說有鳥啣茶樹種籽飛至半山腰落地生根而得名，也有人稱為「半天腰」或「半天鷂」。甫開罐就有香氣飄出，亮軒笑說「放肆」，他說傳統認知上，茶總讓人想到文人雅士，溫和淡雅。但半天妖卻屬於高山隱士或樵夫，開湯後稜角十足，甚至可以說「妖氣十足」，入口後喉韻飽滿直沖天庭。

接著以曉芳窯青花瓷蓋碗沖泡大紅袍，呈金黃至橙黃再轉為橙紅的艷麗湯色，倒入壺藝名家蔡兆慶的褰溝綠茶海中，凜然展現君臨天下的霸氣。亮軒說從小就知道大紅袍，可是從來不喝，因為不相信會有他小時讀書所描述的香氣滋味。但作為生平首次品賞，沉著的茶香不僅直竄鼻腔，入口後先香、回韻而帶微苦，顯然書中所言不虛。精彩之處是香氣深處的苦、在喉韻神秘的苦湧至鼻腔，而非味蕾的苦。一絲極細極淡的苦穿越濃濃的茶香，飄蕩出令人印象深刻的豐姿熟韻，這是大紅袍獨到之處。

亮軒認為，半天妖的味道濃銳結實，而大紅袍香氣更為深沉圓潤。他並以唐代懷素的〈自敘帖〉

半天妖因有鳥啣種籽飛至半山腰落地生根而得名。

亮軒認為半天妖開湯後稜角十足，入口後喉韻飽滿直沖天庭。

形容大紅袍的「苦」：認為懷素出神入化的狂草，揮灑時速度往往超過他的思想，落筆時情感與思緒跟著運筆的手行走。至後處有時太狂，有時不捨將筆提起，儘管墨色乾涸，還以筆根擦過。有時一字的空間超過其他字的三五行空間，看似敗筆，但就整幅狂草來看，這個字才是這件極品的巔峰。用故宮珍藏的四丈狂草國寶比擬大紅袍絲細的苦，「苦才能襯托茶的香醇與風采」，飽學之士品味果然不凡，堪稱對大紅袍最傳神的讚語了。

二、閩南烏龍

安溪鐵觀音

從安溪縣城往南，進入西坪鎮後，馬路兩旁忽然喧鬧了起來。彷彿夾道歡迎的熱情民眾般，但見茶農一個個扶老攜幼，將剛採下的茶菁置入大型塑料袋內沿街叫賣，形成一攤攤熱鬧無比的市集，尤以公車站旁、政府機構門口、廟前為多。不時還有手持大型秤棍的男子穿梭其間，見有顧客上門，立即趨前以每次一元的代價為雙方秤重。

從西坪鎮再驅車上山，放眼所及盡是一叢叢盎然羅列的鐵觀音茶樹。就連沿途呼嘯而過的一輛輛高級轎車，半掩的後行李廂內也幾乎堆滿了一袋袋新採的茶菁嫩葉，「鐵觀音原鄉」顯然絕非浪得虛名。

西坪鎮上隨處可見一把把亮晃晃的鐮刀掛在五金或雜貨店門口販售，成了五月初採茶季節交易最熱絡的商品，原來當地採茶既非傳統的手採，也非先進地區的大規模機採，而是手持鐮刀將另一手握住的茶葉

西坪鎮放眼所及盡是一叢叢盎然羅列的鐵觀音茶樹。

熟練地割下，採茶婦女大多手腳俐落，不一會兒工夫，籮筐內已裝滿了茶葉，令我大感驚奇。

眾所皆知，名列「中國十大名茶」之一的鐵觀音，發源於福建省安溪縣西坪鎮的松岩、堯陽、南岩一帶，至今已有兩百多年的歷史。安溪縣境內多山，海拔多在八〇〇至一〇〇〇公尺之間，氣候溫暖、雨量豐沛，土質多赤紅礫壤，為茶樹提供了絕佳的生長環境。

今天鐵觀音不僅是茶品名，也是茶樹品種，而一般認定的「正欉鐵觀音」茶種，其實就是「紅心歪尾桃」。如今無論在原鄉安溪，或台灣木柵、石門等地，鐵觀音的原料早已包含了色種（奇蘭、毛蟹、梅佔、八仙等）、本山、黃旦（黃金桂）、硬枝紅心、四季春等不同茶樹品種，只是以紅心歪尾桃所製作的鐵觀音茶品最受茶人喜愛，價格也最高罷了。

鐵觀音不僅是茶品名，也是茶樹品種，具有明顯的紅心、歪尾以及葉片向上捲曲如手形等特徵。

安溪婦女手持鐮刀採茶的方式為其他茶區所罕見。

西坪鎮茶農集結在道路兩側沿街叫賣茶菁。

鐵觀音可說是閩南烏龍茶中的極品，不過發源地與母樹的由來，卻始終有「魏說」與「王說」兩個版本，至今西坪鎮松岩與堯陽兩村後人仍爭論不休，外來朝聖的旅客也常為不同路標指向的「鐵觀音發源地」而深感困惑。而魏、王兩家後代分別開設的「魏蔭名茶」與「八馬茶業」，今天也成了安溪茶業的重要代表，產品遍銷中國與全球各地，老祖宗的「重大發現」當然成了文宣激戰重點。

事實上，今日坊間流傳最廣的傳說，是清朝雍正三年（一七二五年）前後，世居安溪松岩村的茶農魏蔭，由於每日清晨必虔誠獻茶於觀音菩薩前，因而有觀音託夢，在寺旁石縫發現與眾不同的茶樹，摘取製成茶葉沖泡後，果然滋味甘醇濃郁，且茶葉外觀呈現沉穩的鐵灰色，因此取名為「鐵觀音茶」。

魏蔭第九代傳人魏月德接受我的專訪時，則提出了家族傳承的正式版本：「魏蔭字乃樹，清康熙四十年（一七〇二年）菊月生於安溪縣松林頭，自幼務農兼種茶，早晚燒水品茗先敬觀音，因觀音託夢而於雍正元年（一七二三年），在觀音崙打石坑石壁處發現鐵觀音茶樹。」他說由於觀音託夢加上鐵鼎炒菁，才有「鐵觀音」之名，事實絕不容外界任意扭曲。

據說當時魏蔭循夢覓得的茶樹，具有「葉形橢圓、葉肉肥厚、嫩芽紫紅、青翠欲滴」等特色，迴異於一般茶葉，沖泡後奇香撲鼻、喉底回甘。因此在茶樹上包土壓條，悉心培植，待生根發芽後，把茶苗移植到家中，分種在幾個破鐵鍋內繁衍。而當年託夢的觀音像，至今也完好珍藏在魏家新建的「鐵觀音博物館」內。

至於「王說」，今天已正式立碑銘文於「南岩鐵觀音」發源地母樹旁，說「王士讓，字尚卿，西坪鎮南岩村人，雍正七年以五經應試中副車。乾隆元年奉調入京，隨帶家鄉南岩名茶，經方苞轉入內廷。乾隆六年（一七四一年）召見士讓後，以茶色澤烏潤、沉重似鐵，遂賜名南岩鐵觀音。」

因此鐵觀音由來的說法，前者為「觀音賜茶」，後者為「皇帝賜名」，至於何者為真？見諸《安溪縣誌》的記載，以及現代諸多學者的評論，較為客觀而持平的結論是：鐵觀音應為魏蔭發現，松岩且為鐵觀音最早產地無誤；但鐵觀音的聲名遠播則應歸功於堯陽的王仕讓，他在奉召進京時以魏蔭種送給禮部侍郎方苞，轉呈乾隆皇帝後，因「味香色美、形沉似鐵、美如觀音」而獲賜名，兩人皆功不可沒，魏、王兩家後人實不必再大打文宣戰才是。

前有觀音菩薩託夢之說，後有乾隆皇帝賜名加持，鐵觀音不僅充滿傳奇色彩，其獨特的觀音韻

安溪松林頭魏蔭鐵觀音的發源地。

南岩王士讓書房遺址留存至今的鐵觀音母樹，牌坊上刻有「茗聖」字樣。

魏蔭鐵觀音近年已有明顯綠茶化的趨勢，但葉底依然可見綠葉紅鑲邊（以吳晟誌提梁壺沖泡）。

（又稱官韻）與蘭花香，長久以來始終受到茶人深深喜愛。今天在南岩王士讓書房「南軒」遺址上，幾株母樹仍生氣勃勃地挺立於大石邊，周圍則以石柱立起了牌坊，並題有「茗聖」兩個大字。而相距二十公里外的松林頭鐵觀音發源地大石上，則刻有「魏蔭鐵觀音、正欉發源地」紅色大字。

魏月德表示，鐵觀音母樹繁衍的「紅心鐵觀音」又稱「血脈茶」，茶菁特色為紅心歪尾，彷彿觀音手指印所造就的紫紅色。萌芽期約在每年春分前後，停止生長則在霜降前後，一年生長期長達七

90年代前的安溪鐵觀音陳茶明顯青蛙腿半條型的乾茶與湯色。

個月。所製成的鐵觀音茶滋味醇厚、湯色清澈金黃，葉底肥厚軟亮且「青心紅鑲邊」。而品質優異的安溪鐵觀音茶條索肥壯緊結、質重如鐵，沖泡七次仍有餘香。他說鐵觀音茶採菁後，需經晾青、曬青、再晾青、做青、烤青、揉捻、初焙、包揉、複焙、複包揉、文火慢烤、簸揀等十幾道工序，才能使鐵觀音具有獨特的色、香、味、形。

只是傳統重發酵、重焙火的鐵觀音茶，今天在原鄉安溪已甚為罕見，市場清一色為清香型的「綠觀音」，令人錯愕。而鐵觀音茶在安溪原鄉本為半條型，明顯呈現「蟾蜍皮、青蛙腿、蜻蜓頭、粽葉蒂」等外觀特徵，簡單來說，就是「似條非條、似球非球；條中帶球、球中帶條」。至清末引進台灣後由於技術的改良與運輸的需要而逐漸演變為球型，且越揉越緊至「擲地有聲」的境界。

魏月德則認為，茶在口中千迴百轉，返回腦門才算是「韻」。他說安溪鐵觀音目前在外觀上應為「稍直的青蛙腿」，介於球型與半球型之間。至於發酵程度，他唸了首口訣「四紅六綠最起翹（像觀音手勢）——偏重；三紅七綠最重要——恰恰好；二紅八綠有比較、一紅九綠近綠茶」。對於「官韻」的定義，他認為是蘭花香、甘甜醇厚、回味無窮。

不過，中台灣知名老茶號「祥興名茶」所引進的安溪鐵觀音卻為重發酵的茶品，包括猴採鐵觀音王、南岩鐵觀音、奇香鐵觀音等不同風味茶品。

祥興名茶猴採鐵觀音王與湯色、葉底表現。

上　安溪茶都交易市場萬頭攢動的盛況。
下　婦女埋頭揀梗的景象在安溪隨處可見。

「猴採」不知從何而來？陳漢民解釋說，傳說古早時許多珍貴的鐵觀音茶樹生長在懸崖峭壁之間，必須藉由猴子輕巧爬上始能採得，使得香港茶商將猴採一詞沿用至今，倒與太平猴魁名稱的傳說相似了。

陳漢民表示，至今仍有不少茶人迷戀早期安溪鐵觀音的古老韻味，因此他才會多次前進安溪，在當地覓得老師傅與傳統火爐、炭焙等機具，採紅心歪尾桃品種製作，保留了傳統的香氣與韻味。因此沖泡「猴採鐵觀音茶王」，但覺入口爽滑、喉韻飽滿，觀音韻尤其具體駐留在唇齒之間，稠密的茶香與焙火香更在杯底馥郁釋放，七泡後仍有幽幽餘香，令人回味再三。

號稱「中國茶都」的安溪，儘管位處城郊，茶城內從清晨七時直至晚間七時為止，每天都擠滿了當地茶農、茶販以及來自全國各地的茶商，年交易量高達數億人民幣以上。毛茶、半成品茶與成茶堆滿了偌大的交易市場，但清一色為鐵觀音，包括現場批售的包裝在內，毫無其他茶品容身之地。場內萬頭攢動、吆喝聲此起彼落，周遭則坐滿了埋頭專心揀梗的婦女，好不熱鬧。

台灣木柵鐵觀音

鐵觀音東渡台灣，是在光緒二十二年（一八九六年）的日據初期，台北茶師張迺妙、張迺乾兄弟受木柵茶葉株式會社委託，前往安溪引進茶苗，種於木柵指南山上的樟湖，開啟了台灣鐵觀音的輝煌歷史。

因此鐵觀音不僅是茶品名，也是茶樹品種，而「紅心歪尾桃」只是俗稱。儘管今天無論在原鄉安溪，或台灣木柵、石門、梨山等地，鐵觀音的原料早已包含了色種（奇蘭、毛蟹、梅佔、八仙等）、本山、黃旦、硬枝紅心、金萱、四季春等不同茶樹品種，但仍以紅心歪尾

剛採得的鐵觀音在木柵貓空三合院老厝作日光萎凋。

木柵正欉鐵觀音特別注重喉韻，茶湯金黃偏紅而明亮。

桃所製作的鐵觀音茶品最具代表性，稱為「正欉鐵觀音」。

鐵觀音在安溪原鄉本為半條型，至清末引進台灣後，由於技術的改良與運輸的需要而逐漸演變為球型，且越揉越緊至「擲地有聲」的境界。

經過台灣茶農、茶商與茶藝界人士的努力，台灣鐵觀音不僅青出於藍地在栽種、外形、韻味、口感等，均不遜於安溪鐵觀音，茶葉也因長時間布包而有了輕微的二度發酵，香氣由花香轉成花果香，特有的「石鏽味」更造就了木柵正欉鐵觀音無可取代的風味。

可惜近年對岸經濟崛起後，為迎合多數消費者對清香茶的偏愛，安溪鐵觀音已有明顯「綠茶化」的趨勢，外觀不再「色澤烏潤、沉重似鐵」，發酵與焙火也嚴重不足，除了標榜「蘭花香」外，該有的「官韻」早已消失，市場清一色為清香型的「綠觀音」，與木柵鐵觀音無論外形、湯色、韻味等都全然不同。

所幸今天在木柵貓空，仍有茶人堅持重發酵、重焙火的傳統作法，除了高達四十到五十％的發酵度，製程也依然繁瑣，尚需再耗費十餘天加以精緻焙火。初焙未足乾時，將茶葉用布塊包裹揉成球型，並用手在布包外輕轉揉捻，再將布球茶包放入「文火」焙籠上徐緩進行反覆烘焙，茶中成分藉焙火溫度轉化香與味，製成的茶品即便經多次沖泡，仍能芳香甘醇而有回韻。

木柵正欉鐵觀音特別注重喉韻，以及焙火產生的熟火香，加以茶葉本身特有的弱果酸味，飲來特別沉穩，從熟香、冷香至杯底香都極富變化。此外，溫壺後將茶品置入，湯前香須有番薯氣，溫潤泡後蛋白質經再度發酵，應釋放出傳統工序所製作的香氣。至於茶湯，前幾道為桂花香，第五、六道則轉為龍眼乾殼的殼香，茶梗的幽蘭香此時也才緩緩釋放。

紅心歪尾桃是木柵正欉鐵觀音最正宗的製作原料。

手工布包團揉與鐵觀音特有的蓮花包揉機具。

王國來以即將消失的傳統炭焙坑焙茶方式烘焙正欉鐵觀音。

穀雨前後晴艷艷的上午，木柵茶園出現了十數支上下花紅黃綠的大陽傘，將綠油油的茶園點綴得熱鬧繽紛。幾位婦女背上竹簍、戴上斗笠，手指則綁上了刀片，熟練地沿著山坡採茶。男主人則來回穿梭收茶，在山坡上爬上爬下，再以機車一袋一袋載運至附近三合院祖厝的禾埕做日光萎凋。

台灣一般採茶多為論斤計酬，依採茶量給付工資，但木柵茶農往往為了讓採茶工能夠細心採得一心二葉，特別採當日工時計算工資，因此所採茶菁特別完整精準，製得茶葉品質也較高。

正欉鐵觀音從日光萎凋、室內萎凋後，須經浪菁、炒菁、初揉、布包團揉、解塊、文火複乾、複揉，乃至初焙、揀枝、複焙、毛茶等冗長過程。張傳進說，僅布包團揉至解塊至複揉，來回就需一百多次，而毛茶尚須細心檢梗才能進入最後的炭焙階段。

為了一探正欉鐵觀音的傳統炭焙坑焙茶方式，就在一個悶熱的午後，收得辛苦完成的百來斤毛茶後，茶農張君帶著我一路開車，從熱鬧的重慶北路轉入大稻埕靜巷，終於找到百年以上的老茶莊——成立於清朝道光三年（一八二三年）的「珍春」老茶莊，傳承至第六代的王國來老先生已近九十歲高齡，依然氣色紅潤，親自焙茶。

即將消失的傳統炭焙坑焙茶方式，儘管在對岸武夷山仍普遍用以烘焙大紅袍等岩茶，台灣目前卻僅存大稻埕老字號的「王有記」茶行，與王國來的競厚茶行等少數幾家。唯恐炭火過熱影響茶葉品質，費心點火後尚須冗長等待，直至炭灰完全燒成白色，才能將裝有茶葉的竹焙籠放上，看著王家父子在窄小的焙間揮汗如雨，待香醇馥郁的熟火茶香陣陣飄出才算大功告成。

「家鄉的茶園開滿花，媽媽的心肝在天涯」，木柵觀光茶園還有一項特色，就是與茶樹間種的魯冰花，每年三月中下旬就會熱情綻放，一串串風鈴般金晃晃的魯冰花，隨著微風與晶瑩的雨滴一起搖曳生姿，像是鏡頭遮光罩上不斷抖落的水珠，又像是歌詞中「閃閃的淚光」，將茶園點綴得更加繽紛多彩。

《魯冰花》是台灣文壇大老鍾肇政於一九六一年發表在《聯合報》的第一部長篇小說，一九八九年拍成電影；主題歌則是由陳揚作曲、姚謙作詞、曾淑勤主唱，一九九一年更由於央視春晚甄妮的翻唱而風靡全中國大陸。

搶在木柵鐵觀音茶芽長出之前盛開的魯冰花，總是剛開花就被土壤無情地掩蓋，但「身驅歿入土壤」，卻換來「很

木柵茶園與茶樹間種的魯冰花。

香很甘的茶」，花謝後的養分讓茶樹開得更加茂盛。因此當地茶農往往會利用休耕的土地及冬茶採收後的茶園間作，經過三個多月的生長期，茶園在春天就會洋溢魯冰花與茶樹相間的美麗畫面，等到穀雨前花朵快凋謝時，茶農會將魯冰花植株切碎並翻入土壤，提供茶樹生長所需的養分，所長出的鐵觀音茶芽因此更加充滿生命力。

紅心歪尾桃近年也經由鹿谷的「美國製茶廠」，成功移植至台灣中部海拔約一三〇〇至一六〇〇之間的杉林溪茶區，傳承至第三代的劉恥伊說，在龍鳳峽下方大崙山十公頃的茶園已種植五年，茶廠佔地約兩百坪，由於堅持傳統鐵觀音重發酵、重焙火的製法，「尹茶人」品牌很快就打響名號。我特別以陶藝家宋弦翰的墨顏蔓生側把壺沖泡，不同於梨山等地以

一串串金黃色風鈴般搖曳的魯冰花，將木柵茶園點綴得更加繽紛多彩。

上　高海拔杉林溪茶園成功移植製作的尹茶人正欉鐵觀音（以陶藝家宋弦翰墨顏蔓生壺沖泡）。
下　春天的木柵茶園洋溢魯冰花與茶樹相間的美麗畫面。

其他品種製成的高山鐵觀音，正欉加上午後幾乎都籠罩在一片迷霧繚繞之中，能見度往往僅及三〇公尺、有如太虛仙境的杉林茶園之間，果然冷礦味中兼有杉味的蘭花香與觀音韻，茶湯明艷且濃稠甘醇，特別令人喜愛。

閩南佛手過台灣

台灣早年大多數的茶樹品種都源自福建，且多在清朝中葉至日據時期引進。其中較為著名的包括來自建甌的矮腳烏龍，經改良後成為台灣最夯的「青心烏龍」；還有安溪縣的鐵觀音品種「紅心歪尾桃」，以及來自永春縣的佛手茶等。

充滿濃濃宗教意味的「佛手」名稱，指的不僅是芸香科中一種清香名貴的水果，也是葫蘆科的一種常見蔬果，更是大葉種的一個茶樹品種，儘管三者分屬全然不同的植物，卻都由於形似佛手而得名。

「佛手柑」屬芸香科柑橘屬，有佛手、五指香櫞、五指柑等多種別名，果實形如千指佛手，大多作為藥用或觀賞。「佛手瓜」為葫蘆科佛手瓜屬，為台灣常見的蔬果。至於「佛手茶」又稱香櫞種或雪梨，葉片碩大有如佛手，也有人說茶品沖泡後，帶有佛手柑所特有的奇香而得名，獨特的茶香則稱為「佛

大葉種的佛手茶因葉片碩大有如佛手而得名。

安溪騎虎岩寺是佛手茶原始發源地，院內立有巨大的佛手柑雕塑。

手韻」。由於價格名貴等同黃金，又有「金佛手」之稱。

佛手茶最早源於福建安溪，與佛手柑且有著極為密切的「血緣」關係：傳說早在清朝康熙年間，有高僧大道和尚雲遊四方、遍訪名剎，駐留安溪騎虎岩寺，有感於居民少藥且求治心切，而潛心研究「佛藥」，由於寺院周圍原本就栽有大量佛手柑果樹，因此某日突然福至心靈，將大葉烏龍茶樹嫁接在佛手果樹枝上，於康熙二十九年（一七〇〇年）育成佛手茶，當時主要作為消積去鬱的「禪藥」。《安溪縣誌》且有記載說：清朝道光二十四年（一八四四年）泉州瘟疫肆虐，有高人指點以騎虎岩兩株母樹製成的佛手茶沖泡品飲，疫情果然獲得舒緩，使得佛手茶一時聲名大噪。

騎虎岩位於安溪縣虎邱金榜村，自縣城開車約一個半小時。由於騎虎岩寺

永春獅峰岩寺是佛手茶的第二故鄉。

始建於南宋理宗紹定五年（一二三二年），因此坊間有人以訛傳訛，認為佛手茶最早應來自南宋年間，甚至還有源自北宋的說法，其實都是不對的。今天前往騎虎岩古剎，仍可以看到當年首次接植成功的兩株母樹，生氣盎然地張開大如手掌的茶葉，見證當年的功德。

清朝康熙三十四年（一七〇五年），騎虎岩寺有僧人將茶苗攜往永春縣達埔鎮的獅峰岩寺，大量栽植作為禮佛或寺院僧人與求醫問藥的香客飲用，流傳至今成了永春的主力茶種，堪稱是佛手茶的第二故鄉了。

佛手茶的第三故鄉則在台灣文山地區，約在清末民初的日據時期，由福建永春傳入，先後在新北市的坪林、石碇等地種植，大多為紅芽種。由於抗逆性較一般中葉種茶樹稍強，很快就在台灣土地上落地生根，此後又陸續從坪林傳至南投竹山、嘉義阿里山、台東鹿野等地，只是種植的面積並不多，成了台灣較為稀少但質優價昂的茶品。

以條型包種茶為主流的新北市坪林與石

左　佛手茶品種以紅芽佛手為佳。
右　永春縣獅峰岩寺的佛手茶母樹。

從原鄉永春渡海來台的坪林佛手茶種。

碇，所製作的佛手茶也多以條型為主。而阿里山與台東縣鹿野鄉，則多為球型佛手茶。

阿里山佛手通常剛開面就採摘，採下的葉芽較嫩，因此所製成的茶品，顆粒比其他地區要小得多。茶湯則十分柔軟、入口爽滑，比一般烏龍茶刺激性低，而且經炭焙二至三次後的佛手成茶，都得再經一道去梗的工序，外觀十分緊結而亮眼，飲之且彷彿佛手柑烤過的香味在口腔內停留很久，最是迷人。

台東鹿野佛手茶則係於一九八六年自坪林引進，大多為紅芽種。經過茶農的努力，今天所製作的佛手茶品香氣獨特，入口不澀，且無刺激性，儼然成為地

由於海拔高，阿里山隙頂的佛手茶枝芽軟而葉片特別肥厚。

永春佛手茶（左）與台灣鹿野佛手茶（右）外觀明顯差異。

永春佛手茶緊結肥壯捲曲，色澤砂綠烏潤而耐沖泡。

方特色茶。成茶的茶葉外形緊結捲曲、肥壯重實，與永春佛手同時沖泡作比較，發現無論發酵程度或焙火，永春佛手茶都與今天的安溪鐵觀音類似，外觀也呈現較為青綠的球狀，而鹿野佛手茶明顯呈現中發酵且焙火較重的深褐色，至於幽雅的「佛手韻」則不相上下。

佛手茶品種依春芽顏色區分，可大別為「紅芽佛手」與「綠芽佛手」兩種，台灣則以閩南語稱為「紅葉」與「青葉」，而以紅芽為佳。

永春佛手茶外形呈捲曲的球型，當地茶人普遍形容「如海蠣乾」，條索粗壯、色澤褐綠明亮。以小壺沖泡後但見湯色泛著黃綠清澈的油光，並緩緩釋出一股馥郁幽芳，冉冉飄逸擴散，彷彿正有十幾顆佛手柑，在室內散發著綿延不絕的清香，慢慢沁入心腑。輕啜入口入喉，甘醇的口感在舌尖與喉間回吐的熟韻交會舞動，直教人拍案驚呼，而綠葉鑲紅邊的葉底在壺內仍有蠢蠢欲動的餘韻，可說視覺的美感、嗅覺的意境、味覺的澎湃都兼具了。

三、廣東烏龍

鳳凰單欉

原產於廣東省潮州市鳳凰山脈，即潮安縣鳳凰山的鳳凰單欉，是眾多優異的鳳凰水仙單株的總稱。依據原料優次、製作工藝的不同或品質，又可分為鳳凰單欉、鳳凰浪菜與鳳凰水仙三大品級，其中又以潮安縣的鳳凰單欉最為著名。

鳳凰單欉早與武夷岩茶、安溪觀音齊名，以香味特點來說，武夷岩茶香氣醇厚，回味悠遠；安溪觀音香氣馥郁，甘醇清滑；鳳凰單欉則香氣霸道、氣味濃烈。

有茶人認為，與武夷水仙相較，鳳凰單欉就如同甚難馴服的野馬，滋味濃郁而茶氣強勁；武夷水仙則是早已馴化的乘馬，香氣與滋味彷彿大海般，飲之有如徜徉在母親溫暖的懷中。

鳳凰鄉石穀坪村以石谷坪單欉著稱。（曾冠錄提供）

烏崠山400歲高齡至今仍完整存活的老茶樹，被稱為宋茶後代。（曾冠錄提供）

鳳凰單欉最早的名稱為「烏嘴茶」，與烏龍茶僅一字之差，也絕不是什麼「烏鴉嘴」，看官可千萬別搞混了。傳說遠在南宋末年，宋帝趙昺南下潮汕，路經鳳凰山區烏崠山時，突然感覺口乾舌燥，隨從急忙在路邊採下一種葉尖彷彿鳥嘴的樹葉加以烹煮，也有另一個版本是「山民獻紅茵茶湯」，飲之果然止渴生津、立奏奇效，當下龍心大悅而賜名為烏嘴茶。

儘管只是一個美麗的民間傳說，茶樹卻從此廣為栽植，地方稱為「宋種」或「宋茶」，至今已有九百多年歷史了。目前在號稱「潮汕屋脊」的烏崠山尚存有三至四百歲高齡的老茶樹，被稱為宋茶後代，其中最大一株稱為「大葉香」，樹高五至八公尺，寬七・三公尺，莖粗三十四公分，有五個分枝。

潮州茶業協會秘書長黃澄樹表示，與其他茶品最大不同的特色，在於鳳凰單欉茶包含了十種自然香型：黃梔香單欉、芝蘭香單欉、桂花香單欉、玉蘭香單欉、夜來香單欉、姜花香單欉、茉莉香單欉、杏仁香單欉、番薯香與蜜蘭香單欉等，堪稱自然花香的總匯了。

而無論何種香型的鳳凰單欉，茶品都以香高、味濃且耐泡著稱，具有「形美、色翠、香郁、味甘」四絕。天然的花香與特有的山韻風味令人沉醉。外形捲曲緊結而條索肥壯，有朱砂紅點，呈現烏褐或黃褐色的油潤光澤，也有人稱為「鱔魚皮色」。透亮的湯色橙黃（初製茶）或金黃（精製茶）帶綠，杯壁往往還會呈現明顯的金黃色彩圈。滋味鮮爽、濃郁甘醇且回甘力強；葉底「綠葉紅鑲邊」、耐沖耐

鳳凰單欉茶的茉莉香型單欉茶樹。（曾冠錄提供）

鳳凰單欉茶擁有天然花香與山韻風味。

泡，即便連續沖泡十餘次，香氣仍然溢於杯外。可說集花香、蜜香、果香、茶香為一體的濃香型烏龍茶了。若再與潮州工夫茶的沖泡方式相結合，可以將所有特質發揮得淋漓盡致，達到清香益遠，回味無窮的境界。

首次品飲潮州鳳凰單欉茶，就被它深遠幽雅的迷人花香所吸引，驚訝廣東烏龍茶的香氣及喉韻如此獨特，原先還強烈懷疑應係一種加味茶，直至遍訪當地茶業協會與茶文化人，才發現茶湯的花香是因茶樹品種不同，是潮州鳳凰烏崠山獨特的土壤、天候與茶樹生長環境而造就的特殊口感。在半發酵的烏龍茶系獨樹一格，更在華人世界的飲茶文化中佔有極大的地位，對於許多海外華人來說，鳳凰單欉茶就是一種熟悉的故鄉味道。

其實鳳凰單欉的茶氣強勁、香高味濃，入口後往往直衝腦門，儘管以小壺溫潤泡後蜜香濃郁、入口生津且回甘度強，但本性苦澀而澀大於苦。因此他特別再以獨特的高密度烘焙方式轉化苦澀，讓口感轉為細緻滑順，茶氣變得平順柔和，花香也更為明顯，足以打開味蕾，讓甘甜蜜香久遠持久。而且經過再烘焙後，原本就十分耐藏的鳳凰單欉，更能貯藏保存至少五、六年以上。

鳳凰單欉茶與武夷岩茶同屬條型烏龍茶，製作工序也大致相同，目前大多仍保留手工製作，並傳承九百多年經驗的傳統工藝，包括萎凋（曝青、晾青）、發酵（碰青、搖清、靜置）、高溫殺青、揉捻、解塊、高溫烘焙等。日光萎凋時光線不能太強烈，以免灼傷葉片，也要避免曬青過度或者曬青不足，否則就會影響下一步的發酵變化。晾青則要盡量做到薄攤，做青則是所有烏龍香氣形成的關鍵性步驟，鳳凰單欉也不例外。

鳳凰單欉茶的採摘有三訣，即「陽光太耀不採、清晨不採、沾雨水不採」，因此午後採摘為佳，通常多在下午二時左右，且不同香型茶菁必須分開採、分別製作。茶菁採下後立即以薄攤方式曬青，若葉張含水量少且空氣濕度小則宜輕曬，反之宜重曬。至向晚再逐一分株製作，碰青一般為五至七次，當地茶人進一步說，當晚若有北風更佳。炒青也十分講究，所謂「先悶、中揚、後悶」，即先悶一下再揚炒、後悶炒，至炒勻炒透為止。

黃澄樹說，鳳凰單欉的烘焙分為「初烘、攤涼、複烘」三次進行，烘焙的炭火必須充分燒紅，蓋上一層米糠灰，以文火炭焙並將無煙無異味粗製的毛茶放在竹子編成的焙籠上，火溫要適當，攤葉宜薄不宜厚，多次反覆翻焙攤涼，複焙時烘籠上加蓋，防止香氣散失。最後，經過焙火攤涼的茶葉再經過人工揀枝、揀除黃葉與老葉後即可包裝，每半斤或二兩以四方紙包紮，貼上廠家的茶名卷標與地址即成上市的商品。

鳳凰單欉每年可採春、夏、暑、秋、冬共五次，春季萌芽很早，清明前後開採到立夏為春茶；夏、暑茶在立夏後至小暑間；秋茶則在立秋至霜降；立冬至小雪採製的為雪片茶。採摘標準為嫩梢形成駐芽後，第一葉開展到中開面時為宜。過嫩則成茶苦澀、香氣不揚；過老則茶味粗淡、不耐泡，與武夷岩茶大致相同。

嶺頭單欉

饒平的嶺頭單欉茶，因發源於廣東潮州市饒平縣浮濱鎮嶺頭村而得名，由於芽葉色澤黃綠，而又稱百葉單欉茶。茶園遍植在海拔約一〇三二公尺的雙髻娘山，係於一九六一年從野生水仙茶中選育而成，並經一九八一年廣東省茶樹會議單獨列為一個品種，目前且已擴展到福建、廣西、湖南與海南等省都有種植。

嶺頭單欉茶屬小喬木型，樹勢半開

嶺頭單欉茶為肥壯的條型，呈黃褐烏亮的色澤（以陶藝家陳金旺之柴燒志野壺沖泡）。

張，葉屬長橢圓形，葉色綠黃光滑，葉質柔軟，具有早熟、高產、優質、適應性強等特點。尤其擁有獨特的自然花香和蜜韻，深受消費者的青睞。

話說所有單欉成茶的一般特徵為：條型、大多較為肥壯，外形條索彎曲，且色澤黃褐或黑褐，有潤澤感。不過，香氣與鳳凰單欉的「花香型」卻明顯不同，嶺頭單欉茶為蜜香型的茶品。

嶺頭單欉茶樹適應性廣、抗逆力強，無論高山、丘陵、平原等地區均可種植，而海拔高的茶品回甘較佳，「山韻」也更強烈，沖泡時早出香氣，滋味醇爽。

嶺頭單欉茶品質穩定，且以香、醇、韻、甘，以及耐泡、耐藏等六大特色而聞名，條索緊結壯碩、重實勻淨，彷彿鱔魚色的乾茶黃褐油潤光艷，沖泡後香氣甘芳四溢，細細品嚐，獨特的微花濃蜜香味（蜜韻）也頗為深遠。湯色蜜黃，明亮清透，滋味醇厚而潤滑舒暢，尤其附杯性強、杯底餘香依然撲鼻，葉底則黃綠腹朱邊，頗能讓人回味再三。

嶺頭單欉茶黃褐光艷，湯色則蜜黃明亮。

嶺頭單欉的茶葉呈長橢圓形、葉色綠黃光滑。

四、台灣烏龍

從台灣頭的新北市石門區，到台灣尾的屏東縣滿州鄉，以及東部的宜蘭、花蓮、台東三縣，全台各地幾乎都有茶樹飄香。尤其近年精緻的品茶文化蓬勃發展，各主要茶區都努力塑造出自己的特色茶，打出各自的茶葉品牌。而各地方政府也不斷透過各種節慶活動、配合原有觀光資源，將單純的農產品打造為地方特色強烈的文化休閒產業。

台灣烏龍茶可大別為文山包種茶、凍頂茶、東方美人茶與高山茶四大類。包種茶主要分布在北台灣的南港、深坑、坪林、石碇、新店等地；凍頂茶則泛指半球型的烏龍茶，主要產區在南投鹿谷、名間、竹山等地；東方美人茶則以新竹縣的北埔、峨眉兩鄉，以及苗栗縣頭份、頭屋，與桃園龜山等地為主。至於始終火紅的高山茶，通常泛指海拔一〇〇〇公尺以上茶園所產製的清香型

鄒族勇士安達民帶領族人採茶的壯闊畫面。

烏龍茶，主要產地在台中市、南投縣、嘉義縣內。由於高山氣候冷涼，早晚雲霧籠罩，平均日照短，茶樹芽葉所含兒茶素類等苦澀成分因而降低，且芽葉柔軟、葉肉厚、果膠質含量高，因此具有色澤翠綠鮮活、滋味甘醇、香氣淡雅，以及耐沖泡等特色，成了當今茶葉市場的當紅炸子雞。

尤其近年來，消費者對「高山茶」產地海拔的要求一再追高，從早先的一〇〇〇、一六〇〇乃至今天的二六〇〇公尺以上，「勇敢的台灣人」從杉林溪、霧社、清境農場、盧山、阿里山、玉山、梨山、大禹嶺等高海拔山區，一路披荊斬棘往上開發，試圖挑戰台灣屋脊，因而造就了大禹嶺茶、梨山茶、阿里山茶、玉山茶、杉林溪茶、拉拉山茶所謂「五大名山」的市場新寵。

其實單以阿里山茶區來說，除了台十八線省道（即阿里山公路）沿線，包括番路鄉的龍美、隙頂、巃頭；竹崎鄉的光華、石桌；阿里山鄉的達邦、特富野、里佳三個鄒族原住民部落，以及豐山、十字路等地，多年前嘉義縣政府為推廣縣內茶葉，特別將嘉義縣所有茶葉統稱為阿里山高山茶，因此再加上中埔、大埔等鄉，以及嘉義縣最北端的梅山鄉（太和、太興、太平、瑞里）等地，種植品種以青心烏龍及金萱為主，總產茶面積高達二二〇〇公頃以上。

儘管都稱為阿里山高山茶，各茶區的茶葉品質，也因位處海拔之高低而有所差異：如竹崎鄉的石桌（昔稱石棹或石卓）茶園大多分布於海拔一三〇〇至一五〇〇公尺的山坡地，目前面積近九十公頃，儘管產量不多，但由於終年雲霧密布，因此「高山氣」重、茶質較為柔軟，成茶外觀翠綠、顆粒碩大、香氣濃郁，著名的阿里山珠露即產於此，號稱竹崎鄉民的「綠金」。茶名則為一九八七年由謝東閔前副總統所賜，茶湯為蜜綠色，入口即有一股高山茶特有的幽雅香氣與清純甘潤的滋味。

阿里山茶區最特別的是達邦、特富野與里佳三個典型的鄒族部落，原住民本以竹筍、山葵、愛玉子與上山獵捕為主要經濟來源，八〇年代中期陸續有茶商進入，與族人合作開闢茶園、成立茶廠等。當地具有終年雲霧繚繞，土壤排水及透氣性佳、含豐富微量元素等優越的「地利」環境。尤其上午日照充

清晨沐浴在陽光與雲霧之間的阿里山達邦茶園。

足，午後山嵐飄渺，且多以水質柔甘的天然山泉水灌溉，悉心照顧的茶樹都能長出柔軟且飽富彈性的葉芽，提升茶葉的甘醇美味，因此所產茶葉很快就在市場上爆紅，尤以達邦鄒族勇士安達民與戴素雲夫婦凝聚族人向心力成立的達邦茶廠最負盛名。那份虔敬以及從不使用除草劑的愛心，且茶園內居然還可發現完整的巢與尚未孵化的蛋，維護祖地生態的用心更讓我感動萬分。

全球海拔最高大禹嶺茶

儘管時序已過立夏，春天卻仍停駐在高海拔的梨山與大禹嶺不忍離去，在全球最高海拔二五〇〇至二六五〇公尺的大禹嶺茶區，被茶人普遍尊為「台灣高山茶王」的大禹嶺茶，春茶往往在五月中下旬以後才開始採摘，茶園出現了採茶婦女嘹亮的歌聲，茶廠也開始忙碌了起來。

於是阿亮欣然受邀，在深耕梨山與大禹嶺多年的「二四五〇茶廠」主人林德欽與執行長林志忠一再邀約、還特別開車到台北接送的盛情下，一探台灣中部原始森林中的茶香秘境。

從北宜高速下宜蘭，轉台七甲線經南山、武陵抵達梨山後稍事休息，接著立即前往中橫公路九十公里處的茶山，搭上運送茶菁為主的單軌車直上山頂。有人說本地年輕人多不願從事辛苦的採茶工作，因此茶園內多半是三位加起來超過兩百歲的老婦，但眼前所見卻幾乎都是年輕貌美的女性，原來是來自印尼、菲律賓、越南以及大陸福州、四川等地的外籍配偶，林德欽笑說是「八國聯軍」，她們的勤奮令人感佩。

大禹嶺舊名「合歡啞口」，一九五〇年代中期修築中部橫貫公路時，帶領退除役官兵修路的蔣經國先生，有感於公路開鑿如大禹治水般艱鉅，而正式改名為「大禹嶺」。今天不僅是中部橫貫公路的中繼站，也是台中、南投、花蓮三縣交會處。而大禹嶺茶區則泛指中橫公路九十到一〇五公里之間周邊山區的茶園。

其實深耕大禹嶺的不只林德欽，原本在中橫公路一〇五公里處還有個「松露農場」，多年來始終以「雪烏龍」受到愛茶人青睞，每台斤（六〇〇公克）產地價一萬兩千元台幣依然供不應求。可惜終因違反造林規定，遭林務局收回近五公頃的國有林班地，在法院纏訟七年後，於二〇一五年四月經由最高法院判決「承租人須歸還土地、砍除茶樹」敗訴定讞，並在同年十一月由東勢林區管理處帶領三十餘

全球最高海拔的大禹嶺茶區多由原始森林環繞。

位工人，以電鋸等工具剷除茶樹，雪烏龍從此成絕響。

大禹嶺高山烏龍茶有何魅力，讓兩岸愛茶人趨之若鶩？林德欽說「茶菁質地厚實，霜氣明顯」是其他茶區絕對無法比擬的特色：沖泡後但見透亮中帶出金晃晃的茶湯，一股高海拔獨有的山靈之氣沸沸揚揚直撲而來，待輕啜滑順入口，不僅茶氣穿透性強韌，飽滿的花香果味在口腔中也瞬間生津，毫不遲疑地如漣漪般釋放一波波豐富的層次，綿密、細長而甘醇持久，喉韻更可以用「盪氣迴腸」來形容，即便品過三盞，

霜氣明顯的大禹嶺茶區，春茶在五月中旬以後才開始採摘。

深遠的杯底香氣仍餘韻裊繞，令人口齒留香、回味無窮，說是台灣高山茶中的極品，一點也不為過。

林德欽進一步解釋說，大禹嶺茶區多由原始森林環抱，具有森林芬多精的香氣滋潤，充分的濕氣與霧氣更能使茶葉洋溢清香與飄逸。尤其年平均溫度約在二十度上下，冬季均溫則僅在十二度上下，終年夜間溫度更常低於十度，嚴冬且有瑞雪飄降，不僅晝夜溫差極大，而且早晚雲霧籠罩。茶樹細胞組織為了抗寒而較細密強壯，因此茶葉葉肉肥厚，果膠質含量極高，進而也提高了「茶胺酸」及「可溶氮」等對甘味有貢獻的成分。

林志忠補充說，大禹嶺茶園土壤含有豐富有機質，製作得宜生產出來的茶葉絕對清香淡雅，帶有自然的花果香，茶湯柔軟度高，更具有耐沖泡的絕對優勢。但由於茶葉生長緩慢，

左　茶廠內一塵不染，所有萎凋、殺青、揉捻、乾燥也都是最先進的設備。右　茶葉不落地的2450茶廠設於二樓的大型日光萎凋場。

一年只能採摘春冬兩季。春茶僅得二〇〇〇台斤左右，冬茶更少，約為一二〇〇台斤，可說稀有價昂了。

就在我沉浸在茶香餘韻帶來清涼綠意的同時，林德欽進一步告訴我，茶廠興建於二〇〇七年，座落南投縣仁愛鄉翠華與台中市和平區交界處，由於廠址海拔高度約為二四五〇公尺，登記時謙虛地以茶廠海拔而不以茶園高度為名，除了期許未來茶廠的不凡與出類拔萃，也不致過於招搖而有「樹大招風」的疑慮吧？

五星級的酒店不稀奇，但你聽過五星級的茶廠嗎？經行政院農糧署、茶業改良場「環境衛生及安全」評鑑為「特優五星級」的「二四五〇茶廠」，不僅廠內一塵不染，所有萎凋、殺青、揉捻、乾

左　運送茶菁為主的單軌車也負責載送採茶人員上下茶山。
右　經行政院農糧署評鑑為特優五星級的「2450茶廠」。

右　過去大量耗費人力的熱團揉今天大多為俗稱的「豆腐機」取代。
左上　大禹嶺茶潔淨整齊的乾燥工序。左下　座落梨山的2450茶廠。

燥也都是最先進的設備，頂級的原料加上嚴謹精湛的製茶工藝，可見林德欽對茶廠管理的用心。而且所有茶品皆通過SGS與TTB「農藥殘留檢測」，並獲得行政院農委會「農產品產銷履歷」認證，無怪乎價格雖高，依然被來自各地的茶商或直客預定一空。

林德欽說自己從學生時期就開始喝茶，往往為了喝好茶而到處辛苦打工，只為了能有足夠的金錢買上幾兩好茶過癮。長大後更跑遍全台各茶區，甚至不辭千里前往對岸武夷山、西雙版納等地尋覓好茶或汲取養分，可說是不折不扣的「茶癡」了。但也因此積累了許多茶葉相關的知識數據與獨到的識茶功力，紮實寶貴的經驗更成了日後經營茶廠最大的助益。林德欽站在全球最高海拔的茶區，始終戰戰兢兢努力打拚，這也是他成功的最大因素吧？

（茶廠門市：新竹市經國路三段二十八號一樓、電話：〇三－五三八一五八六）

梨山來的紅水烏龍

友人杜蒼林遠從梨山帶來了一款茶品，語帶神秘地告訴我「絕對不曾喝過」，梨山？不就是目前在兩岸最夯的高山清香茶品嗎？看我一副不以為然的表情，杜君小心翼翼地剪開貼有「綠盾」標誌、即通過〈生化檢驗法〉的無農藥殘留標章的二兩真空包，讓我看個仔細：緊結成半球型的外觀，儘管與一般高山茶無異，卻沒有高山茶常見的墨綠鮮艷色澤，青褐稍深的球狀條索，在漆藝名家李國平的手作茶則上，反而像一個個香氣四溢的音符，讓躁熱的午後瞬間都甦醒過來。

趕緊取來陶藝名家蔡江隆的柴燒單柄壺沖泡，開湯後撲鼻而來的一股熟悉又遙遠的香氣，就已令人

婦女們在高海拔的梨山採摘春茶。

梨山來的紅水烏龍風味迥異於一般高山原味的梨山茶（以柴燒名家蔡江隆的側把壺沖泡）。

難以抗拒。再看杯中金黃光艷的茶湯，琥珀般明亮清透，入口後一股強烈的山頭氣夾帶濃郁的焙火香，特別醇厚甘潤，花香與果香在舌尖舞動輕轉、久久不散。尤其餘韻從喉嚨深處不斷凝聚迴盪，這不就是「紅水烏龍」特有的豐姿熟韻嗎？出現在以高山茶聞名的華剛茶品之中？讓我大感驚奇與不解。

所謂紅水烏龍，其實就是傳統的凍頂烏龍作法，以喉韻十足為最大特色，明顯的焙火韻味與香氣令人沉醉。頂級凍頂茶葉底邊緣還鑲有紅邊，即茶農所說的「青蒂、綠腹、紅鑲邊」特徵。茶湯入口後甘醇生津，在口腔內散發滿滿的飽和度，葉底開展後也不失鮮活柔軟的特質。

只是二十多年來由於高山茶的興起，以及講究外形的風氣，市場「消費者導向」使得凍頂茶菁愈採愈嫩，萎凋與發酵愈來愈顯不足，失去原本該有的特殊風味及口感，不僅遭致「烏龍茶流於綠茶化」的批評，早期凍頂茶「甘、香、醇、厚、順」等五大特色也日漸流失，讓許多資深茶人深感憂心。

為了力挽狂瀾，已故詩人茶藝家好友季野特別在一九八〇年代中期，在南投縣鹿谷鄉凍頂、鳳凰、永隆等地，與資深茶農合作，採摘、施肥、萎凋、炒菁均嚴格要求，以「萎凋得宜，走水合理」的中重度發酵茶品，加以精製焙火，製成具備「紅香、紅水、酵香」特色的傳統凍頂茶，並為了與今天清香型的凍頂茶做區隔，而於一九八七年正式命名為「紅水烏龍」公開發表，配合不斷的論述與演講闡述理念，深獲愛茶人的肯定。

梨山茶最大優勢就在於高山氣候冷涼、早晚雲霧籠罩。

季野認為「凍頂茶需細心焙火精製，才能完全展現應有的品質與風味，茶湯色澤金黃明亮，香氣介於花香與果香之間，入口湯質細密甘醇，成茶耐於久存，此即紅水烏龍魅力所在。」

季野仙逝後，季嫂岑篠瓊繼續傳承他的遺志，每年春、冬兩季手製的限量紅水烏龍，也成了我解饞並懷念季野的最佳茶品。如果說陳年老茶是風華絕代的貴婦熟女，那麼她的紅水烏龍只堪以丰姿綽約的淑女名媛可比擬了。茶過兩盞，潤滑舒

受惠於氣候、環境等天然因素，梨山茶葉葉肉肥厚、果膠質含量極高。

暢的喉韻從丹田直衝腦門，尤其附杯性強，杯底餘香幽長迴繞，更讓許多茶人驚艷。

而梨山茶的優勢，在於高山氣候冷涼、早晚雲霧籠罩，所謂「高山雲霧出好茶」；而且高海拔山區平均日照較短，年平均溫度低。受惠於氣候、環境等天然因素，芽葉中所含的兒茶素類、咖啡因、單寧等，造成苦澀成分的元素含量也相對降低。尤其為了留住那一股幽然山靈之氣，以及得天獨厚的「冷葒香」，梨山茶始終以原味清香的茶品為主。二〇一〇年我在上海外灘演講介紹梨山茶，上海市茶葉協會會長黃政就說：「梨山茶香氣高揚，茶湯綿密細緻、金黃透亮，在口腔中飽滿甘醇、且柔軟度高。」上海資深茶人吳岩更表示「梨山茶水甜、纖細帶有蜜香，杯底香氣附著不散，令人心曠神怡。」

今日漫步梨山茶區，但見層層相疊綿延不絕的茶園，嚴整有序地羅列在群山碧巒之間，輝映巍巍蒼蒼的青山群峰，飽滿豐盈的景象令人陶然。原名為「斯拉茂」的梨山，本為泰雅族原住民的世居地，隸屬於台中市和平區，與緊鄰的大禹嶺茶區互為台灣海拔最高的茶區。

今日梨山茶的界定範圍，以梨山公路為界，包括「前山」的福壽山農場、大禹嶺、佳陽、天府，以及「後山」的華岡、翠巒、吊橋頭、三角點、翠峰、舊力行產業道路十八公里處等地茶園所產製的茶葉，海拔約在一八〇〇至二六〇〇公尺之間，茶園總面積約一三五甲，大大小小的茶廠約莫二十家，每季總生產量約四萬斤。除了部分原住民自有茶園外，大多數的茶園或茶廠土地也都是向原住民承租而來的。

讓我好奇的是：紅水烏龍的誕生，正是對高山茶興起後，市場上普遍追求輕發酵茶品的一種反思。而梨山向為台灣最頂級的高山茶代表，杜君的華剛茶業居然反其道而行，甚至不惜成本，在海拔二五〇〇公尺左右的高山上，以四分之一的茶菁製作紅水烏龍，摘採心葉半開、二葉全開的茶芽為原料，發酵五十度左右，揉捻整型為半球型，還須再加上細心焙火精製，不僅製作成本大為提高，也明顯顛覆了梨山茶「高山、原味、清香」的既定印象。

杜君解釋說，家族茶業最早創立於日據時代的民國初年，一九六八年曾祖父開始上大禹嶺種茶，當時種植一千多株青心烏龍，僅有三十多株存活，其餘都凍死了。經過數十年的篳路藍縷，傳承至第四代的他，茶園面積包含契作卻已遍及大梨山茶區的翠巒、華岡、福壽山、大禹嶺等地，儘管茶葉成長期較為緩慢，呈現的葉面卻柔軟飽富彈性，葉芽翠綠肥厚。因此在創業百年後的今天，大膽採用最高海拔的茶菁，製作最具傳統風味的紅水烏龍，也算是對曾祖父與祖父所經歷的那個年代，致上最崇高的敬

華岡茶園內由茶業改良場架設的小型「氣象觀測站」。

杜蒼林2016年以清香型梨山茶勇奪日本世界綠茶協會「最高金賞」。

意與思念吧？

不過，杜蒼林在二〇一六年依然以清香型的臻曦與冬陽兩款梨山茶，勇奪日本「世界綠茶協會」最高榮譽的「最高金賞」，顯然今天在全球，清香型高山茶依然是最受茶人青睞的吧？

而且在梨山，華剛茶廠所屬的華岡茶園中，有一具彷彿探測器般的小型金屬探測器機座，格外引人好奇。杜蒼林解釋說：那是茶業改良場架設的「氣象觀測站」。由於茶廠本身一直以來對於生產過程——包含茶園管理、農肥管理、製作過程等，都做了完整的科學紀錄，加上華岡茶區原本就是大梨山地區的相對制高點，因此特別將觀測站設於華剛茶廠前方的華岡茶園中，觀測累積雨量、溫濕度、風速風向等各種氣象資訊，以利茶園管理及防災（寒害或霜害等）應變研究，無怪乎林君所製作的茶品，無論清香型的高山烏龍或濃香型的紅水烏龍，都能維持穩定的品質了。

不過，「紅水烏龍」與近年在台東異軍突起的「紅烏龍」完全不同，看官可千萬別搞混了：紅烏龍是行政院農委會茶業改良場台東分場吳聲舜場長所研發、發酵度已接近紅茶的烏龍茶品，高達八十度以上的重萎凋、重攪拌，結合紅茶製法深度加工而成。強調的是茶湯滋味的甘醇與水色，因此茶湯呈明亮澄清帶有光澤的烏紅色，茶質厚重又具有膨風茶的熟果香。與「紅水烏龍」的發酵度或湯色均明顯迥異，只是外觀都為緊結的半球型罷了。

茶與音樂共詠玉山之美

一九九九年，震驚全球的九二一大地震重創中台灣，位居震央的集集鎮災情尤為慘重，家園幾乎全毀，鄉親們在寒風中露宿長達一個多月。同為受災戶的陳家三兄妹，當時不惜含淚將震毀的古箏等樂器，在寒風中劈燒供大夥取暖，焚琴卻非煮鶴的行為感動了許多朋友，事後紛紛捐助樂器，讓陳家的樂音能夠再度悠揚，父親陳朝富更領軍成立家庭式的「集集絲竹箏樂團」四處義演。

十四年後的今天，嫁到玉山茶區多年的小妹陳淑娟，為了力挽狂瀾、讓玉山茶重新站上兩岸舞台，再度將分散各地的哥哥姐姐召集起來，由姐姐作曲、編曲，在海拔一六〇〇公尺的綠浪推湧中，以

陳家三兄妹加上小妹夫在海拔1600公尺的茶園用茶與音樂共詠玉山之美。

陳有蘭溪畔的草坪頭觀光茶園。

哥哥陳逸閎的一把二胡、姐姐陳靜怡（琁玥）與小妹共兩把古箏，加上姐姐天籟般嘹亮的歌喉，還有小妹夫玉山茶農歐璟鴻現場沖泡的濃醇茶香，以磅礴的山脈連峰為背景，詠出一首首動人的樂章。

陳家三兄妹從小學至大學全就讀音樂科班，妹妹還找來了台南藝大主修笛子的同學陳佳惠跨刀，克難地以棉被懸掛茶廠四周作為隔音，錄製了第一張玉山茶的專屬CD「茶香琴韻」，除了序曲〈玉山情〉與壓軸唱出的〈玉山之歌〉，還將三種不同品項、不同特色的玉山茶以樂曲詮釋：包括清香型烏龍茶的〈山嵐晨曦〉、焦糖烏龍的〈柳不暗、花且明〉以及涓紅紅茶等。迴盪台灣第一高峰的樂音在茶展中首度播放，就讓茶友們感動不已，更讓茶園中猛按快門拍照的阿亮熱淚盈眶。

大詩人余光中曾說：「拿一把大圓規，以玉山為中心，畫一個直徑三千公里的巨圓，玉山真可以左顧右盼，唯我獨尊。」的確，「環顧東亞的赫赫高峰，北起堪察加半島，南

櫻花與茶園共舞是玉山茶區晚冬早春的最大特色。

由於山坡陡峭，玉山茶農摘採茶菁均須以單軌小車輸送。

迄婆羅洲，其間沒有一座山能與玉山比高」。即便包括泰山在內的中國「五嶽」、日本的富士山，也都要矮上半截。海拔三九五二公尺高度的巍巍玉山，不僅是台灣以迄東亞的第一高峰，更是台灣精神的最大象徵吧？

不過，聖山可容不得凡人任意侵犯，高處不勝寒的頂峰當然也不可能種茶，今天的玉山茶區，單指海拔一二〇〇至一八〇〇公尺之間的南投縣信義鄉，在一九八六年間以最接近的地理位置，擊敗其他鄉鎮拔得頭籌，贏得「玉山茶」的註冊商標權。

座落新中橫公路沿線的信義鄉，是全台面積第二大的鄉鎮，古早以來就一直是布農族與鄒族原住民的聚居地。茶園主要分布在玉山山麓的神木、同富、沙里仙、東埔、羅娜、塔塔加等村落，總面積約三〇〇公頃，茶樹品種以青心烏龍為主，金萓次之。

由於常年有雲霧籠罩，日夜溫差大，以及四季如春的宜人氣候，號稱全台青心烏龍的最佳生長環境，即便夏茶也絲毫不帶苦澀味。所產茶葉多以「玉山高山茶」為名對外銷售，採摘則以人工手採為主，一年採收三至四次。

我曾於二〇〇五年與二〇〇八年，為撰寫《台灣找茶》與《客鄉找茶》兩本書，數度登上玉山草坪頭與塔塔加等地採訪拍照。一九九三年由政府輔導在草坪頭成立的「玉山觀光茶園」，面積約五十公頃，近三十家製茶廠且有八家備有民宿，成為觀光茶園的最大特色。

當年草坪頭「龍谷茶園」主人張慶村曾告訴我，觀光茶園成立後，遊客逐漸增多，當地茶農紛紛兼營民宿，並成立茶葉及相關農產

玉山茶區號稱全台青心烏龍的最佳生長環境。

玉山茶為南投縣信義鄉所註冊的茶品，其他茶區均不得使用。

品門市，茶葉的行銷也從原本單純地批售予茶商，到自建品牌、商標與包裝等，直接提供予消費者，例如歐環鴻自建的品牌「松頂嵐月」，近年在台灣各大茶展中就深受茶人的青睞。

不過近年風災與土石流肆虐嚴重，往往一雨成災，使得當地與緊鄰的東埔溫泉區，遊客都明顯減少了許多，茶園面積也逐年減少。歐環鴻帶我從高處茶園往下看，草坪頭許多茶園都已轉作蔬果，而信義鄉農會每年五月及十二月舉辦的春、冬茶比賽展售會，也從往年參賽的千點以上，驟降至今天的三百多點，令人不勝欷歔。

事實上，玉山烏龍茶的外形緊結，沖泡後茶湯呈清澈蜜綠色，除了具有一般高山茶的優點外，尚有香、醇、韻、甘、美、生津止渴等六大特色，用來製成烏龍茶煎餅更有濃郁的烘焙茶香。我從歐環鴻手上接過去年的冬茶輕啜入喉，透過亮麗鮮活的茶湯在陽光下與山對話，立即有綿密細緻的花香在舌尖輕轉舞動，彷彿含進漫山的雲霧與綠意，果然「心清如玉、義重如山」，喉間緩緩釋出的餘韻與清幽的杯底香更令人難忘。

水蜜桃盎然共舞拉拉山茶

友人劉世翔帶來一款茶要我猜猜產地。白色瓷罐上水轉印的兩個大字「盎然」先映入眼簾，直覺想起北宋大才子蘇軾長達四十句的五言詩〈答李邦直〉，其中「詩詞如醇酒，盎然薰四支。」堪稱千古名句了，劉君顯然有備而來。

為表慎重，我特意取來曉芳窯的影青壺、翁明川的茶荷茶匙，加上蔡永志的青花騰龍手繪杯等三位名家茶器，拆開真空包裝，緊結偏綠且光澤油亮的半球型在茶荷上，就已明顯透出盎然春意，置入壺中以沸水沖泡，一股高海拔的山林之氣隨之瀰漫開來。鮮活透亮的茶湯輕啜一口，立即有甘醇的口感在舌尖與喉間回湧，風韻飽滿而交會舞動。特別的是茶湯柔軟度奇高，卻又霸氣十足，還帶有濃郁的水蜜桃香，茶勁也渾厚有力，令人嘖嘖稱奇。

我知道劉君近年在梨山茶區辛勤經營，也小有名氣。帶來的茶品不僅葉肉肥厚，茶性也具有強韌的生命力，彰顯在茶湯之間，與梨山茶相去不遠。未料掀開謎底，居然是拉拉山來的去年冬茶，讓不斷舉杯感受幽幽杯底香的我，一時難以置信。

水蜜桃與茶香共舞的拉拉山茶「盎然」。

穿著泰雅族傳統服飾的茶農在拉拉山採摘春茶。

其實提到北橫公路上的拉拉山，朋友們第一個想到的必定是水蜜桃。不過，根深蒂固的印象在近年已經有了些微變化，因為拉拉山已成了台灣最快速崛起的新興茶區，最近還被某大媒體選為全台十大最美茶園之一，所種植產銷的茶葉不僅在短短幾年內擄獲消費者的味蕾，風味與口感且直追目前兩岸最夯的梨山或大禹嶺高山茶，令人刮目相看。

話說已改制為直轄市的桃園市，最高海拔的復興區由於氣候冷涼、土壤肥沃，加上時常有霧氣瀰漫，非常適合種植溫帶水果，也是台灣最著名的水蜜桃之鄉：每年六至八月份，滿山遍野的水蜜桃或粉或紅，在不太高的樹上結實纍纍擺出誘人姿態，令人垂涎欲滴。特色為果形大、底部渾圓、柄部有溝，不但果肉柔嫩多汁，且香味濃郁，最受饕客喜愛。

只是水蜜桃一年僅有一收，且經常必須面對暴雨或颱風的肆虐而損失慘重，因此約從九年前開始，農民利用較平坦的農牧用地，改栽種一年可收成三至四次的茶葉，希望能提高收入，堪稱是全台最新的茶區了。儘管二〇一〇年才首度舉辦優良春茶比賽，首屆參賽也僅四十七點，不過帶有高山茶鮮活香氣的烏龍茶，卻令許多愛茶人眼睛為之一亮，被喻為茶葉界的明日之星，去年已有一二二點參賽，並創下特等獎每台斤五十萬元天價拍出的新紀錄。

趕緊向當年篳路藍縷前往拉拉山開墾種茶的台灣省茶商業同業公會創會理事長呂志強求證，他說近年台灣茶在國際市場早已供不應求，為了滿足市場所需及提高農民收入，他特別在二〇〇七年深入台灣各山區做林相及相關調查，尋找地目、海拔高度、坡度、溫度、濕度，以及地質等適合茶葉生長的山區。發現桃園市海拔一四〇〇至一七〇〇公尺的拉拉山，緯度高、氣候冷涼，年平均溫十六至十八度，濕度達九十度，日夜溫差且高達十度以上，林相保持完整，土壤屬於石礫土，排水性特佳，適合種植高品質的茶葉，因此毅然投入開發。

首開風氣後，經過眾多茶農包括原住民泰雅族的辛勤深耕，拉拉山茶區今天已擴展至巴陵、光華部落、新興部落、三光村等中高海拔地區，以三光的十公頃為最多。種植茶樹以青心烏龍為主，均為人工手採方式。目前總種植面積約四十公頃，年產約十萬台斤，多為半球型烏龍茶。

有人說茶葉以生長十年左右的「新欉」茶樹滋味最佳，新興的拉拉山茶區挾此優勢，茶葉外觀緊實勻整、葉面肥厚，沖泡後特殊花香與果香飄而不膩。行政院農委會茶業改良場陳國任場長也讚美有加，認為拉拉山烏龍茶的外觀形狀緊結，有高山茶特有的鮮活香氣，滋味甘醇，喉韻強且不苦不澀。

拉拉山是台灣近年最快速崛起的新興茶區。

終年雲霧裊繞的拉拉山構成茶葉最佳的生長環境。

一般認為，拉拉山在原住民泰雅族語為「美麗」之意，儘管日據時代文件顯示「拉拉」在泰雅語意為「刀」，拉拉山應為「劍岳」之意，一九七五年且已正式更名為「達觀山」，今天大家還是習慣稱為拉拉山。由於擁有全台面積最大的紅檜森林，政府還特別在一九八六年成立「自然保護區」至今。

最高海拔二〇三一公尺的拉拉山，從台北經中山高速公路轉台六十六線往大溪方向，過慈湖後走台七線北橫公路，順著蜿蜒的山路緣溪行，無論早春的櫻花璀璨或深秋的楓紅層層，甚或冬季的梅花簇簇，自然生態豐富的拉拉山總是以風情萬種之姿相迎，加上水蜜桃與茶樹共舞的盎然景象，更令人深深沉醉。

劉君說儘管拉拉山海拔高度不如梨山，但由於緯度較北，平均溫度與梨山不相上下，因此茶葉同樣生長緩慢，苦澀成分較低，果膠質亦濃，而採有機種植的「盎然」，更顯得香醇耐泡且彌足珍貴。看著薄胎青花瓷杯中蕩漾的茶湯，彷彿置身水蜜桃香氣搖曳的果園中，格外讓人感受意興盎然、春意盎然且生機盎然了。

名揚四海凍頂茶

南投縣鹿谷鄉多年來以凍頂烏龍茶名揚四海，凍頂為地名，烏龍為茶樹品種。正確地說，就是摘採心葉半開、二葉全開的青心烏龍茶芽為原料，發酵度在二十五至三十五％之間，揉捻整型為半球型的烏龍茶，不僅被譽為「台灣茶中之聖」而名揚四海，幾乎也成了優質烏龍茶的代名詞。

凍頂是不折不扣的地名，在現今鹿谷鄉的行政劃分上，屬於「凍頂巷」，也是麒麟潭邊的「凍頂山」。據說先民早期少有鞋子可穿，每屆寒

茶農忙著採茶是鹿谷春、冬採茶季節最常見的畫面。

冬都必須「凍著腳尖上山頂」而得名，而以鳳凰、永隆、彰雅三村為凍頂茶早期發源地，再逐漸擴及至廣興、內湖、和雅、初鄉等地，這也是鹿谷鄉所產茶葉通稱為凍頂烏龍茶的緣由。整個來說，鹿谷茶區大多分布在海拔六〇〇至一二〇〇公尺的山坡地上。

凍頂茶的由來，據說可直溯至一八五五年的清朝咸豐年間，鹿谷先賢林鳳池赴福建應試，高中「舉人」，衣錦還鄉時從武夷山帶回三十六株青心烏龍茶苗，其中部分種植在麒麟潭邊的山麓上，經由當地特有的山嵐雲霧滋潤而大放異彩，成了今日「凍頂茶」的濫觴。歷經一百多年的發展，不僅在台灣茶市場居於領先地位，也成了家喻戶曉、馳名中外的台灣「名產」。

儘管因年代久遠，屋頂的鱗鱗千瓦早已為紅色鐵皮所取代，原本象徵古代科舉功名的旗桿台也寂寥地蜷縮在禾埕一角，但愛茶如我，每次前往鹿谷，總會在林鳳池留下的古厝前泡茶舉杯，作為對凍頂

鹿谷茶鄉現存的一棵百年老茶樹王至今仍生氣盎然。

鹿谷鄉蘇文哲祖厝牆上的「凍頂巷」門牌。

鹿谷鄉隨處可見綠浪推湧的茶園。

茶傳承的一份敬意，而至今依然辛勤種茶製茶的林家後代也樂於提供桌椅，賓主盡歡。

世居凍頂巷的「哲園有機茶」主人蘇文哲，對於凍頂茶的由來卻有不同的說法，他說蘇家祖先早於清朝康熙二十三年（一六八四年）即已渡台，並在乾隆年間前往凍頂山開墾種茶，有《凍頂蘇氏宗譜》為證。他特別取出泛黃的獎狀表示，凍頂茶至台灣光復後才逐漸嶄露頭角，而一九四八年台中縣政府第一張「茶園增產競賽」獎狀就落在他家。一九五一年南投縣政府開始推廣製茶並主辦競賽，由省府農林廳所頒發的首屆頭等獎得主蘇汝評就是他的父親。且由於連續六屆頭等獎都落在凍頂巷，因此鹿谷鄉所產茶葉才統稱為凍頂茶，而「彰雅村凍頂巷」也從此揚眉吐氣，成為全台最長且最風光的「茶巷」了。

根據地方記載，凍頂茶其實最早植於彰雅村凍頂巷旁的「凍頂坪」上，後來逐漸沿著山坡擴散至麒麟潭四周，在茶產業興盛後才擴及到鹿谷鄉全部十三個村。

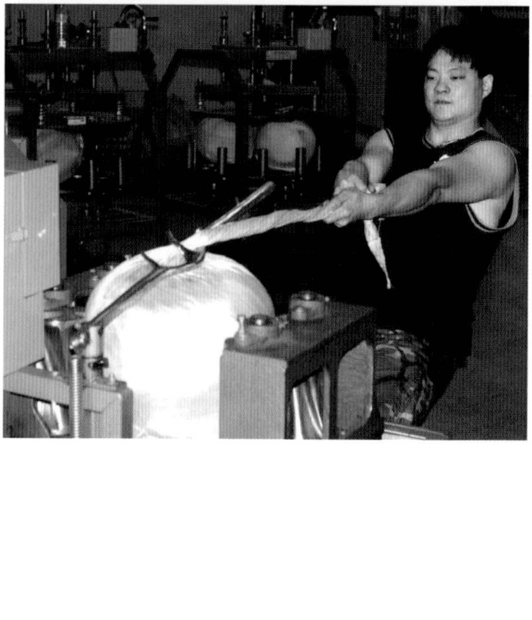

與所有半發酵茶的製作工序大致相同，包括採菁、日光萎凋、室內萎凋及攪拌，至炒菁、揉捻、烘乾等步驟，不同的是，凍頂茶在揉捻、初乾後尚須以布球包裹後重複「熱團揉」，這也是製造凍頂茶獨特的技藝，非得練就一身的「功夫」不可。所謂「團揉」是以布巾將茶葉包裹為一個個圓球狀，再以手工或布球揉捻機來回搓壓，並不時將茶葉攤開打散以散熱，團揉過後的茶葉因而更為緊結成為半球狀。

由於凍頂茶的加工過程十分繁複精細，製造過程均經布球團揉，使得外觀緊結成半球型，茶葉色澤墨綠鮮艷，條索緊結彎曲；沖泡後湯色蜜黃明亮、香氣濃郁，滋味醇厚甘潤，喉韻回甘強，因此最受消費市場的青睞。

上　鹿谷茶鄉「薪誠坊」辛勤保留至今的野放生態茶園。

下　熱團揉是製造凍頂茶獨特的技藝。

鹿谷鄉農會資深主任林獻堂說，凍頂茶的發酵程度較文山包種茶稍重，過去大多在三十%以上，不過近年來受消費者偏愛高山茶清香口味的影響，發酵度已紛紛降低至二十到二十五%，甚至更低。所幸至今仍有茶農堅持以傳統工藝與發酵度，使得凍頂茶的神韻得以延續，例如「薪誠坊」新一代主人陳華胤，不僅在接班後始終維繫傳統工藝而不變，還保留了許多早年野放的生態茶園，包括超過一百年從未翻植過的老茶園在內，以不用除草劑、化肥或農藥的安全農法，從種茶、製茶到炭焙都靠一己之力完成。

以陶藝名家三古默農的台灣櫻花岩礦燒茶壺與茶海精準詮釋「薪誠坊」茶園陳華胤傳統工藝的凍頂茶。

我特別取來陶藝名家三古默農的台灣櫻花岩礦燒茶壺與茶海，希望能精準詮釋陳君口中「令人懷念的傳統凍頂滋味」，果然開湯後不僅清澄透澈，表面更有金黃偏橙的油光，恰到好處的炭焙將花香與果香完整釋出，綿密甘醇的口感與幽長的杯底香氣，更喚醒凍頂真正的記憶了。

文山包種茶

打開台灣茶葉史，儘管中南部山區早有野生茶樹的記載，卻與近兩百年來作為台灣經濟作物的茶樹毫無關聯，專家們且一致認為，經濟茶葉的栽種應始於北台灣。早在清朝同治四年（一八六五年），英商杜德來台考察樟腦產區情況，發現文山地區茶叢茂盛、茶質優良，認為有利可圖，就從福建安溪購入大量茶籽及茶苗，貸款分配給農民種植，並收購粗製茶運往福州精製後銷往海外，可說是台灣最早的「契作農業」鼻祖了。

舊時的「文山地區」包括今日台北市的南港、木柵兩區，加上新北市的坪林與新店、深坑、石碇等地，近三○○○公頃的茶園分布在海拔四○○公尺以上的山區，已有兩百多年的種茶歷史，也是台灣製茶的最早發祥地。

儘管同屬於半發酵烏龍茶，但條型的文山包種茶發酵度較輕，根據行政院農委會茶業改良場公布的資料為八到十二%，但文山地區茶

坪林茶園中以手指戴刀片採茶的婦女。

坪林山外山全部以有機種植的茶園，在陽光下散發迷人風采。

農大多做到十五%左右。一般而言，包種茶的外形條索緊結，葉尖自然彎曲，幼心芽連理，茶葉色澤暗綠且帶有素花香。茶湯則呈蜜綠或金黃色，開湯後香氣尤其濃郁。茶湯入口時先有蘭桂花香經由口腔而透出鼻腔，加上經由文火烘焙的香氣，使茶味更顯甘醇潤滑。

包種茶的由來，據說可直溯一百六十多年前的清朝道光年間，有福建安溪王義程仿武夷岩茶的製作法，將每一株或相同的茶菁分別製造，並以方形毛邊紙兩張內外相襯，以茶葉四兩置入包成長方形的「四方包」，再蓋上茶葉名稱及行號印章而得名。至清朝同治十二年（一八七三年），台灣烏龍茶遭受世界茶業不景氣打擊，台北專門出口烏龍茶的五家洋行也停止收購，一般茶商只好將台灣烏龍茶轉運福州改製包種茶，當時通稱為「花香茶」，這是烏龍茶改製包種茶的濫觴，也是台灣從事包種茶製造的先聲。

不過真正台灣產的包種茶，則遲至清朝光緒七年（一八八一年）由泉州茶商引進技術後才出現，而古意的四方包法早已不見使用，「包種茶」徒留內在精神，外觀上已不具任何意義了。

文山包種茶今日也大別為坪林包種茶與南港包種茶兩大類，根據史實，一九一〇年日據政府曾明訂「清香型製法」與「濃香型製法」為台灣包種茶兩大製造法，前者為南港式製法，以魏靜時為元祖；後者為文山式製法，以王水錦為元祖。兩人且在稍早的清朝光緒十一年（一八八五年），以平民身分接受清廷御賜官服與官帽，視為鄉里極大的榮耀。

文山式製法的坪林包種茶，可說集香、濃、醇、韻、美於一身。在品質的鑑別上，首重香氣且須帶有明顯的花香，其次滋味要活潑甘醇，再者茶湯要呈亮麗的綠黃色。而「香氣清揚」是最典型的特徵，風味介於綠茶與凍頂茶之間，香氣特別幽雅而飄逸。

緊鄰深坑與坪林的，也是包種茶的主要產區，由翡翠水庫上游鷺鷥潭、塗潭、直潭所環抱的茶園，優美的湖光山色絕不遜於中部的日月潭，塗潭還被藝文界朋友戲稱為「台灣版的長江

台北市茶商公會所珍藏的日據時代包種茶包裝。

潭腰八卦茶園有著優美的湖光山色。

第一灣」。而介於坪林與石碇老街之間的潭腰，更能充分結合特有的湖光山色，以極富特色的茶園造景，創造出獨特的茶品，令人忍不住為他們豎起大拇指。

以莊清和為例，三十多年前從雲林移居此地，篳路藍縷在山坡地開發茶園的同時，就刻意順著山坡動線營造出優美的圖案，從高處鳥瞰彷彿被鷺鷥環抱的大型八卦，吸引不少遊客前往，更是喜好攝影的朋友們「呷好道相報」的拍攝對象。

世居當地的曾仁宗說，潭腰種植茶樹以青心烏龍為主，金萱、翠玉次之，但由於成本考量，幾乎都以機採方式採茶。我曾多次在茶園內發現完整的鳥巢與尚未孵化的蛋，甚至還有與蛇擦身而過的驚悚經驗，顯然無農藥所言不虛。產製的包種茶呈蜜綠或金黃透亮的茶湯，入口即有綿密細緻的蘭桂花香停駐舌尖，獨特的文火焙香也頗為深遠，讓人彷彿含進漫山的雲霧與綠意，而幽長迴繞的杯底餘香更令人深深沉醉。

石碇茶葉多以機採為主。

被藝文界友人戲稱為「台灣版長江第一灣」的塗潭茶園。

東方美人茶

還記得八〇年代末期賺人熱淚的電影《魯冰花》嗎？美術老師為了讓小主角古阿明（黃坤玄飾）參加繪畫比賽，不惜帶領全班小朋友到古家茶園幫忙抓茶蟲，卻換來鄉長（陳松勇飾）的譏笑「茶蟲不噴灑農藥，怎麼抓得完呢」？

場景中披著青綠舞衣跳躍的茶蟲，正是文學者老鍾肇政原著中所描繪的「那是青色的小蟲兒，小得還不夠教一隻小雛雞需要仰起脖子眨著眼兒才吞得下，而本領卻著實厲害，厲害得足夠叫一個壯健的農人頓足捶胸、束手無策。」

沒錯，俗稱「浮塵子」的小綠葉蟬，曾是台灣茶農的心頭大恨，每年芒種後就會大量出沒茶園，專門吸食茶樹嫩葉的汁液。禁不起牠的深深一吻，茶葉就彷彿被抽空靈魂的軀體，徒留瘦弱的殘存生命萎靡苟活。不過節儉勤樸的客家先民卻不甘於丟棄，還將發育不全的茶芽與茶葉，以重萎凋、重攪拌以及高達六十五%以上的重發酵手法，製成了五色繽紛的茶葉，意外地在日據時代的總督府賣出天價，儘管一度被鄉親譏為「膨風」，卻成了名滿天下的「膨風茶」，從此躍上國際舞台，讓英國皇室驚艷為「東方美人」，醉人的蜂蜜香與熟果香，讓熱吻後的茶葉浴火重生，成為日據迄今市場上所向披靡的最貴茶品。

經針眼般大的小綠葉蟬熱吻後，嫩綠的茶葉會變黃萎縮。

例如一九四一年歲末，日軍偷襲珍珠港那年夏天，台灣每千斤的稻穀價格不過九十日圓，來自新竹北埔的頂級膨風茶卻賣出每台斤一千日圓的天價，震驚了當時日本殖民統治下的台灣社會。

客家婦女在酷暑中的寶記茶園採摘膨風茶，吸引遊客前往。

顧名思義，浮塵子纖細活躍，僅有針眼般大小，二・五毫米的成蟲體積跟蚊子相差不多，行政院農委會茶業改良場研究卻發現，牠肆虐過的茶菁會散發出一股迷人的蜜味香氣，即閩南語俗稱的「蜒仔氣」，反而成了茶價往上狂飆的動力。

其實浮塵子在台灣各地茶園非常普遍，夏天高溫氣候尤適合牠們滋生蔓延，以刺吸式口器吸食芽葉的幼嫩組織汁液，同時也分泌唾液，使得茶樹芽葉生長與發育雙雙受阻、茶芽蜷縮不長，葉形呈現捲曲、變硬，葉緣變成褐色後脫落。受損的茶菁若製成一般茶品，當然不會受消費者青睞，因此過去茶農都以農藥噴灑驅蟲，使得茶品有農藥殘留的疑慮。

近年茶業改良場則積極在各地茶園推廣，希望為茶農帶來較高收益，並減少農藥的使用。美人風采從此在全台發燒：除了新竹縣北埔、峨眉，以及苗栗縣頭份、頭屋、三灣一帶原有的東方美人茶（又稱膨風茶或椪風茶）外，先後有新北市的石碇美人茶、桃園市的龍泉椪風茶、南投縣鹿谷的凍頂貴妃茶，以及花東縱谷的蜜香紅茶等。而浮塵子也從人人喊殺的害蟲，搖身一變成了茶農求之唯恐不來的搖錢樹：只要浮塵子熱吻加持，原本平凡的茶價頓時可以翻上數倍，而且吻得愈深，茶品的蜜香就愈明顯。

製作膨風茶與一般烏龍茶最大的不同，就是在殺菁後多一道以布包裹、置入竹簍或鐵桶內的「炒後悶」，也就是一般茶農所說的「靜置回潤」或稱「濕悶」的二度發酵程序。而製作一般茶類每斤（六〇〇公克）茶葉僅約需一千至二千個茶芽，但椪風茶卻至少需要三千至四千個茶芽，四斤茶菁才能作一斤成品，且幾乎全由鮮嫩的心芽所製成，含有豐富的胺基酸，茶湯因而明顯具有甘甜爽口的風味。

曾連續多年勇奪膨風茶特等獎的峨眉資深茶農徐耀良說，要獲得良好的「著蜒」，必須兼顧三個層面，其一為地形，呈凹槽狀的地形，溫度必然較高，小綠葉蟬自然也會較多；其二為避風，強風吹襲的地方必然不會有小綠葉蟬棲息活躍；其三為溫度，夏天溫度高，尤其在芒種後小綠葉蟬最為活躍，「著蜒」的程度自然最佳。

目前美人身價每斤約有千元至數萬元的極大落差，其中以新竹北埔、峨眉的東方美人身價最高，苗栗縣的頭份、頭屋次之。如何才能物超所值抱得美人歸？首先要辨別各地美

左　青心大冇是東方美人茶最主要也最正宗的原料。
右　膨風茶必須在殺菁之後，多一道「炒後悶」的靜置回潤工序。

左　新竹縣政府近年為東方美人比賽茶加上防偽標籤，民間則還保留日據時代的分級及名稱。

右　典型的東方美人條索完整、五色繽紛，茶湯為亮麗的金琥珀色。

人血緣與容顏的差異：傳統東方美人以青心大冇為原料，屬重發酵的「條型」烏龍茶，帶有天然的熟果香與蜂蜜般的甘甜後韻，茶湯呈亮麗的金琥珀色。

徐耀良表示，七十五到八十五％發酵度所產製的膨風茶，發出的果香較為清純，茶湯甜度與甘味也較適中，入喉則溫柔滑潤。他說典型的白毫烏龍品質特徵帶有天然的熟果香，茶湯呈鮮艷的橙紅或琥珀色，滋味具蜂蜜般的甘甜後韻。白毫肥大的外觀則擁有艷麗的紅、白、褐、綠等四色，頂級茶且再加上黃色，形狀自然蜷縮如花朵，因此也常被稱為「五色茶」。

有趣的是：除了北埔鄉公所授予的產地認證與分級外，少數茶農至今仍沿用日據時期膨風茶的分級制，甚至連名稱都直接沿襲過去日式英文的譯音，而有了絲丹大、片尼斯、翠絲、美人、膨風、大膨風、特大膨等奇怪名稱的多個品級，而以「特大膨」品級最高。

世居北埔、一九二七年家族就開始製作東方美人，傳承至第四代的「寶記」古乘乾解釋說，片尼斯來自英文的便士（Penny）直譯，緣於早年東方美人外銷英國，茶館每杯茶的價格即為一便士。而「翠絲」則已達出口等級，因此直接以「貿易」的英文Trade分等，至於絲丹大則為Standard（標準），而「特大膨」則是「超級美人茶」之意，饒富趣味。

看著古乘乾取出特大膨分享，五色繽紛的茶葉在沸水沖入後，不僅在壺中曼妙起舞，茶湯也明顯呈現黃金琥珀色，入口後熟果著蜒的蜜香在舌尖輕轉舞動，飽滿的風韻在喉頭直入丹田，更令人感受超級美人的風采。如何泡出美人的最佳韻味？一般來說，水溫以八十五至九十度為佳，並選擇傳熱、散熱都快的沖泡器，蓋杯或瓷壺雖是不錯的選擇，但蓋杯起泡時較難扣住瞬間高溫，且開口過大讓香氣無法集中。而瓷壺雖能使香氣迅速釋放，但若浸泡稍長則不免苦澀，個人則偏好朱泥壺，由於聚熱快，較能沖出濃郁的香氣與口感。

沖泡東方美人茶置茶時應將茶葉輕輕放入壺中約五分滿，讓茶葉有舒展空間，且不宜淋壺。沖泡時間則依個人濃淡喜好控制在六十至九十秒之間。第一沖可以用中注法沖入並將茶葉全部淋濕，第二及第三沖則宜高沖，時間約四十五秒，四沖以後就可「諸法皆空、自由自在」了。

頂級膨風茶可明顯看出艷麗的紅、白、褐、綠、黃色，因此也稱為「五色茶」。

茶在海岸山脈與金針共舞

提到花蓮的茶產業，許多人一定先想到以天鶴茶、蜜香紅茶或柚香茶聞名的瑞穗鄉，其實玉里鎮與富里鄉也有優質的茶葉種植。而更多人提到赤柯山或六十石山，也只會想到黃澄澄的金針花，卻很少人知道，二者也有綠浪推湧的茶園：其中六十石山茶園面積約十五公頃，赤柯山約三十公頃，與金針、油菊同為當地三大經濟作物，且皆為花蓮縣最引以為傲的「無毒農業」。只是由於金針花季的名氣太大，反而掩蓋了

赤柯山茶區是台灣唯二屬於海岸山脈背海面的縱谷茶區。

每年8月茶園與燦開的金針花在花蓮赤柯山共舞。

茶葉的光芒罷了。

富里鄉六十石山金針花田規模較大，除了有洋溢歐洲風情的小瑞士，也與當地沃綠簇簇的茶園相互輝映。而玉里鎮的赤柯山，至今仍保留了在古厝屋頂上曬金針的景象，特寫畫面讓人驚艷，茶園也較為密集，儘管規模較小，在地農民卻多能利用波濤起伏的不同地貌，打造出各自的特色，洋溢無比夢幻的田園風情更令人深深沉醉。

赤柯山與六十石山的海拔約在八〇〇至一二〇〇公尺之間，二者分別以「赤科山高山茶」與「秀姑巒溪高山茶」之名對外行銷，目前則統稱「花蓮高山茶」，種植茶樹以金萱、青心烏龍為多，也有少量翠玉。兩個茶區最特殊的地方，就是二者為目前台灣唯一屬於「海岸山脈」背海面的縱谷茶區，與其他茶區皆屬於「中央山脈」系全然不同，包括台灣西部所有茶區，以及相距不遠的瑞穗鄉舞鶴與鶴岡茶區，都屬中央山脈系。

六十石山茶每年自四月至十一月中，共

採收四次，皆以手採方式產製半球型烏龍茶，近年也在夏季生產東台灣最夯的蜜香紅茶。其中富里鄉茶產銷第二班共有十一名成員，儘管成立時間不長，卻是花蓮縣唯一通過生產履歷驗證的茶產銷班，成員還曾勇奪花蓮縣春茶競賽「青心烏龍組」特等獎，令人刮目相看。當地耆老表示：由於金針的收成在夏天，與採茶時間不致衝突，種茶也可作為填補金針的農閒之用。目前茶葉銷售管道除了跟富里鄉農會、花蓮市農會等單位合作外，也透過產銷班建立的「六十石山」品牌自產自銷，並在每年金針花季上場時，直接售予蜂擁而至的遊客。

「赤柯山」地名源於日據時期日本人在此大量砍伐赤柯木作為槍托而來，只是今天滿山的赤柯樹林早已為金針花田與茶葉所取代。種茶則始於八〇年代末期，茶園位置多在海拔一

洋溢歐洲風情的六十石山有「小瑞士」之稱。

○○○公尺左右的山坡地上，經年雲霧盤繞、水氣豐厚的冷涼氣候，加上年平均濕度較高，提供了茶樹絕佳的生長環境，讓茶葉品質皆有水準以上的表現。目前也有獨立的產銷班，成員約十多位。

當地茶農張茂遊表示，「無毒」可不是隨便說了算的，有機方式種植難度相對較高，往往茶樹一長出嫩芽，茶菁就會遭到無情的蟲吻，因此製作出的成茶相對稀少。採收茶菁後，必須經過日光萎凋、靜置、手工攪拌、滾筒機器攪拌、殺青、初乾、揉捻、熱團揉等工序，製成毛茶後再以手工炭焙製成半球型的高山茶。

同屬台灣海岸山脈茶區的花蓮六十石山。

行政院茶業改良場台東分場場長吳聲舜補充說，海岸山脈高山茶區所種植的金萱，「奶香」比起其他茶區要來得明顯，堪稱赤柯山與六十石山兩地茶葉最優勢特色。

每年八月下旬至九月底，就是兩地金針花盛開的季節，地方政府為開拓觀光資源，每甲地特別補助十萬元，讓農民留下一整片的金針不採，讓它們開滿金晃晃的花海，果然吸引了大批觀光客上山賞花，儘管犧牲了小部分的經濟效益，卻使得當地的民宿、以金針大餐為號召的餐廳，以及所有金針相關的農特產，包括茶葉、油菊，甚至赤柯山麓的高寮火龍果等，都有了強烈賣點，可說是最漂亮的行銷了。

台灣緊壓烏龍茶

已將近晚上九點，台北捷運大安站附近的「茗心坊」依然燈火通明，幾個日本遊客正專注端詳桌上一顆西瓜般大小的緊壓茶，從型制看來，卻非來自中國雲南的普洱茶，主人小心翼翼地撥開包裹的白棉紙，一股茶香立即洋溢整個室內。

果然以茶匙撥開些許茶葉以沸水沖泡，金黃亮麗的茶湯頓時在白色瓷杯內徐徐釋放深邃的蜜果濃香，入口後但覺厚重而甘滑，在口腔內綿密生津。不僅風味全然迥異於普洱團茶，與一般散茶呈現的烏龍茶，無論口感或喉韻也都截然不同，還有一股暖意從體內緩緩升起，讓東瀛來客都驚艷不已。

主人林貴松說那是近年陸續製成的「團圓茶」，原料採自南投深山、荒蕪茶園兩地交界處的百年野生山茶，因茶籽掉落地面、有性繁殖而成長為不同個性的品種，在不影響茶農正常採摘下，從未施肥除草，任它自然生長所得，可說彌足珍貴了。因此採摘一心二葉製成半發酵烏龍茶，數量極為稀少，再大費周章地將其緊壓為圓球狀，每顆重

大小與人頭茶相當的台灣團圓茶每顆均有製作者與收藏者的逐一簽名。

林貴松將台灣各地的生態茶以手工布揉包覆成球。

約一・二至一・五公斤，約與明清兩代的「人頭茶」相當，並親自在外包紙上以毛筆落款標示，讓愛茶人得以長期收藏。

所謂人頭茶，清代學者趙學敏在《本草綱目拾遺》說「普洱茶成團，有大中小三種。大者一團五斤，如人頭式，名人頭茶。每年入貢，民間不易得也。」話說明太祖朱元璋稱帝後不久即頒布「茶馬法」，明訂「以茶易馬」政策。不過安慶公主夫婿歐陽倫奉命出使西域，仍悄悄攜帶十數個人頭茶赴任，企圖牟取暴利，明太祖聞訊後大怒曰：「爾頭不及茶頭也！」而下令賜死，儘管貴為駙馬爺，歐陽倫還是成了歷史上第一個因走私茶葉慘遭殺身之禍的人物。

其實打開中國茶葉史，不僅西南邊陲的少數民族千百年前即已將茶葉「蒸而團之」；唐宋時期也以「團餅茶」為主要型制，並延續至宋、元兩代。無論唐代的蒸青團餅或宋代的龍團鳳餅，均係摘採茶樹鮮葉，經過蒸青、磨碎、壓磨成型而後烘乾製成為緊壓茶。

至明太祖洪武二十四年（一三九一年）下昭廢團茶後，民間普遍回歸「製作簡約」且「煮飲方便」的散茶。使得今日以「緊壓茶」為主的普洱茶，成了唯一傳承唐宋團茶特徵與衣缽的茶類，其他茶品則多以散茶為主。

儘管近年對岸受普洱茶飆漲影響，包括武夷岩茶、福鼎白茶等，都有少量緊壓成團成餅販售的紀錄。早年台灣客家鄉親因愛物惜物而以虎頭柑製作的酸柑茶，也可說是台灣最早的緊壓茶，此後還有凍頂傳奇茶人陳阿翹留下小籠包大小的團茶，或石門鐵觀音為貯存方便而壓製的團茶，但數量都十分稀少，並未造成氣候。

林貴松說，團圓茶顧名思義，就是「一團和氣、幸福、美滿」，依產地不同而區分為凍頂百野生山茶、福壽山生態茶、鹿谷鄉麒麟山六十年荒山茶、鳳凰山生態茶四種。至於緊壓成團的意義，並非要標新立異，也不在恢復唐宋型制。

他說撇開台灣原生種茶樹不說，真正發展為經濟作物的台灣茶產銷已逾百多年，至今也留下不少陳期數十年的台灣老茶，無論韻味或口感均不遜於目前在兩岸競飆天價的普洱老茶。但普洱茶最大的優勢在於貯藏容易，歷經悠悠歲月陳化數十年、甚至近百年後的普洱茶，早年有竹筍殼葉以竹篾捆紮的「筒包」，七片第一餅與第二餅之間的「大票」，或緊壓在茶餅內的「內飛」等防偽茶票，儘管都已斑剝破碎或遭蠹蟲蛀蝕不堪，但仍足以考證或辨識年份、產地與茶號，還能依「形」依「票」訴說悠遠的茶文化。

反觀同樣貯藏數十年以上的台灣老茶，所有茶品均以條索（包種或紅茶）、球型（鐵觀音）或半球型（凍頂）的散茶呈現，除了極少數比賽獲獎茶還保留原包裝與封籤外，幾乎都無法提出產地、年份或茶品的確切資料，造成市面上以新作舊、以假亂真的山寨版老茶充斥，未免遺憾。

林君語重心長地表示，為了急起直追雲南普洱茶豐厚的文化傳承，成為茶人相傳「可以喝的古董」，他才特別嚴選茶種、海拔、環境、生長季節，以及林相完整的「生態茶園」採收，以傳統工序製茶，再以他獨創的「高密度烘焙」穩定生茶的保存收藏性，並在外包白棉紙上完整書寫茶品資料，還進一步如普洱茶般，親筆書寫一紙藏茶票置入其中。

不過普洱茶係高溫蒸軟後以模具緊壓成團，團圓茶卻未使用任何模具，純以手工布揉、耗時多日費心整形而成，難度顯然又更高了些，不僅無法量產，每顆大小與外形也跟手拉胚的陶器一樣略有差異。林君說老師傅逐漸凋零老化，新一代又不肯投入耗時耗力的手工團揉，為了保留即將失傳的工藝，不惜三顧茅廬央請老師傅跨刀，接著再以「高密度烘焙法」反覆轉化、反覆再烘焙，製作工時長達近五個月。

而且手工布揉包覆成球，茶品內聚物質氧化再發酵，入口後綿稠圓潤，包覆性與滲透性有別於一般高山茶或凍頂茶，還能依茶品產地不同，沖泡時釋出花香、蜜果香、松木、雲杉馨香等不同幽香，品味瞬間的正向能量。

左　以檀木箱或原木筒精緻包裝的台灣團圓茶。右　林貴松細心地為每一顆團圓茶包裝並簽名。

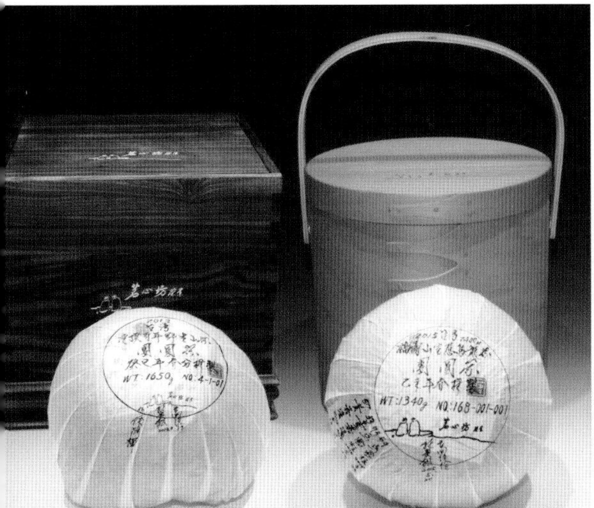

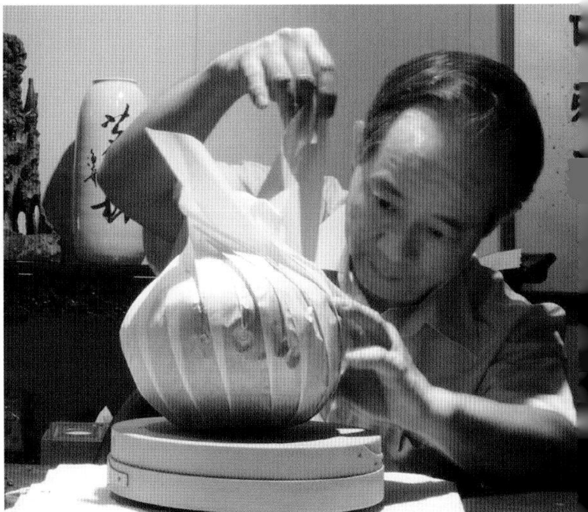

傳統手工團揉後尚未加工的台灣團圓茶。

以福壽山「團圓茶」為例，蘊藏著原本生長在台灣高海拔原始森林的雲霧與日月精華，周遭大小花木、松柏、杉木、雲杉等錯落環抱，匯集成一座生態森林茶園秘境。茶樹長年吸取秋冬掉落枝葉腐爛後供給的肥厚養分，因此含有豐富的內容物，甘、醇、質厚，耐泡次數高達十五泡以上，百聞有餘香，因此林君說足以用「瓊漿玉液」來形容。

至於團圓茶陳化多年後，能否像普洱陳茶一樣具有無可抗拒的韻味與口感？不等我提出質疑，他就取出二十年前手作的一款團圓茶剝開沖泡，強韌的茶氣與陳茶的老韻果然在入喉後展現無遺，茶湯的滑潤口感也可圈可點。他說要以最好品質的台灣茶葉，製作出傳世的茶品，並以「包裝工藝、傳承文化」讓愛茶人士收藏。而且外包的棉紙上除了製作人簽名，每位收藏者也都要簽名其上，將來無論轉售、轉贈、傳家，新的收藏者也都要逐一簽名，「傳承」的意義又更為突顯了。

【第六章】

紅茶

Black Tea

一、紅茶主要產區與分類

全球紅茶主產於中國、斯里蘭卡、印度、肯亞、印度尼西亞、馬來西亞等地，採摘後經過萎凋、揉捻、發酵、乾燥等工序製作，除了武夷山小種紅茶的「過紅鍋」工藝外，大多沒有殺青工序。紅茶因全發酵的作用使得茶葉外觀呈黑色，或黑色中參雜著嫩芽的橙黃色；沖泡後茶湯則呈深紅或亮橙色。紅茶含有豐富的兒茶素氧化產物，如茶黃質與茶紅質化合物等，茶黃質含量愈高，紅茶的品質就愈佳，湯色鮮紅明亮且帶「活性」。

至於紅茶的種類，在中國約可大別為小種紅茶、工夫紅茶與紅碎茶三種，「工夫」意指加工時所下工夫甚多，也有沖泡時候須講究工夫茶藝的意味。工夫紅茶包括著名的祁門紅茶、雲南滇紅與福建閩紅（如坦洋工夫、白琳工夫、政和工夫）、湖南湘紅、江西寧紅、四川的川紅、廣東粵紅等，可說琳瑯滿目了。小種紅茶則有正山小種、外山小種；紅碎茶則包含葉茶、碎茶、末茶。此外也有人將紅茶依外型分為條型紅茶、切菁紅茶及碎型紅茶三大類。

此外，無論海內外，許多知名紅茶以產地來命名，如阿薩姆紅茶產於印度阿薩姆邦、大吉嶺紅茶產於印度大吉嶺、烏巴紅茶產於斯里蘭卡烏巴；祁門紅茶產於安徽省祁門縣、滇紅產於雲南、英德紅茶產於廣東英德市、日月潭紅茶產於台灣南投魚池鄉等。

不過，在西方國家，紅茶往往根據茶葉在茶樹上的部位、或完成後乾茶的外形來區分不同規格，如白毫（Pekoe 簡稱P）、切碎或不完整的碎白毫（Broken Pekoe 簡稱BP）、比碎白毫更小的片茶（Fannings 簡稱F）、小種（Souchong 簡稱S）、茶粉（Dust 簡稱D），以及切碎或撕裂或捲曲的紅茶（Crush Tear Curl 簡稱CTC）等。

福建元泰茶業所收集製作的中國各地工夫紅茶。

福建工夫紅茶一般稱為閩紅，圖為產於福鼎市白琳鎮的白琳工夫（以陳念舟銀壺沖泡）。

二、小種紅茶——世界紅茶發源

霪雨乍停，車輛在進入星村後，天空忽地開朗了起來，武夷山巍巍群峰在霧靄中逐漸清晰，茶園宛如沖洗過一樣清新亮麗，鬱鬱蔥蔥的新葉正奮力抖落晶瑩的水珠。趕緊把握難得的雨歇，停車在岔路口拍照，果然「喀嚓喀嚓」猛按快門沒多久，大雨又嘩啦嘩啦傾盆而下。

滂沱雨中經由武夷山市「百吉堂」主人葛紹安開車引路，窗外一片朦朧，印象中滿山遍野的茶園與路旁櫛比鱗次的茶作坊都被驟雨掩蓋。沿著虬虬蟠蟠的山路蜿蜒涉險而上，好不容易抵達海拔超過一〇〇〇公尺的桐木村，鱗鱗千瓣的屋瓦上浮漾著濕漉漉的流光，濃密的樹林也被染成一片白色。踏入「武夷山市桐木茶葉有限公司」偌大的牌樓，新一代掌門傅登亮總經理笑盈盈地撐傘在門口迎接，兩個阿亮相見歡，氛圍頓時熱絡了起來。

海拔1000公尺以上的桐木村是世界紅茶的發源地。

桐木村是世界紅茶的發源地，而「桐木關」則是古代江西進入福建的咽喉要道。據史料記載：明末清初時局動亂不安，有軍隊從江西進入福建，於過境桐木時佔駐原本產製綠茶的茶廠，使得待製的

星村鎮是武夷山最大茶葉產區。

茶葉無法及時烘乾而重度發酵轉紅，茶農為挽回損失，只得取松木燃燒加溫烘乾，未料竟成了特有的濃醇松香味（或說桂圓乾味）而大受歡迎，因此再稍加篩分裝簍風光上市。

據說最早發現紅茶的江氏族人原本根據乾茶顏色命名為「烏茶」，後來為了與桐木關以外的類似茶品區隔，才改以茶湯顏色稱為「正山小種紅茶」，「正山」即為真正的高山上的茶，強調「正宗」之意。因緣際會成了世界上第一款紅茶，迄今已有四百多年的歷史。

至於英文的紅茶為 Black Tea 是否源於此？不得而

桐木茶葉公司的前身為早年國營事業的武夷山市桐木茶廠。

桐木關自古以來就是進入福建的重要關卡。

知。只是使得中國真正的「黑茶」，不得不翻譯為Dark Tea，看官可千萬別搞混了。

桐木村本因大量油桐樹的種植而得名，但早在宋代稱「崇安縣仁義鄉」時，就以製作綠茶類的「龍團鳳餅」貢茶而聞名。而「正山小種」紅茶在歐洲最早以武夷地名諧音稱為BOHEA，在英國始終是中國茶的象徵。「正山」指的是桐木或周邊相同地域、海拔，且同樣以傳統工藝製作，有「正宗」的意義，即武夷山所產均可稱正山；而出武夷山後其他地區所產的茶則稱外山（人工工夫煙小種）。而「小種」是指茶樹品種為小葉種，與祁門等地中小葉種紅茶不同，又稱為「桐木關小種」或「星村小種」。近年中國政府更進一步規定「正山小種的命名必須通過『中國監督檢驗檢疫總局』原產地標記註冊保護、原產地標記註冊」，否則不能稱為「正山小種」紅茶，最多只能稱做「小種紅茶」罷了。

傅登亮總經理說，武夷山市桐木茶葉有限公司的前身為「武夷山市桐木茶廠」，創辦於一九八八年六月，主要生產正山小種紅茶與青茶類的武夷岩茶，是福建省重要的出口創匯茶葉。改制後除了保留傳統生產技藝，也積極進行工藝創新，豐富茶葉產品的多樣化。他說正山小種最大的特色就是「濃郁的桂圓味」，是無論公司怎麼發展都不能摒棄的根本，「只要保持這個傳統不丟棄，紅茶就是一份長長久久的事業。」

其實在歐美或台灣朋友的理解，「煙燻味」才是正山小種獨有的特徵吧？燻味來自兩道特殊工藝：其一在室內萎凋時以當地「馬尾松」燃燒煙燻、加溫萎凋；其二在乾燥時同樣以煙燻進行。此外還有一道稱為「過紅鍋」的工序，將發酵過的茶

桐木茶葉公司傅登亮總經理示範正山小種「過紅鍋」工藝。

葉放在二〇〇度的鍋內，經二十至三十秒的時間快速摸翻抖炒，使茶葉迅速停止發酵，排除茶葉中的青草氣，提升茶葉的香氣與甜醇度。茶品存放一、兩年後，松煙味還會進一步轉化為乾果香，滋味更加醇厚而甘甜。

不過近十多年來武夷山所有自然生態受到嚴格保護，馬尾松也在禁止砍伐之列，因此傅總說廠內堆積如山的馬尾松都來自外地，成本自然也大為提高了。

傅總進一步表示：正山小種生長在「世界自然遺產」的武夷山自然保護區內，平均海拔一二〇〇至一五〇〇公尺，冬暖夏涼、晝夜溫差大，年均溫僅十八度，年降雨量二〇〇〇毫米、年平均相對濕度八十%左右，大氣中的二氧化碳含量僅為〇・〇二六%，都為正山小種創造了得天獨厚的生態條件，特殊的高山韻香自然而生。尤其保護區內山高林密，隨著四季的變化，落葉與枯萎的植物植被成了天然的綠色肥料。加上冬季氣候寒冷積雪，凍土可達四公分左右，又有茶蟲天敵高達七十多種，因

正山小種獨特的馬尾松燻焙工藝形成其他紅茶沒有的特徵。

此茶園既毋須施肥，又不必噴灑任何化學農藥，品質自然潔淨、醇滑且耐存放。

打開世界紅茶史，早在一六〇四年以前就有荷蘭商人將中國紅茶帶入歐洲。一六六二年葡萄牙公主凱瑟琳嫁予英皇查理二世，帶去的嫁妝正是幾箱中國來的「正山小種」紅茶，進入英國皇宮後成了貴重的奢侈品，才有後來逐漸形成的「英式下午茶」文化，顯然正山小種對近代歐洲文明也有一定的影響了。

傳總說桐木村目前共有茶山六七〇〇畝，總人口約一五七八人，現有茶農三七〇多戶，年產正山小種三十多萬斤。多年前武夷岩茶（大紅袍、肉桂、水仙、鐵羅漢等）暴紅，卻也將桐木村的光芒掩蓋，甚至幾乎被遺忘。所幸不久後另一款小種紅茶「金駿眉」的誕生，又再度讓桐木村恢復昔日的耀眼生機。

桐木茶葉公司珍藏許多早年的紅茶茶樣。

二〇〇七年才正式上市的金駿眉，外觀如微笑的眉毛般，還帶有金色毫尖。兩者不僅原料相同，金駿眉也沿襲了正山小種的傳統製作工藝，不同的是正山小種採一芽三葉，金駿眉則僅採茶芽，正如現代詩人蕭蕭的詩句「幾千顆細緻的芽尖／才有一彎會笑的細眉」。近六萬顆芽頭才能製出一斤的金駿眉，而一名採茶工一天最多只能採二千多顆，因此每斤售價高達一到二萬人民幣依然搶手，被公認為今日最奢侈的貴族紅茶，更成功帶動了紅茶市場的新榮景。

不過金駿眉並沒有保留正山小種獨特的煙燻工藝，而採用一般的室內萎凋，並以傳統手工炭焙乾燥。僅沿用正山小種「過紅鍋」的工序，為金駿眉與正山小種血脈相連做了明顯佐證。

正山小種摘取一芽三葉的武夷山小種作為原料，金駿眉則完全選用芽頭。

5萬顆茶芽才能製成1斤左右的金駿眉，是目前價格最昂貴的紅茶。

在我的要求下，傳總分別取出了過紅鍋後的正山小種與金駿眉，以九十度左右的開水沖泡，果然兩者湯色明顯不同，前者浮漾深沉的瑪瑙紅，而後者呈現活潑明亮的金琥珀色。輕啜入口，煙燻味十足的正山小種在口腔內先是深邃迴旋，再徐緩釋出成熟而圓潤的桂圓香。金駿眉則由幽幽蘭香低空掠過，逐漸轉為高揚甜潤的蜜香，不斷從喉間浸潤輕轉，並回吐在唇齒之間迴盪；兩者可說各有千秋，各自散發迷人的魅力。

桐木村岩石纍纍的茶園種植的小種紅茶。

三、世界三大高香紅茶

祁門紅茶

中國安徽省的祁門紅茶，與印度大吉嶺紅茶、斯里蘭卡烏巴紅茶，並稱世界三大高香紅茶。而排名第一的祁門紅茶簡稱「祁紅」，又稱祁門工夫紅茶，是一種具有花香、酒香與蜜果香的紅茶，也是中國十大名茶中「唯一」的紅茶。

其實紅茶最早發源於福建省武夷山，時間約在十六世紀的明代中葉，而安徽省原本僅有綠茶的產製，稱為「安綠」。直至清朝同治十年（一八七一），才有從福建罷官回籍開設茶莊的安徽黟縣人餘幹臣，取得武夷紅茶的製作秘訣，在製作初期加入一道特殊的發酵工序，使得葉底與茶湯呈現鮮明透亮的紅色，成了六大茶類最亮麗的茶類「紅茶」。

餘幹臣之後，又有安徽祁門縣南鄉的胡元龍，在清光緒元年（一八七五）至二年，由於綠

勇奪2015米蘭世博會「世博經典品牌」與「世博產品金獎」兩項大獎的天之紅紅茶。

祁門縣位於安徽南端的黃山西麓，茶樹以櫧葉種為多，又稱為祁門種。

茶銷路不旺而改製紅茶，製作出有別於武夷山風味的祁門紅茶，經由近代茶葉先賢吳覺農等人的努力，憑藉獨特的「香高、味醇、形秀、色潤」四絕，很快就風靡中國各地，並迅速流傳到英國，成為英式早餐茶最主要的成份，更在一九一五年巴拿馬舉行的萬國博覽會上，勇奪最高榮譽的金質獎章，一躍為三大高香紅茶之首，更成了當時歐美貴族茶的代名詞。

祁門縣位於安徽南端的黃山西麓，目前行政劃分隸屬黃山市。紅茶主要來自祁門南鄉、溶口、平里，至西鄉、新安、歷口一帶，茶樹以櫧葉種為多（約佔八十一％），又稱為祁門種；此外還有少量的栗漆種、柳葉種等。大葉阿薩姆種所製作的大吉嶺或烏巴紅茶，由於口感較為濃烈，品飲時大多需加糖、加奶作為調和。祁門紅茶卻不僅適合清飲，即便加奶飲用也不減茶香，且咖啡因含量比阿薩姆紅茶低，被認為最適合下午茶與睡前茶的茶種之一。

祁門紅茶的香氣也迥異於大葉種紅茶的猛艷狂放，而顯得幽雅清長許多，保留了正山小種般松木的香氣，加上特有的果香與玫瑰花香，喉韻回吐的那一份甜潤潤的蜜味更令人深深沉醉。專家認為，得益於祁門當地的紅黃土壤與雲霧繚繞的氣候，所成就持續而綿長的香氣，讓無法正式分出香氣的英國人乾脆以產地命名為「祁門香」，成了世界紅茶香味的一種。

中共建政後，祁門紅茶多次榮獲國家級獎章、成為國家創匯的代名詞；一九七九年鄧小平視察黃山時更說：「你們祁紅，世界有名。」而讚譽有加，成為招待外賓與

上　祁門縣號稱中國紅茶之鄉，隨處可見綠油油的茶園與油菜花相互輝映。

中　祁紅發展有限公司董事長王昶親自為作者詳述祁紅製作過程。

下　重新擦亮祁門紅茶歷史光環的天之紅公司總部。

出口的重要茶種，主要出口國為英國。一九八〇至一九九五年四度蟬聯國家優質產品金獎、一九八七年在比利時布魯塞爾第二十六屆國際優質食品博覽會再奪金牌，百餘年來，始終作為祁門穩定的標誌性地域品牌。

可惜改革開放後，由於計畫經濟時代結束，中國外貿體制變革，茶菁不再具有統一收購的優勢，加上原料與加工，以及民營大小茶廠興起造成的惡性競爭、品牌保護與監管不力等種種因素，仿冒品充斥市場。祁門紅茶不僅品質下降，更於一九九二年遭遇生存困境，原本作為祁門紅茶歷史與輝煌象徵的「祁門茶廠」，儘管從國營改制民營，也不敵時代變遷的洪流，而在二〇〇四年以「破產」宣告結束。

近十年中國經濟大幅起飛後，地方政府為搶救祁紅的經濟與歷史地位，採取改良品質、加強原產地認證、商標註冊等措施，並積極扶持新的龍頭企業以提振競爭力，其中「天之紅」品牌的「安徽省祁門紅茶發展有限公司」與「安徽祁門縣祁紅茶業有限公司」兩大企業，就是最具代表性的佼佼者。

同時擔任「祁紅協會」會長與「祁紅發展有限公司」董事長，也是今天「祁門紅茶非物質文化遺產技藝傳承人」的王昶，不斷從傳統中開創新機，自建品牌「天之紅」在二〇一五年義大利「米蘭世博會」勇奪「世博經典品牌」與「世博產品

作為祁門紅茶非物質文化遺產技藝傳承人的王昶示範傳統製茶工藝。

天之紅茶廠內至今仍保留傳統的紅茶製作工藝。

金獎」兩項大獎，重新開啟祁門紅茶風雲再起、名揚四海的新頁。

王昶語重心長地表示此次世博獲獎，距上一世紀獲巴拿馬博覽會大獎正好一百年，即「整整一個紀元」，而天之紅正是在傳承的基礎上，為祁門紅茶迎接新紀元、重新閃耀國際舞台的開端，擦亮祁門紅茶的金字招牌。他也頗為自得地告訴我「世界三大高香紅茶中，只有祁紅是條索緊實的『工夫』紅茶，另兩個只能說是『工業化』紅茶罷了」。

作為祁門紅茶非物質文化遺產技藝傳承人，王昶說傳統工藝成就的祁門紅茶，應具有條索緊實、色澤烏潤、帶酒香，甘醇回潤的優點。為了保持絕佳品質，祁門紅茶每年僅採一季春茶，時間約在清明前，採一心一葉最精華的部分，經初製、揉捻、發酵、烘乾等工序，一次成型高檔的祁門紅茶，甚至為創新製作申請了九項專利，改變形、香、味，也不惜向鄰近的江西景德鎮訂製青花瓷作為精緻高貴的包裝。

為了消除國際上對中國傳統手工作業潔淨標準的質疑，公司特別設立工程技術研究中

王昶為傳統工藝加入現代機械化的製茶作業。

好山好水的祁門縣俯拾皆美景。

心，開發了紅茶第一條清潔化加工生產線，不僅大幅提升產量，使得海外銷量在六年內由二十萬美元躍升至千萬美元，也計畫在海外建立分銷公司，並完善互聯網銷售平臺，形成完整的產銷鏈。

有人說若將紅茶比擬如紅酒，那麼祁門紅茶應可比作紅酒中最負盛名的「波爾多」：好的紅酒講究出自的莊園，王祖對此也不遑多讓，他說：「土壤、氣溫、降雨等，造就了獨一無二的祁門紅茶。」因此特別強調生態的重要性，而非工藝的重要性。他不惜斥資在新安江源頭的率水河畔、祁門縣鳧峰鎮開闢千畝洲地的「天之紅莊園」，除了綠浪推湧的大面積茶園，還建設了河中清泉、林間小道與長達四公里的石砌觀光長廊等；園區內包括茶園旁的竹林木屋、竹樓、茶亭，以及遊客集散中心、茶事體驗館、茶文化展示館等，共構原生態的鄉村美景與茶鄉風光。

王祖說「茶事體驗館」總建築面積約一二〇〇坪，由陸羽廳、茶藝館、茶產品展示廳、茶製作體驗中心組成。茶事體驗中心內還有小型機械化加工，與傳統手工製茶生產線十多組，遊客可在製茶技師的指導下，親手完成鮮葉從採摘到製成條索的完整過程，領略千揉百煉後的茶葉所散發出的香醇，那也象徵祁門紅茶的浴火重生，不是嗎？

祁門紅茶每年僅採一季春茶，採一心一葉最精華的部分製作。

印度大吉嶺與斯里蘭卡烏巴紅茶

電視金鐘獎製作人周在台遠赴斯里蘭卡拍片，帶回了世界三大高香紅茶之一的烏巴（UVA）紅茶，沖泡後儘管香氣高揚、茶湯橙紅明艷，但口感卻濃烈異常，甚至可以稱得上苦澀了。顯然較適合老外加奶又加糖的紅茶喝法，並不太適合華人的「純喫茶」吧？果然有備而來的周君，立即在包內取出了奶球與方糖置入，讓原本渾厚甘苦的滋味，瞬間轉為溫潤厚實的奶茶香氣，在唇齒間徐緩釋放。

話說斯里蘭卡（Sri Lanka）原本在一九七二年前稱為「錫蘭」國，境內有六大紅茶產區，包括烏巴（UVA）、烏達普沙拉瓦（Uda Pusellawa）、努瓦納艾利（Nuwara Eliya）、盧哈納（Ruhuna）、坎迪（Kandy）、迪不拉（Dimbula）等，各產地因海拔高度、氣溫、濕度的不同，而有不同的特色。其中又以獨特濃香與刺激風味的烏巴紅茶最為著名，往往會在杯緣輝映金色的光圈，因此又稱為「黃金紅茶」，但較適合作為沖煮香濃奶茶。

烏巴紅茶也有翻譯為烏沃茶、烏伐茶或烏瓦茶，產於斯里蘭卡中央山脈東側的高地上，常年雲霧瀰漫，茶品以七至九月的夏摘茶品質最佳。

幾天後周君再帶來一位在印度大吉嶺深耕十年的朋友 Kevin，不僅跑遍當地八十八座莊園，至今也已經成了大吉嶺紅茶數一數二的專家與台商，要我感受同屬世界三大高香紅茶的大吉嶺

具有獨特濃香與刺激風味的斯里蘭卡烏巴紅茶。

斯里蘭卡有6大紅茶產區，其中尤以烏巴最著名。（周在台提供）

（Darjeeling）紅茶魅力，藉此扳回一城。

話說在全球以發酵度及乾茶顏色分類的「六大茶類」中，紅茶屬於全發酵茶，發酵度高達九十五%以上，有別於完全不發酵的綠茶、微發酵的白茶與黃茶、半發酵的青茶，以及後發酵的黑茶等。不過目前西方國家卻大多認為：只要符合ＩＳＯ三七二〇的標準即可認定為紅茶，而發酵度多寡並未在檢驗之內。因此**Kevin**帶來的大吉嶺春摘茶，發酵度僅在十五至二十%左右，乾茶色澤介於綠茶與白茶之間，品飲時口感則接近台灣高山烏龍茶或文山包種茶，但覺強烈的山頭氣與原味飄香，毫無傳統紅茶的厚實甜醇，可說徹底顛覆國人對全發酵紅茶的概念了。

看我一臉狐疑，**Kevin**趕緊取出了夏摘茶沖泡，八十五%上下的發酵度就與國人印象中的紅茶十分接近，茶湯也從春茶的蜜黃帶綠變成了橙紅或艷紅。

其實印度紅茶主要有三大產區，除了大吉嶺，還有印度東北阿薩姆喜馬拉雅山麓的阿薩姆溪谷（Assam），以及尼爾吉里（Nilgiris）等地，其中阿薩姆紅茶即佔了印度茶葉總產量的八成以上。

Kevin這時才掏出名片，本名叫趙立忠，七年級生、在中國大陸稱為八〇後的年輕創業家，與大吉嶺的結緣則來自二〇〇五年，當時還就讀元智大學企管系大二升大三的暑假，七個同學一起赴大吉嶺擔任「藏民自助中心」義工，初次品飲當地春摘茶的感動，讓他利用閒暇尋訪不同的莊園，發現不同天、地、人的環境，做出不同品味的茶品。返台繼續唸書後，也不忘經常遠赴大吉嶺各莊園尋找好茶，並跟幾位同好成立社團分享。

Kevin說大學畢業後先在科技公司擔任產品工程師，仍念念不忘飛往大吉嶺尋訪好茶，初期只在部落格分享。二〇一三年乾脆辭去工作、正式成立「茶帷公司」。從此待在大吉嶺的時間越來越多，最長曾高達半年。

在雨中辛勤搬運紅茶茶菁的斯里蘭卡工人。（周在台提供）

在全球、尤其是歐美國家風行的大吉嶺紅茶因高尚的麝香葡萄風味與特殊香氣而著名。

大吉嶺紅茶的特色在於茶湯細緻、精油香氣高而綿密，目前以春茶與夏茶價值最高。春茶茶湯蜜黃帶綠，香氣以草香與花香為多。而夏茶茶湯橙紅至艷紅，香氣則以花香果香較為明顯。此外，大吉嶺紅茶含咖啡因極弱，氨基酸較多而輕柔，濃度並非來自茶體，而是來自精油，因此品飲時香氣十足、分子細密而不覺得濃郁，濃度在血液中流動變快，而非來自咖啡因。

從台北到大吉嶺路途可說遙遠，最快的航程是從台北飛香港轉機至印度加爾各答後，搭乘十二小時的火車抵達西利古里（Siliguri），再換乘八小時的登山小火車前往大吉嶺，不過搭乘吉普車只需三小時即可達。

「大吉嶺」原為藏語，意指「雷聲轟隆作響的高地」，是一個位於印度東北與尼泊爾交界、喜馬拉雅山高地的小鎮。當地種植紅茶已有超過一百五十年歷史，最初由英國人種植，從一八六六年的三十九個小茶園，年產量二十一公噸；到現在總共八十八個莊園，分散於海拔一八〇〇至二一〇〇公尺不同高度的八個山谷，年產量達一萬多公噸的大茶區；卻僅佔印度產茶量的二%。

Kevin 說大多數人總是讚賞大吉嶺紅茶「高尚的麝香葡萄風味與特殊香氣」，其實大吉嶺茶依產季與茶園的不同，各有其不同的滋味。以他帶來的八款茶品，分別來自四座莊園的春摘與夏摘，就能清晰辨識其中的不同，讓我大感驚奇。

以麗莎山谷莊園（Lisa Hill）春摘為例，明顯的柚皮與茉莉花香，加上隱約呈現的綠草香、豆莢香、乳香及果香等，可說層次豐富。綿密細潤的茶湯融合了果酸與鮮甜，彷彿霜後初春的鮮香柔潤毫不保留地注入，果然是歷經十二年育種、第一次採收的珍稀處女摘。Kevin 說麗莎山谷位於人煙罕至的叢林陡坡，峭岩上運輸工具難及，物資均仰賴人力馱負，森林芬多精層層包圍，恰好適合富靈性的AV二品種生長，可說是極為珍貴稀有的春摘作品了。

話說大吉嶺的茶樹品種可分為五大類：來自中國的小葉種（China Bush）、阿薩姆大葉種（Asscm

印度大吉嶺紅茶種植至今已擴張為88座莊園。（Kevin提供）

明姆莊園是大吉嶺唯一由印度政府經營的莊園。（Kevin提供）

Bush）；China Hybrid與Assam Hybrid兩種混和雜交種，以及當地自行育成種Clonal Bush（共二十八種），注重香氣且質地輕柔、咖啡因相對低。而AV二即為當地育成的最著名品種，天氣變化時特別嬌柔與脆弱，因此彌足珍貴。

Kevin解釋說，由於海拔高，大吉嶺茶樹在嚴寒冬季彷彿進入冬眠狀態、生長停滯，春季成長也相對緩慢，採收新芽的第一季霜後春茶量低，因此輕發酵製成的紅茶帶有明顯的新鮮青葉風味，有些莊園則帶有青葡萄香味，或花香或蜂蜜甜香。尤以獨特的發酵室溫控與發酵技法，成就茶性溫和、茶韻柔軟、茶湯帶甜的特殊滋味。

接著沖泡的是夏摘茶，來自凱瑟頓（Castleton）莊園的「夜光白玉」，條型的乾茶在茶荷上，深紅與暗黑交錯的色澤接近台茶十八號（紅玉），開湯後透亮的艷紅明顯散發蜂蜜與巧克力的輕盈香氣，以及在舌尖徐緩帶出的堅果、核桃、桂花、柑橘與焦糖等風味，口感清新，口腔內蜜甜、鮮甜與糖甜交錯舞動，甚是迷人。

至今仍有野生老虎出沒的大吉嶺葛朋漢納莊園。（Kevin提供）

左　麗莎山谷莊園春摘紅茶沖泡表現。
右　從西利古里搭乘喜馬拉雅鐵路前往大吉嶺的小火車是世界著名的登山火車之一。

Kevin說夜光白玉源於當地的傳說：少女在月圓之夜採摘豐碩飽滿的嫩芽而成就。尤其適逢今年極端夏季，使夜光白玉在蜂蜜與桂花中，更多了巧克力香。而沒有灌溉設備、與自然共生的製程，更讓凱瑟頓莊園能像名滿天下的紅酒「勃根地葡萄園」般，堅持呈現當年自然天賜的風韻。

接著Kevin取出特爾莎（Turzum）莊園以接近中國小葉品種的育成種「奇漾B一五七」，所製作的夏摘茶，外觀接近武夷山小種紅茶，開湯後特殊的紅酒香與蜂蜜香瞬間洋溢整個室內，入口後還有淡淡的荔枝與玫瑰香如漣漪般擴散，口感極為細緻。Kevin強調說該品種在向陽的南面最能表現，產量稀少價昂且貴如黃金，因此又稱為「黃金品種」，香型被喻為大吉嶺最重要的香氣。

由於接近中國小葉種，因此在我的要求下，再以特爾莎莊園的春摘來沖泡，剔透而潔淨無瑕的茶湯在玻璃茶海中蕩漾，果然是清香型烏龍茶的主體香氣，但多了一份植物香精油風味，而特別的草香與野薑花香也做了明顯區隔，淡出的花香與果香又接近台灣高山茶，只是舌尖包覆粉嫩的蜜甜更為收斂與回甘罷了。

Kevin說目前大吉嶺紅茶以單一茶菁為主，由於全球市場不同，有平價茶也有高級茶。印度採茶工每日工資二〇〇

上　以不同莊園的春摘與夏摘茶沖泡比較，最左2款輕發酵春摘茶更接近包種茶。
下　大吉嶺當地自行育成的AV2品種茶樹特別注重香氣、輕柔且咖啡因相對低。

盧比（約台幣一〇〇元），莊園依不同茶種來命名，在國際紅茶標準之下，每一個茶區做分類，而每個茶區又有莊園差異的小分類，與葡萄酒大致相同。他說每個莊園就像一個小小的王國，而莊主則儼然歐洲中世紀的城主或國王一樣，轄有大批的茶農與製茶工，全部為世襲。而剛去的前幾年，拜訪莊園大多沒人理會，但謙卑的態度與始終笑容滿面的熱情與毅力，加上每年鍥而不捨的專程拜訪，逐漸得到各莊主的熟悉與認同，茶葉也從原本來自茶商到直接跟莊主交易，今天所創立的「茶帷」品牌也普遍獲得愛茶人的肯定，目前在台北與新竹皆設有門市。

至於學者說全球僅有大吉嶺紅茶與台灣東方美人茶具有天然蜜香，我特別取了五款號稱有蜜香的大吉嶺茶，包括特爾莎莊園的謎漾、麗莎山谷莊園的麝香葡萄、麗莎山谷莊園的花橙麝香、特爾莎莊園的奇漾與花漾，全部為夏摘茶，以品鑑杯分別取五公克沖泡，結果是第一款蜜香最為明顯，第五款次之，其他則若有似無，顯然並非所有的大吉嶺紅茶都有蜜香，學者說法僅能說是概括罷了。

上　5款號稱有蜜香的大吉嶺茶以品鑑杯沖泡，但顯然並非所有的大吉嶺紅茶都有蜜香。

下　專屬夜光白玉的萎凋槽，不同批號茶區的鮮葉要被絕對分離。（Kevin提供）

四、其他工夫紅茶

雲南滇紅

滇紅是雲南紅茶的統稱，歷史卻不如普洱茶來得悠久，時間應在民國年間，主要產於雲南省的臨滄、保山、西雙版納、德宏等市或自治州，近年隨著紅茶的走紅，普洱市也開始產製。多為採摘大葉種茶樹鮮葉產製的工夫茶，許多甚至還包括了古樹茶在內。

因此儘管各產區滇紅外形各有規格，但多以條索緊結、外形肥碩緊實、金毫顯露與香高味濃，以及葉底紅勻嫩亮為品質特色，在全球紅茶市場中獨樹一格。保留了大葉種紅茶的紅濃明艷與熱情豪邁，卻多能鮮爽入口，香氣清醇帶甜味，可以不加奶品或砂糖而單獨品飲。但加奶後香氣滋味依然濃烈鮮明，尤其茶湯在杯緣一樣常有金圈彰顯，冷卻後還會出現乳凝狀的冷後渾質優表現。因此近年外銷俄羅斯、波蘭等東歐各國和或西歐、北美等地，業績始終長紅。

時間拉回至一九三八年，雲南中國茶葉貿易股份公司成立，次年分別在順寧（今鳳慶縣）與佛海（今勐海縣）兩地試製紅茶，由首批五百擔經由香港富華公司轉銷倫敦，就創下每磅八〇〇便士的最高價格售出，而一炮而紅。可惜不久後抗日戰爭全面爆發，滇紅產製也隨之停

左　改制後的鳳慶茶廠繼續擦亮滇紅的光環。右　座落雲南省臨滄市鳳慶縣鳳山鎮的滇紅集團係原本鳳慶茶廠前身。

滯，直至一九五〇年代後才開始發展。

中共建國後實施計畫經濟，雲南四大茶廠分別被賦予不同任務：昆明茶廠主要產製普洱茶磚；西雙版納勐海茶廠則以普洱圓茶、大理下關茶廠則以普洱沱茶為主，以上均為普洱茶，至於臨滄市鳳慶縣鳳山鎮的「鳳慶茶廠」則專事產製紅茶，成了今天已改制為民營的「滇紅集團」前身。

一九三九年由當代中國茶葉專家馮紹裘創建「順寧實驗茶廠」，一九五四年隨縣名變更而改為「雲南省鳳慶茶廠」，一九九六年才改制為今天的「雲南滇紅集團」，擁有茶園基地十萬畝、初製加工廠八十五座，而精製加工廠更有七萬平方公尺的大面積，年生產紅茶約一．五萬噸。尤其一九八六年雲南省省長將其生產的滇紅作為國禮，贈送來華訪問的英國女王伊莉莎白二世，更使得滇紅聲名大噪，鳳慶縣也被譽為「世界滇紅之鄉」。

滇紅集團復古風強烈的「經典1958」以陶藝家陳怡芳古樸的陶壺沖泡可說相得益彰。

滇紅的製作包括萎凋、揉捻或揉切、發酵、烘烤等工序，且因採製時間不同，品質具有季節性變化。與普洱茶大致相同，春茶優於夏茶與秋茶：春茶條索肥碩、葉底嫩勻；夏茶正值雨季，芽葉生長快，淨度較低，葉底也稍顯硬雜；而秋茶茶樹生長代謝作用轉弱，因此嫩度不及春、夏茶。

一九五八年鳳慶茶廠曾以鳳慶大葉種原料精湛加工，製作出「超級工夫紅茶」在英國倫敦市場拍賣出國際市場最高價，並獲得中共中央電賀嘉獎，並確定為國務院外事禮茶。改制為雲南滇紅集團後的二○○六年，也開始以傳統工藝推出「經典一九五八滇紅禮茶」，就連包裝也充滿復古的味道。

手上剛好有一包二○一一年版的「經典一九五八」，拆開復古風的牛皮紙包裝，但見乾茶條索緊直肥壯，色澤烏潤而金毫明顯；於是趕緊取來陶藝家陳怡芳古樸的陶壺沖泡，茶湯果然鮮紅而明艷，一股滇紅特有的可可香氣直撲而來，入口也頗為滑順甜醇，稱為「經典」應不為過了。

紅到英國的古茶樹滇紅

就在不久前，深耕雲南多年的台商、

堅稱自己是國際品牌設計師的丹尼創造的秘製紅茶在海內外都僅接受訂製。

昆明多博思蛋糕主人林治宏，返台後就急急來訪，還帶了一位中國大陸友人。但見來客不疾不徐從背包取出了幾款紅茶，不僅包裝與中國大陸今日所見的豪華艷麗大異其趣，反而在素雅的外觀上，洋溢濃郁的少數民族風情，不同品牌上唯一相同的是都強調「道」而「玄之又玄」，令人納悶。拆開後攤在金工藝術家蔡長宏的銀飾竹茶則上仔細端詳，褐紅卻不甚黝黑的條索粗大肥壯，也跟今日對岸常見整齊勻稱的切菁紅茶明顯不同。

趕緊取出陳念舟大師的無垢單柄銀壺沖泡，來客特別提醒要即沖即倒，不待浸潤就倒入茶海，果然杯中呈現也非常見的艷紅湯色，而是偏橙的琥珀色，室內卻瞬間瀰漫一股令人難以抗拒的焦糖香，入口後且濃郁、飽滿而滑順，還不停在喉間釋放難以言喻的氣韻，而且第一泡至第四泡，泡泡皆不相同，儘管「玄之又玄」，口感與香氣都明顯佔有優勢，也是我品過最具飽和度焦糖香的紅茶了。

來自普洱市牛洛河的古茶樹滇紅在中英兩國都有閃亮品牌。

看我露出肯定的表情，來客這才自我介紹，說他叫「丹尼」，為了怕我誤會他取了個洋名字蒙混，還特別秀了身分證給我看，果真姓「丹」名「尼」，還是「漢族」，頭銜是「雲南仁慈祥文化產業集團董事長」，還曾榮獲「二〇一五中國文化藝術行業品牌貢獻獎」，顯然來頭不小，但他又說茶品來自雲南普洱市的牛洛河。牛洛河不是在以「江城鐵餅」聞名的江城縣嗎？丹尼點點頭，說自己既非茶農，也非茶商，而是「國際品牌設計師」，十五年間創造了「玄」、「至樂」等焦香紅茶品牌，還紅到英國，成了一八六九年創立於英國的「卡蒂薩克」CUTTY SARK 近年最夯的主力產品，中英文並列的包裝格外引人注目。而他所有「秘製」茶品也不在貨架上販售，必須接受訂製，而且堅持不跟著一窩風搶做普洱茶，只用古樹茶或野放茶來製作紅茶，成本當然不低。

正如包裝上的說明：「找一個專家製茶，可在格調中享受高貴生活的優雅。赫丹紅茶創始人一直堅持用秘香紅茶的高貴品質來成就他傳奇一世的品味，不是您需要如此品質，而是如此品質才與您匹配。」顯然丹尼對自己產製的紅茶可說自信滿滿，也絕非浪得虛名。

瀾滄景邁裕嶺一古茶公司製作的紅茶飽含天然花果香與蜜香。

因此也引發我的好奇，若採摘千年老茶樹茶菁來製作紅茶，又會有怎樣的風味呢？特別找來了普洱市瀾滄縣景邁山萬畝古茶園，由裕嶺一古茶公司所製作的「蟬蜓紅」與「半天紅」，光從乾茶來看，緊結飽滿的條索就已有君臨天下的氣勢，儘管沖泡後香氣徐緩釋放，不如其他大葉種沸沸揚揚直撲而來的濃香，但卻飽含天然的花果香，並在舌尖帶出令人沉醉的蜜香，湯色也更為通透，從喉間回吐層次豐富的風韻。而且即便浸泡時間過久、甚至放涼後，也不覺苦澀，千年古茶樹加上小綠葉蟬的叮咬加持，果然銳不可當。

廣東英德紅茶

與祁門紅茶、雲南滇紅並列為中國三大紅茶的「英德紅茶」，不僅在全中國赫赫有名，且早在六○年代就遠銷英國，據說還成了英國的皇室用茶。

不過，一向偏愛祁紅與滇紅的我，面對友人餽贈的「英紅」卻始終不為所動。直至某日應邀做紅茶評比，在數款英國頂級紅茶的環伺之下，明顯散發出荔枝香的英紅，不僅香氣與口感均超越群茶，全然不帶苦澀的甘醇更挑動全體評委的舌尖與味蕾，而飽滿凝聚的喉韻，以及明亮紅艷的湯色，更讓我當場瞠目結舌、驚艷不已，從此對英紅刮目相看，並為自己過去的偏執疏忽感到慚愧。

英德古稱英州，是廣東省面積最大的縣級市，原本以盛產英石而得名，今天則不僅以紅茶聞名全球，也是以多元異國文化著稱的僑鄉，在一九六○年代有二十六個國家歸僑到英德落戶，現在主要有十六個國家，至今仍然保留著印度尼西亞、馬來西亞、泰國等國的風俗，處處可見南國風情。此外，遠近馳名、完整傳承的客家山歌更是英德最引以為傲的文化資產。

目前英德種植茶葉面積共十萬畝，年產各種茶葉三○○○噸，步入英德境內，遠遠就可以聞到茶園飄出的清香，廣東農科院茶葉研究所也因優越的自然環境而設於英

英德紅茶金毫顯露，湯色紅艷明亮。

德。

儘管英德產茶的歷史悠久，種茶更可追溯至距今一千二百多年前的唐朝，且早在明代就擁有貢茶的光環，但英德紅茶的真正創製卻始於一九五九年，而且還是以雲南大葉種為主體，交配廣東鳳凰水仙而成的高香、大葉的優異新品種，與「滇紅」多少也有血緣關係了。當地客家人在陽光下以棉被覆蓋悶熱發酵，製成的茶品色澤油潤、金毫顯露且細嫩勻整，沖泡後頓時香氣四溢，尚未入口就已感覺到濃郁的荔枝香，且茶湯紅艷明亮、金圈明顯，再觀察柔軟紅亮的葉底，品項確實不凡。特別是以英國下午茶方式加入牛奶或奶球後，茶湯還會呈現棕紅瑰麗的油光，滋味濃厚清爽。較之滇紅、祁紅甚至大吉嶺紅茶等名品，均有過之而無不及，且具有獨特的風格與浪漫時尚。

英德紅茶在陽光下以棉被覆蓋，利用光熱發酵。

英德茶園大多位於丘陵緩坡上，茶區峰巒起伏，土層深且肥沃，ＰＨ值檢測約在四・五至五之間，加上英德地處南亞熱帶季風氣候，年均氣溫在二十度左右，雨量豐富，全年相對濕度大，非常適於茶樹的生長。尤其阡插的茶苗均以乾樹枝覆蓋保暖，達到溫室栽培的效果，更顯得當地茶人的用心。

英德紅茶分為葉、片、碎、末多個花色，每個花色又有多個不同等級。一九九〇年代初開發出品質卓越的「金毫茶」，目前已遠銷到歐美等四十多個國家和地區，號稱「中國紅茶之最」與「東方金美人」，似乎有意與台灣客家獨步全球的「東方美人」一較長短。只是前者為九十五%左右的全發酵紅茶，後者為七十%上下的重發酵烏龍茶，一字之差，看官可千萬別誤會了。

宜興紅茶

二〇一三年穀雨前後，我受邀在宜興大覺寺舉辦的素博會與陽羨茶文化博物館兩地，擔任「兩岸名茶名壺ＰＫ」活動主持人兼評審。順便受邀前往當地著名的紅茶產地。

江蘇宜興的陽羨茶在盛名千載之後，明清兩代一度中衰，直至近二十年才逐步復興。今天宜興還號稱「茶的綠洲」，茶園高達七・五萬畝、年產茶葉六五〇〇公噸，在江蘇省排名第一，尤以「宜紅」即宜興工夫紅茶最多，也最負盛名。茶葉主要產於蘭山、銅官山、太華等山區。其中太華山區山高林密、竹清水秀，茶葉兼具湯清、芳香、味醇的特點。

一般茶商或茶農在開墾山坡茶園的同時，為拓展更多的種植面積且便於管理，多半會將原有的樹林砍伐殆盡，造成水土的大量流失。乾元卻保留了大量的香樟樹，放眼望去偌大的茶園為濃密的樹林所環抱，雲南少數民族稱為「山頂戴帽」。綠浪推湧的茶園內不時可見取

宜興乾元「金乾紅」紅茶（左）與元泰宜興紅茶比較。

宜興太華山群山環抱、林茂竹盛的有機茶園，乾元茶廠則像城堡般矗立其中。

代農藥噴灑的捕蟲燈，啁啾唧唧的鳥鳴且不絕於耳，茶樹叢中還可驚喜發現鳥巢與尚未孵化的卵，生氣勃勃的景象讓人心曠神怡。

這是我看到乾元有機茶園的第一個深刻印象，座落在群山環抱、林茂竹盛的太華山，嚴整有序的廠房建築與職工宿舍矗立其間，彷彿歐洲城堡般守候著這一大片無污染的淨土。董事長湯卓敏告訴我，這裡日照充足，形成了得天獨厚的自然小氣候，使得乾元茶場的明前春茶（清明前採摘）較省內其他茶場早個半月至二十天；追問之下，原來拔得頭籌的茶園就是歷史上赫赫有名的唐貢茶區，讓我頗有「踏破鐵鞋無覓處」的驚喜。湯董表示乾元現有茶園八〇〇多畝，周邊基地茶園二〇〇〇多畝，年產茶葉可達二十五公噸左右，所開發的陽羨雪芽、乾元紅茶、白茶等都深受消費者青睞。

值得稱道的是，在追求「自然、有機、健康」已成為消費者飲茶共識的今天，始建於一九七八年的乾元茶場，已成為宜興市頗具規模的無公害基地茶場，在栽培、製作、加工、倉儲等每一個環節流程都有完善規範，年年經國家檢測中心檢測均符合有機茶標準。其中陽羨雪芽曾於一九八八年榮獲中國杭州國際文化名茶獎，並勇奪連續八屆「中茶杯」名優茶特等獎與金獎。

我特別喜歡乾元茶場的「金乾紅」，拆封後細看那金琥珀般潤澤的細芽，彷彿瞬間開懷的歡喜笑眉，將緊直肥壯的條索全都化為金毫明顯的眉鋒。而開湯後紅潤透亮的湯色，伴隨馥郁的香氣溢滿整個室內，鮮爽醇和的滋味在口腔內徐徐釋出，入喉後更有深遠的回味甘甜，口感及餘韻也絕不遜於福建近年紅透半邊天的金駿眉。湯董頗為自得地表示，那是累積三十多年的傳統製茶工藝，從每年清明前後，採摘飽滿的茶樹嫩芽所製成，說是江南紅茶的極品應不為過。

事後在大覺寺內，兩岸紅茶較勁的同時，無錫市茶葉研究所許群峰所長特別取出一款尚未上市的大葉紅茶參與，不僅紅濃透亮的湯色與口腔內飽滿的茶氣特別突出，開湯後蘭花香尤其明顯；趕緊問個明白，居然是鐵觀音茶樹與在地野生種多次交配研發而成的新品種，讓我大感驚奇。

宜興盛道茶場朱曉莉的宜興工夫茶表演。

五、台灣紅茶

台灣紅茶故鄉日月潭

因東側形如日輪、西側狀如月鉤而得名的日月潭，山與水共同交融構成的美麗景致、始終受到海內外觀光客的喜愛，更是近年大陸遊客來台的首選。不過，儘管多數人都知道，位於台灣中央南投縣魚池鄉的日月潭是台灣最大的淡水湖泊，也是最美麗的高山湖泊；卻不知她也是台灣紅茶的故鄉，著名的「日月潭紅茶」曾名列台灣十大名茶之一，從日據時代迄今，不知為台灣創造了多少可觀外匯。

而日月潭畔的貓囒山就是台灣最早引進大葉種紅茶的所在，「貓囒」源於當地原住民邵族語，行政院農委會茶業改良場魚池分場即設於此，佇立其間，日月潭的美麗山水可以盡收眼底。附近還有座歷史悠久的「日

如詩如畫的日月潭是台灣最大的淡水湖泊，也是最美麗的高山湖泊。

日月潭畔的貓囒山是台灣最早引進大葉種紅茶的所在。

月老茶廠」；遊客如織的魚池大街上，更隨處可見「香茶巷」、「金天巷」等一連串美麗的巷道命名，林立著一家家的民間大小茶廠，以及外觀漂亮的紅茶屋等彼此競艷，為日月潭周邊更添幾分浪漫與甘醇。

其實除了少數野生山茶外，早年台灣茶樹品種與製茶技術多半來自中國福建等地，尤以烏龍茶為多。至於紅茶，原本先民也曾以小葉種的黃柑製作，但真正大規模製作紅茶並開拓外銷的榮景，卻始於日據時期。

時光拉回至一九二五年，殖民政府引進當時最受歐美市場歡迎的印度阿薩姆大葉種茶，在貓囒山試種成功。次年，年僅二十二歲、來自日本群馬縣的新井耕吉郎，奉派來台灣做紅茶育種，一九二八年「三井農林株式會社」就以 Formosa Black Tea 的品牌，將日月紅茶外銷倫敦和紐約，並在拍賣市場大放異彩。一九三六年正式設立魚池紅茶試驗支所，也是今天台灣茶業改良場魚池分場的前身。

台灣光復後，新井耕吉郎繼續為前來接收的國民政府所延聘，至一九四七年不幸染上瘧疾而猝逝前，都還在為台灣紅茶的研發而努力。為了紀念他的貢獻，光復後首任所長陳為禎特別在試驗所旁的茶園立碑紀念。而二〇〇八年十月，才華洋溢的奇美集團創辦人許文龍也特別為他親手雕塑銅像，供現代茶人瞻仰。

話說魚池、埔里一帶環境非常適合阿薩姆茶生長，製成的紅茶水色艷紅清澈，香氣醇和甘潤，因此魚池分場以阿薩姆在台改良、於一九七四年正式命名的「台茶八號」一品種，不僅足可與原產地印度及斯里蘭卡的紅茶媲美，濃醇的滋味更有過之而無不及。味道濃郁、甘醇而獨特，茶湯水色尤其紅濃明亮，且帶有淡淡的玫瑰花香，最適合沖泡奶茶或調製各種加料茶。

因此近年台灣消費量驚人的泡沫紅茶或珍珠奶茶，即

左　日本人新井耕吉郎終其一生都在為台灣紅茶的研發而努力，奇美集團創辦人許文龍特別為他雕塑銅像供現代茶人瞻仰。右　茶業改良場魚池分場完整保留至今的傳統英國式紅茶製造工廠為三層木造建築。

日月潭紅玉（左）與移植至三峽的日盛茶園台灣真紅（右）比較。

便原料多來自斯里蘭卡、越南等地進口，但為了強化自家連鎖品牌的香醇形象，往往都會以台茶八號紅茶拼配作為秘密武器。

從一九二五年大葉種紅茶紮根貓囒山，到七〇年代日月潭紅茶或稱魚池紅茶的外銷成績屢創高峰，全盛時期茶園種植面積曾達三〇〇〇公頃，佔台灣紅茶外銷產量九成三，可惜至九〇年代又大幅沒落。而一九九九年震驚全球的九二一大地震重創南投，茶業改良場為協助農民重新站起，特別以長達五十多年的試驗研究，挑選出最具特色的優良品種，也是首度以台灣野生茶作為「父樹」，與緬甸大葉種紅茶作為「母樹」的愛情結晶，就是俗名「紅玉」的台茶十八號，成功為魚池紅茶再一次擦亮招牌，讓台灣紅茶「絕地大反攻」再度站上國際舞台。沖泡後所散發的天然肉桂淡香與薄荷的芳香，徹底征服了老饕的味蕾，普遍為紅茶專家推崇為特有之「台灣香」，並堪稱世界知名紅茶中極為獨特的品種，目前且成了外銷俄羅斯最火紅的茶品。

至於二〇〇八年才正式命名推出的台茶二十一號，俗稱「紅韻」，則兼具阿薩姆種與祁門種親本之優點，茶湯水色金紅明亮，滋味甘甜鮮爽，茶葉香氣表現極為突出，帶有濃郁花果香，香氣類似柑桔植物開花時所散發之花香，也是最具高香特質的紅茶新品種。

香茶巷內林立著大大小小的民間茶場與紅茶屋，圖為和果森林。

走進茶改場魚池分場，除了滿山遍野的茶園外，還可以發現一棟黑白雙色的三層木造建築，那是日據時期所完整保留下來的舊茶廠，也是目前全台碩果僅存的英國傳統式紅茶廠房，當年完全仿造自英國在印度、錫蘭等地製茶廠，也是南投縣政府指定的歷史建築之一。包括地板、窗戶、樓梯、門板在內，全以純檜木建造，不僅可吸濕、防水、保溫還可隔熱。廠內全為早年英國進口的揉捻機、茶菁切斷機、解塊機、風選機、乾燥機等製茶機具，迄今依然虎虎生風地服役中，為延續台灣的紅茶發展而努力不懈。

而三井農林株式會社在台灣光復後，也改制為台灣農林公司，原魚池茶廠則成了今日家喻戶曉的日月老茶廠，所推出的「日月紅茶」一直深受喜愛。九二一大地震後也從單純的製茶廠轉型成兼具生產紅茶、有機農業、推廣健康飲食與環境的觀光茶廠，努力朝向尊重生命與大自然的耕作方式邁進。保留了五十多年的大型製茶機具也繼續正常運轉，讓慕名而來的觀光客大老遠就能感受空氣中瀰漫的濃郁茶香。

由左至右為台茶8號、18號（紅玉）、21號（紅韻）茶樹比較。

近年隨著「紅玉」的走紅海內外，台茶十八品種因而逐漸以阡插方式在全台蔓延，包括新北市三峽、新竹峨眉、花蓮瑞穗等地都有茶農種植，屢獲新竹縣東方美人茶特等獎的峨眉鄉茶農徐耀良甚至直接前往日月潭收購茶菁後，加上東方美人茶的工藝來製作紅玉，也都獲得不錯的銷售佳績。而三峽茶農將紅玉種植在岩石錯落的茶園內，所製作的「台灣真紅」，較原本的薄荷香更多一份迷人的岩韻而更加飽滿甜醇，讓我大感驚奇。

由左至右為台茶8號、紅玉、紅韻、紅寶石、祖母綠等五種不同風味的日月潭紅茶比較。

關西與龍潭紅茶

新竹縣關西鎮不僅曾在清朝末年創下台灣墾拓史上，罕見由原住民與客家人攜手開發的成功案例。好山好水的關西，更是早年台灣茶外銷鼎盛時期最重要的產製重鎮，勤勞儉樸的客家人在氣候濕暖的關西紅土上種植茶葉，至今也有百餘年歷史了。早先以外銷為主的紅茶與綠茶為大宗，包括日本煎茶在內，都曾是外銷市場的寵兒。可惜八〇年代以後，市場結構從外銷轉為內銷，使得關西紅茶由炫燦歸於平淡，茶園從四三〇〇公頃大幅萎縮至今日的二〇〇公頃，原本茶香飄搖的丘陵幾乎被大型主題樂園或高爾夫球場所鯨吞，茶廠也從三十五家驟減至六家。

所幸今天關西仍保留了兩家近七十歲的老茶廠，繼續在歷史的洪流與環境的變遷之中，逐漸轉型為兼具茶葉產製與觀光休閒的文化產業，見證台灣茶葉外銷曾有的輝煌。那就是成立於一九三七年的「台灣紅茶公司」，與一九三六年創立的「錦泰茶廠」。

台灣紅茶公司在日據時期大批出貨外銷的盛況。（台灣紅茶公司提供）

乍聽之下彷彿官股事業的台灣紅茶公司，其實是關西羅家所創的本土私營企業，前身為日據時期的「台灣紅茶株式會社」，今天除了持續每年生產十萬斤以上的茶葉外銷外，也完整保留了當年的紅磚廠房，屹立在車水馬龍的中山路與老街之間，並名列新竹縣歷史建築十景之一。現任掌門為第三代的羅慶士，廠長則為羅慶仁。

羅慶士表示，儘管公司於一九三七年才正式成立，但之前就自有茶園，提供茶菁給合作洋行。他說當時台灣各地茶廠多半僅將茶菁製成毛茶，經由茶販轉售至台北大稻埕精製，再透過洋行或日本商社行銷至世界各地，茶農或茶廠的利潤受到層層剝削。為了解決其間的不合理現象，並爭取地方茶廠的最大利益，他的祖父羅碧玉乃毅然在一九三七年，號召羅氏家族為主要股東，會同羅家所經營的茶廠及地方仕紳，以羅家近百甲赤柯山茶園為後盾，共同出資出力組成「台灣紅茶株式會社」，並在大稻埕成立聯絡處辦理外銷事宜，直接與國外買家接觸，不再透過洋行或商社仲介，堪稱當時少有的創舉了。

上　台灣紅茶公司以早年外銷木箱圖案所設計的包裝與茶品表現。
下　台灣紅茶公司內的茶葉文化館傳承台灣茶業發展經驗與歷史文化。

台灣紅茶公司完整保留的紅磚廠房名列新竹縣歷史建築十景之一。

羅慶士說早在一九三〇年代，台灣紅茶就已作為運往日本的「獻上茶」（貢品），關西紅茶還在一九三五年被選為最受歡迎的外銷農產品。他說公司所建立的精緻茶廠，生產符合國際規格的紅茶，同時創立自有品牌「台灣紅茶」，一九三八年即榮獲台灣總督殖民政府頒發「再製紅茶特等賞」。而日據時代以迄光復初期，公司直營或合作的茶廠超過十九家之多，經過粗製、精製、拼堆、包裝後的紅茶，大量外銷日本、美國、歐洲及澳洲等地，每年直接外銷的茶葉高達百萬磅，當時同業無人能出其右，更躋身當時全台十大貿易公司之一。一九五〇年代，綠茶更成功外銷北非利比亞、摩洛哥、沙烏地阿拉伯，以及東非的衣索比亞等國，歷年來外銷抵達的港口多達八十多個，遍及全球五大洲，成功地將台灣茶葉推向國際舞台。

此外，桃園市龍潭地區獨特的「紅土」地質呈酸性，儘管不適合一般農作物的生長，但本身排水性佳、富鐵質，再加上溫和多霧以及雨量充沛的氣候，成了種植茶樹最天然且最優良的環境。日據時代

龍潭福源百年製茶廠的紅玉茶園已成為今日外銷主力。

以迄台灣光復後的七〇年代，就曾以大量的綠茶或紅茶外銷聞名於世，為台灣賺取了可觀的外匯；今日則以台茶十八號的紅玉續領風騷。但茶園已從全盛時期的三六〇〇公頃減為今日的一一〇〇公頃。

以傳承近百年的「福源製茶廠」為例，近六〇〇坪的偌大廠房，以及十數座製作紅茶或綠茶的英國傑克遜式大型揉捻機，也有四、五十年的歲月了，目前都仍虎虎生風地繼續服役中，沉穩的鏗鏘聲響則不斷溢出濃郁的茶香。

主人黃文諒說，福源早在一九四九年就有大量的紅茶產製，最鼎盛時期約在一九五一至一九六一年間，每季產量高達三十至四十萬斤，大多為外銷，目前每季僅餘二、三萬斤左右。而過去紅茶、綠茶大多採用小葉種的青心大冇品種來製作，目前多用來製作東方美人，而後山偌大的丘陵上則種滿了欣欣向榮的紅玉，為龍潭紅茶再創新機。

小葉紅茶與高山紅茶

大葉種紅玉的成功，除了茶業改良場在二〇〇八年推出台茶二十一號「紅韻」，以兼具阿薩姆種與祁門種親本之優點乘勝追擊外，也讓台灣各地茶農躍躍欲試，開始以適製烏龍茶的青心烏龍、金萱、翠玉等小葉品種製作紅茶；原本只是將價格不高的夏茶改製紅茶，未料推出後市場一片看好，價格節節攀升。使得許多茶農紛紛將春冬茶也改製紅茶，從北台灣的石碇、坪林，到以清香型獨步全球的梨山、大禹嶺、阿里山、杉林溪等高山茶區逐漸擴大，就連位於中台灣三義鄉的慈濟茶園，也以小葉紅茶異軍突起，不僅改變台灣茶葉市場生態，品飲習慣也有了顯著變化。

其實台灣至日據時期的一九二五年，從印度引進當時最受歐美市場歡迎的阿薩姆大葉種茶後，台灣紅茶就一直

改製小葉紅茶而一舉成名的杉林溪茶區軟鞍八卦茶園。（林衍宏提供）

是大葉種的天下。國府遷台後，一九四〇年代末期曾有一段極其輝煌的歷史，出口量曾高達七〇〇〇公噸，成了當時最火紅的外銷主力商品。直至一九七〇年代為止，包括當時最負盛名的關西台灣紅茶公司、錦泰茶廠等，都曾大量外銷日本、美國、歐洲及澳洲等地，不讓印度大吉嶺、斯里蘭卡等地紅茶專美於前。然而曾幾何時，由於農村勞力缺乏、工資高漲，台灣紅茶一度在國際茶葉市場節節敗退，至一九九〇年代甚至從出口最多的茶類轉變為進口最多的茶類，其中絕大部分作為泡沫紅茶、珍珠奶茶等飲料茶。

石碇潭腰的翡翠茶園。

前已述及，紅茶最早從明末清初發跡的正山小種，到今天名滿天下的金駿眉等，全都以小葉種茶樹為原料。只是鴉片戰爭後，英國東印度公司自福建取經，習得紅茶製作技藝後，在印度、斯里蘭卡等地，採用當地大葉種的阿薩姆茶樹製作紅茶，經由英國下午茶文化風行至全球各地，才會讓許多人有「紅茶多為大葉種」的誤解。因此今天台灣小葉種紅茶的崛起，應可稱為紅茶的「復古與創新」才是。

以杉林溪茶區的軟鞍為例，八卦茶園的阿宏說，儘管種植茶樹全部為青心烏龍，由於自家茶園面積廣闊，春茶在採摘第四、五天後，尚未採收的嫩葉往往遭小綠葉蟬叮咬得不成「茶」樣，勉強採收後製成的茶品也缺乏賣相；因此從兩年前起乾脆

石碇翡翠茶園的小葉紅茶。

改製為紅茶，經由小綠葉蟬「著蜒」後散發的蜜香，加上高海拔特有的冷葒與花果香，當季產製的一〇〇〇斤左右紅茶，市價竟超過自家原本足以為傲的高山茶，外銷英國、日本也大受歡迎。

杉林溪風景區向以自然森林美景聞名全國，而如詩如畫的夢幻景致更是周邊茶區最大特色，如軟鞍、龍鳳峽、羊灣等地。我曾受聘擔任交通部觀光局「台灣采風」攝影競賽評審多年，幾乎年年都有眾多來自當地茶園美麗的倩影參賽，其中又以鄰近竹山「天梯」的軟鞍八卦茶園最多，尤其在採茶照片堂堂登上國小社會課本，且知名藝人拍攝的電視廣告大量曝光後，幾乎成了家喻戶曉的台灣茶園代表。

又如石碇茶區的潭腰與塗潭，原本以機採方式產製蜜綠或金黃透亮的包種茶而聞名，近年也趕上小葉種紅茶崛起的風潮。翡翠茶園的曾仁宗就順勢推出青心烏龍為原料的條型小葉紅茶，條索特別緊結尖細，朱紅艷麗的茶湯且帶著甘醇蜜味，湯色鮮紅明亮且帶「活性」，特有的濃郁花香也令人回味。

一般來說，大葉紅茶兒茶素較高，甘香濃醇且茶湯強勁，適合歐美人士喜歡加糖、加奶精，或製成各種調味茶的品飲習慣。而東方人喝紅茶大多「純喫茶」以小壺沖泡，香氣清雅且具甘醇蜜味的小葉紅茶因此能在台灣快速崛起。尤其高山紅茶沖泡後艷紅透亮的湯色，緩緩釋出的幽雅花果香，冉冉飄逸擴散。輕啜入口入喉，甘醇的口感在舌尖與喉間回吐的熟韻交會舞動，更有飽滿的山靈之氣慢慢沁入心腑，這是一般紅茶所沒有的特色，也是讓台灣紅茶再度站上國際舞台的閃亮賣點。

梨山「二四五〇茶廠」主人林德欽補充說，梨山紅茶全部以海拔一八〇〇公尺以上、青心烏龍最高等級的「軟枝仔」所製作，與印度大吉嶺一樣都是全球罕見的高海拔紅茶。由於生長海拔高，製作時氣溫較低，發酵度較傳統紅茶稍低，香氣除了花香果香，又因小綠葉蟬的叮咬而多了蜜香，更保留了獨特的高山氣韻。

果然沖泡他帶來的梨山紅茶，「熟女」般的條索就明顯迥異於低海拔的紅茶，開湯後立即有一般紅茶所沒有的花果香溢滿室內，並在入口後帶出迷人的「蜒仔氣」幽幽蜜香，飽滿的膠質與層次感在口腔內滑順甜醇，也無一般紅茶的澀味。

梨山2450茶廠以軟枝烏龍製作的高山小葉紅茶具有飽滿的層次感（以陶藝名家林義傑青蛙壺與茶海沖泡）。

花蓮蜜香紅茶

門鈴叮咚作響，舞鶴「吉林茶園」主人彭成國寄來今年再度勇奪金牌獎的「蜜香紅茶」，還附了兩份報紙；其一為花蓮縣瑞穗鄉農會茶葉競賽的相關新聞，彭君茶品今年囊括三金九銀，成了東台灣實至名歸的茶王。其二為中國大陸日前風光落幕的「峨眉山杯第十一屆國際名茶評比」，彭君以六款蜜香紅茶及一款橘子花茶參賽，全部榮獲金獎，包括六面紅茶類與一面花茶類。讓身為好友的我，不僅為他感到驕傲，更有來自故鄉花蓮的那一份喜悅。

迫不及待拆開農會的封緘，不同於對岸常見的切菁或歐美的碎型紅茶，攤在茶則呈優美弧度捲曲的肥壯條索就已顯現不凡的氣勢。取來陶藝名家黃存仁的白釉壺沖泡，注入許瓊方手繪的白瓷粉彩茶海與茶杯後，但見紅艷艷透亮的茶湯瞬間湧現金琥珀色的湯暈，再緩緩釋出令人難以抗拒的濃郁蜜香，冉冉飄逸擴散。輕啜入口入喉，甜醇的口感在舌尖與喉間回吐的熟韻交會舞動，隱約還有東海岸飽滿的陽光之氣直入心脾，杯底更留下深邃的熟果香，令人再三回味，作為金獎茶品絕非浪得虛名。

話說二〇〇九年四月，我在台北縣策辦主持「兩岸客家茶文化學術論壇」，當年行政院農委會茶業改良場的茶作課長、今天已升任場長的陳國任博士，在論文〈膨風茶的秘密〉中，就明白指出「膨風茶香味最大特徵是具有一股幽長細膩的天然蜜香（或稱蜂蜜香），全世界目前僅知只有印度大吉嶺

蜜香紅茶大多以當地小葉種的大葉烏龍製作。

蜜香紅茶香氣馥郁甜柔近似白毫烏龍，卻又洋溢著紅茶所特有的圓潤口感。

紅茶和膨風茶具有此種天然蜜香；大吉嶺紅茶號稱是全世界最頂級之紅茶，素為英國王室喜愛，英國人尊稱為『香檳紅茶』，而膨風茶亦曾深受英國王室青睞，尊稱為『香檳烏龍』，前者是紅茶中之極品，後者則是烏龍茶中之極品。」

推論陳博士當年所述，具有天然蜜香的茶品今天應該還會加上第三種，而東台灣近年爆紅的「蜜香紅茶」絕對當之無愧。

其實成就花蓮蜜香紅茶的主角跟新竹膨風茶一樣，就是原本被視為茶樹害蟲的「小綠葉蟬」，前已述及，茶業改良場研究發現小綠葉蟬肆虐過的茶菁會散發出一股迷人的蜜味香氣。因此茶業改良場台東分場多年前特別在東台灣推廣，希望客家先民所締造的經濟奇蹟能為茶農帶來較高收益，並減少農藥的使用。花東縱谷的蜜香紅茶於焉誕生，將小綠葉蟬咬食過的夏茶製成風味獨具的「蜜香紅茶」，很快就紅到國外，還在二〇〇六年的「天下第一好茶」國際競賽中，擊敗其他國家而勇奪紅茶類金牌獎。

已經連續十年勇奪蜜香紅茶金牌獎的彭成國說，一般茶區多以春茶與冬茶為主要產期，而夏天茶葉單寧素含量較高、易苦澀，因此茶農採摘小綠葉蟬叮咬「著蜒」後的茶葉，製成的蜜香紅茶帶有獨特的果香和蜜香，滋味不遜於紅透半邊天的東方美人，且無一般紅茶的苦澀。

蜜香紅茶在製法上，雖介於一般紅茶與膨風茶之間，但原料既非新竹、苗栗一帶採用的青心大冇，也非紅茶常用的阿薩姆大葉種，而大多以大葉烏龍來製作。作為東台灣蜜香紅茶最大的推手，茶業改良場台東分場場長吳聲舜則表示：今天紅茶以手採的「條型」

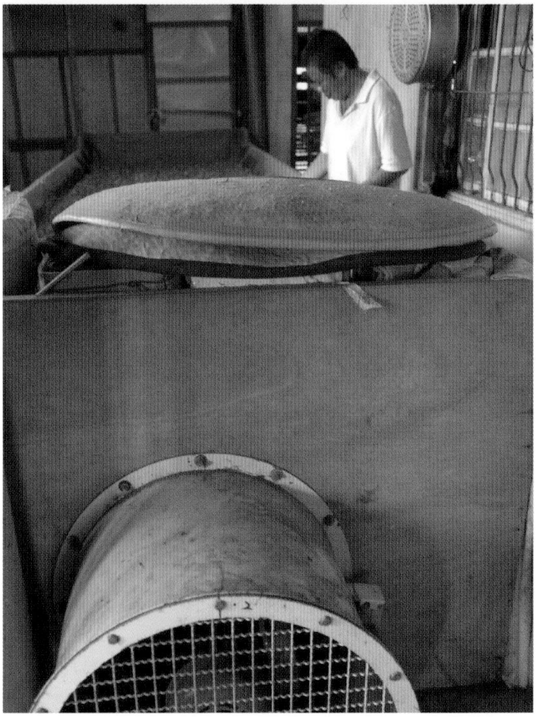

上　吉林茶園連續勇奪數年金牌獎的蜜香紅茶（以陶藝家黃存仁白釉壺沖泡）。
下　吉林茶園茶菁採摘後大多使用熱風萎凋製作蜜香紅茶。

夏季頂著酷暑在舞鶴台地採茶的阿美族婦女。

為高級品；因此為了提升農民收益，同樣輔導瑞穗農民將蜜香紅茶製成條索狀。

彭成國說，不同於其他茶區採日光萎凋或室內萎凋，茶菁採摘後大多使用熱風萎凋，較節省人力，時間上也較能控制。約二至六小時後直接揉捻約二小時、再放入發酵室發酵二小時後烘乾。完成的蜜香紅茶不僅擁有濃郁的熱帶水果、蜂蜜、花香等，香氣馥郁甜柔近似白毫烏龍，卻又洋溢著紅茶所特有的圓潤口感。

至於有茶農以類似東方美人的作法，在完全發酵後再經一道靜置悶熱，過程中稍有不慎恐導致茶葉受悶或變酸，因此目前在花東地區並不普遍。

鶴岡紅茶風雲再起

六〇年代，花蓮縣瑞穗鄉曾以「鶴岡紅茶」聞名於世；不僅外銷全球十數個國家，為台灣賺取大把外匯，還曾榮獲一九七〇年「哥倫比亞金牌獎」。相信今天五、六年級的朋友都還記得當年罐裝飲料尚未普及，在台鐵光華號特快車上所喝到的紅茶，就是來自鶴岡村的鶴岡紅茶，那種醇和甘潤的滋味，就跟當時鋁製的台鐵便當一樣，至今仍令人深深懷念。

儘管國有財產局在一九七四年收回茶園土地，讓走過十多年風光歲月的鶴岡紅茶走入歷史，但經由瑞穗有機生態農場的努力，今天鶴岡紅茶已風雲再起，並青出於藍地掀起一股有機紅茶的旋風，不僅取得國內MOA及慈心有機認證，

生態平衡的瑞穗有機茶園，大地草木皆生氣蓬勃、欣欣向榮。

「一炮紅」紅茶勇奪二〇〇七年台灣第一屆有機茶比賽特等獎，次年再榮獲「國際有機農業運動聯盟」IFOAM頒發ONE WORLD AWARD（一個世界獎），再一年又取得全球標準最嚴苛的日本JAS有機認證，成為台灣茶葉史上首次取得日本有機認證的單位，讓鶴岡紅茶的品質晉級世界級水準，正式登上國際舞台。

難能可貴的是，瑞穗有機農場是由一群出家法師，以「一日不作，一日不食」的精神，在原本貧瘠的砂石荒土地上，從撿石頭開始，篳路藍縷艱辛開墾建設，才能有今天綠浪推湧、茶園與蔬果欣欣向榮的優美生態環境。放眼農場四周，茶園與各式蔬果遍植，生態野趣十足，全都是他們一鏟一鋤、一點一滴的汗水所累積，因此「瑞穗有機生態農場」孕育的有機茶、有機蔬果等更顯得彌足珍貴。

在未噴灑任何農藥的茶樹上奮力長出的嫩芽特別令人動容。

喝茶要如何減少攝入農藥的機率？過去有人建議將第一泡茶湯倒掉，藉此降低攝入的殘留農藥量。但專家卻指出：國內使用農藥多為「接觸型農藥」，「系統型農藥」較少，因此很難用水沖出茶葉中的農藥，第一泡倒掉「洗茶」不過求得自我心安罷了。其實品茶若要喝得安心，可選擇政府輔導並通過認證的有機茶，不但種植過程未施農藥與化學肥料，生產方式也符合生態環保。

當家住持德唐法師說，開山宗長在台灣致力推廣「農禪法門」，早在一九八九年即已倡導「以農場為道場」、「以農自養，以禪悟道」，帶領門下弟子，投入有機農業的耕作與推廣。更為了弘揚茶禪文化，而積極推動心靈茶禪道、感恩奉茶等活動，十多年來已耕耘出一片有機淨土。

一泡紅茶樹品種來自農委會茶業改良場的「台茶十八號」，瑞穗有機農場出家眾於二○○三年起胼手胝足開始種植，並於二○○三年底成功發表，風光舉辦「鶴岡紅茶風華再現」活動。德唐法師說，新製的鶴岡有機紅茶經各界品嚐後，咸認風味絕殊，無論香氣、滋味皆堪稱極品，與知名的日月潭紅茶東西兩地相互輝映，希望能再創台灣紅茶奇蹟。

德唐法師回憶說，開山宗長多年前在鶴岡看到幾株長在柚子園旁的老茶樹，於是從二○○三年起復植，並找到了前鶴岡茶場老師傅親授製作技術。親勤耕耘多年，果然讓鶴岡紅茶再度一炮而紅，飄出脫俗的高雅茶味，與鶴岡文旦的柚花香共同譜出鶴岡最令人驚艷的兩種香氣。

上　瑞穗有機農場內完整保留的1959年示範茶場的老瓦房。

下　有機茶園內的茶花朵朵楚楚動人。

細細品嚐帶有濃厚禪家風味的一炮紅，不僅條索肥壯，茶湯水色明亮，香氣高雅明顯，在甘醇的滋味中，更能感受佛教眾僧對眾生深切的關愛。

德唐法師表示，茶園不使用農藥與除草劑，而以人工及機械鋤草取代；尤其出家法師們在茶園中徒手除草，往往工作至深夜甚至次日凌晨，堪稱「日以繼夜、夙夜匪懈」了。園方還自製高成本且各元素充分的有機肥，以及各種專業技術所製的液肥，定期為茶樹注入豐厚的養分。儘管有機農法耗時費工，備嘗艱辛；但愛地球的使命感與關懷大地之情，讓法師們無悔的投入，為生命注入生機的活泉，更保障消費者對茶品健康的權益。

鶴岡一炮紅與祖母紅紅茶有國內慈心與日本JAS的有機認證。

在不使用化學肥料、無農藥毒害的環境裡，眾僧攜手悉心照顧成長的茶菁，不僅能製作出優質好茶，也使茶園生態平衡，大地草木生機蓬勃，望眼所及滿園翠綠；駐足園中，茶香隨風拂面，靈氣充盈，宛如淨土重現人間，令人深深感動。

瑞穗有機農場的茶園內，還完整保留了一九五九年台灣土地銀行籌設「鶴岡示範茶場」的老瓦房，以及一株當年倖存、近七十歲樹齡的大葉種茶樹，高度超過兩個人的身長，在園方悉心的呵護下，至今依然氣宇軒昂，向四面八方繼續伸展強韌且活潑無比的生命力。潔淨的茶廠旁則留

園方悉心呵護一株當年倖存近70歲樹齡的大葉種茶樹。

有當年曾為台灣賺取大把外匯的紅茶揉捻機、乾燥機等大型機具，全都被費心照料著，不使鏽蝕或損壞，在在都讓人深深感動。

德唐法師說，園方長年推動有機茶樹種植，與一般茶農傳統的「扦插法」無性繁殖栽種方式不同，改以茶籽有性繁殖方式種植，儘管初期生長速度較慢，且茶葉產量較低，但長期下來，因無需翻耕，樹幹可年年長高，多年後樹根應能深達地下五十多尺，希望能像雲南的古茶樹一樣存活百千年，不僅能護土保水、改變世人對種茶破壞水保的不佳印象。更希望未來有一天還能形成茶樹林，成為舞鶴茶區的特色。

正如園方堅定的信念：「復興鶴岡紅茶只是一小步，願大家共同努力薪傳歷史文化、禪耕愛地球，讓台灣茶文化落地生根。」在瑞穗有機農場，我看到的不僅是甘醇芳香的頂級紅茶，更看到台灣茶的未來走向：健康、有機、養生，缺一不可，不是嗎？

【第七章】

黑茶

Dark Tea

一、黑茶的種類與產區

二〇〇五年十月，中國「神州六號」火箭升空，兼程攜帶了六公克的普洱茶同往，成為人類茶葉史上首度邁入太空的茶品。緊接著在「老舍茶館」，浩浩蕩蕩從雲南普洱古府出發，經昆明、成都、西安、太原抵達北京的「馬幫茶道、瑞貢京城」活動，更創下馬背馱茶單品一六〇萬人民幣的拍賣新天價。成為全球媒體矚目的焦點，也引發世人普遍好奇，不禁要「問世間普洱為何物，直教人大把銀子相許？」

話說普洱茶本源於中國雲南，卻風靡於香港，並在台灣發光發熱；近年則不僅延燒至日本、韓國、東南亞等地，更搭上了大陸經濟快速崛起的順風車，大舉回鍋至雲南風雲再起，並迅速席捲華南、華東的大半市場。就連一向獨鍾花茶的北京民眾也感受它的迷人魅力，普洱茶專賣店如雨後春筍般熱鬧出現，茶品拍賣更不斷屢創新高。

在全球六大茶類中，發酵度約八十%的普洱茶，一向被歸類為「後發酵」的黑茶；一九九二年由陳宗懋主編、上海文化出版的《中國茶經》，就明白將普洱茶與湖南黑茶、老青茶、四川邊茶、六堡散茶等並列為黑茶類。而歷年在中國或國際間舉辦的各項茶葉競賽，也清楚規定普洱茶應列入黑茶類參賽。

改制後的下關茶廠製作的馬背沱茶。

不過，在全球正「火」的普洱老茶市場中，卻還有數種源自中國七〇年代以前的陳年茶品，始終深受茶饕們的喜愛。它們也像大多數的陳年普洱一樣，在一九九七年從香港大量釋出到台灣，近年也隨著台商的無遠弗屆而不斷流向中國大陸、日本、韓國、東南亞等地，藏量當然也急遽的銳減當中。滋味與陳年普洱一樣醇厚回甘，茶湯也同樣紅濃明亮，價格比起古董級的普洱名茶也毫不遜色。

它們就是今天被茶饕們讚不絕口、品味獨特的六堡茶、六安籃茶、千兩茶三種陳年黑茶；以及過去與普洱茶擔負相同任務、銷往藏區「邊銷茶」的黑茶，包括湖南黑茶加工的黑磚、花磚、茯磚；湖北老青茶加工的青磚茶、四川西路邊茶的青磚茶、黑磚茶，以及陝西咸陽的茯磚茶等，儘管原料多並非來自大葉種茶樹，卻是毫無爭議的「黑茶類」。

台灣客家人以九蒸九烤工藝製作的酸柑茶只能說是再加工的緊壓茶而非黑茶。

此外，台灣近年也有茶廠或茶商，以烏龍茶或其他大葉種茶緊壓製作為黑茶，其中尤以行政院農委會茶葉改良場台東分場近年大力推廣研發的「台灣沱茶」最為著名。至於台灣客家先民以虎頭柑挖空後，連同果肉與茶葉攪拌回填，再以「九蒸九烤」工藝成就的「酸柑茶」，儘管也可算是「緊壓」茶，卻只能列入「再加工茶」類，而不能歸類為黑茶了。

因此正確的說，黑茶可大別為雲南普洱茶、湖南安化黑茶、廣西六堡茶、安徽六安籃茶、陝西茯磚茶、四川銷往西藏的藏茶，以及仍在起步階段的台灣黑茶等。

二、普洱茶

在全球品項繁多的茶品當中，獨樹一格的普洱茶，茶葉外形通常呈粗大肥壯的條索狀，色澤呈豬肝色，滋味醇厚回甘，湯色紅濃明亮。有人為之瘋狂著迷，往往不惜為搶購陳年普洱而「一擲萬金」；卻也有更多人對它的陳香斥之以鼻，普遍將之污名化為「臭脯茶」（雲南民眾早年稱為「糠味」）表達不屑。

事實上，人類自有茶的歷史以來，從來沒有一種茶類能夠像普洱茶那樣，或緊壓成形、或散裝沖煮、或研磨成膏，充滿豐富多樣的型制、品項與典故。儘管許多年來飽受扭曲、誤解、攻訐，或兩極化的褒貶毀譽；卻能不斷浴火重生，在二十一世紀成為兼具品飲、養生、典藏的茶品，甚至還成了部分人理財投資的工具，所成就的多彩炫燦與驚奇，至今尚無任何一種

普洱茶堪稱品項分類最繁複的茶類。

古樹茶與台地茶的辨識比較速見表

	台地茶	古樹茶
葉片結構	二層、薄	三層、厚
顏色	鮮葉黃，缺肥，葉片會比較黃	鮮葉綠
葉片手感	粗糙，單薄	厚實、柔軟
白毫	無	嫩芽開葉背面還覆毫
同時採摘鮮葉比較	失水快，已無光澤	鮮活，油亮
葉片與梗	生長快，葉片薄，梗較粗	生長慢，葉片厚實，梗較細
香氣	鮮葉香氣，菜香草菁味重	芭樂帶花香

茶品得以超越。

儘管早在北宋熙寧年間（一〇七四年）就已有用綠毛茶作色變黑的記載，但許多學者認為古代先民製作的普洱茶，根本就只是「緊壓」後的綠茶罷了，由於經過馬幫漫長旅途的運送，以及長時間的貯藏，才逐漸「後發酵」而自然形成為具有獨特陳香味的普洱茶；因此認定今天雲南所生產的普洱生茶，基本上仍應歸類為綠茶。另一派學者則從茶葉發酵的程度提出見解，認為即便原料為綠茶，但經過長時間陳化發酵的生茶，或以人工渥堆迅速發酵的熟茶，二者顏色均已明顯轉黑熟化，絕非完全不發酵的綠茶可以比擬。

事實上，普洱生茶由於製程上的不同而有滇青（即曬青毛茶）與滇綠（烘青毛茶）的差異，但基本上都採用大葉種茶樹為原料，與江南一帶採用中小葉種、或日本以小葉種茶樹所產製的炒菁或蒸菁綠茶截然有別，再加上環境（海拔、氣候、濕度）與製程的迴異，未經人工發酵工序所產生的普洱生茶，與傳統上所界定的不發酵綠茶絕對不同。例如陳放五十年的龍井綠茶，經作者實際沖泡比較，無論湯色、喉韻、風味、口感等，與普洱陳茶幾乎毫無相似或雷同之處，只能說是「陳年老綠茶」罷了。

在古代，凡是以普洱府為集散地銷售的茶葉，都統稱為普洱茶。今日普遍的看法，則凡是以雲南普洱、西雙版納、臨滄等地為主要產地的大葉種茶，經加工的後發酵茶皆可稱為普洱茶。在品項的分類上，除了大別為生普（又稱青普）與熟普外，尚有依產製年代來區分的古茶、老茶、新茶三種。如以型制分類，則又可分為緊壓茶（餅茶、磚茶、沱茶、緊茶等）、散茶、茶膏，以及近年方興未艾的捆茶（僾尼族稱把把茶）等四大類。再以製作原料來說，又有喬木野生茶樹、野生矮化型茶樹以及人工灌木型茶樹（又稱台地茶）等。還可依貯藏的方式分為乾倉、濕倉、不入倉等。可說是品項分類最為繁複的茶類了。

二○○二年六月，在雲南省西雙版納召開的「中國普洱茶國際學術研討會」上，各國專家學者對普洱茶的定義難得作出了較為一致的界定：認為普洱茶是產於雲南瀾滄江流域茶樹原產地，並以雲南大葉種茶樹鮮葉為原料加工製成的特殊茶類，而且必須以曬青毛茶經緩慢自然發酵或人工促成後發酵所製成的後發酵茶。同時還應具備外形條索粗壯肥大完整、色澤褐紅或稍帶灰白、湯色紅濃明亮，香氣陳香濃郁、葉底褐紅、以及滋味醇厚等品質特徵。而中國「國家質檢總局」更於二○○八年做出明確規範，規定「只有雲南省普洱市等十一個州、市，以雲南大葉種曬青茶為原料，採用特定加工工藝製成的普洱茶，才能稱為『普洱茶』」。

十多年前雲南普洱茶區仍可見馬幫的蹤跡。

生茶、熟茶與半生熟茶

普洱生茶又稱青普，在二十世紀七〇年代以前，普洱茶並無生、熟之分，且幾乎全部都可以稱做「曬青茶」；也就是源自雲南少數民族，採自野生喬木大葉種茶樹的鮮葉，經傳統的手工炒菁、揉捻、攤涼，然後透過陽光曬乾而製成的毛茶，即為生散茶。再經緊壓成型，就成了今天普遍流傳的茶餅、緊茶、茶磚等青普，茶品表面大多呈青綠或墨綠色，部分則轉黃紅色。茶湯則以黃綠、青綠色為主。

青普的製作，從十九世紀至今並沒有太多的改變，現代茶廠頂多就是將過去手工鍋炒、揉捻及蒸壓成形的方式，改以機器代勞罷了。手工與機器揉捻的差異，在於機器揉茶條索緊結、細緻且工整，而手工揉茶的條索

渥堆成為熟普洱的人工快速後發酵工序。

普洱生茶經過歲月的後發酵所產生的茶品與茶湯色澤變化，由上而下茶品依序為：新製品、10年、20年、30年以上、50年以上、70年以上。

通常較為鬆散粗糙，不夠細緻且不甚均勻。

新製成的普洱生茶，口感強烈而苦澀，且刺激性較高，大多不適合立即沖泡飲用，必須等待多年甚至數十年以上的悠悠歲月自然陳化。只是由於早期交通不便，普洱生茶透過馬幫跋涉茶馬古道千里迢迢運送至京師、西藏或東南亞等地，旅程往往超過半年甚至一年以上，途中難免日曬風吹雨淋。加上當時中國西南邊陲「瘴癘之區」濕潤與悶熱的氣候浸淫，在長期的貯存與運送過程中，逐步完成了「多酚類化合物的酵素性與非酵素性氧化」，而形成特有的色、香、味風格。

優尼族傳統的「土鍋茶」沖泡方式。

尤其中國自十九世紀末葉至二十世紀中葉，一直處於外侮、內戰及各項紛擾頻仍且動盪不安的局勢，私人商號及早期國營茶廠的茶品大量流向香港，其中部分未能及時去化的茶品，歷經更長的時間貯藏存放、繼續發酵陳化，才能留存至今，成了風味絕佳且稀有價昂的珍品。因此今天外形色澤褐紅、具有獨特陳香味的普洱陳茶，可以說純係「歷史的偶然」而形成。

其實雲南少數民族很早就已普遍飲用曬青的生普毛茶，卻從不曾因其苦澀或強烈刺激性而受到影響，不僅甘之如飴，且在過去醫療資源缺乏的年代，平均壽命卻往往高達八、九十歲左右，引人好奇。多年來經相關學者不斷研究推論，大致可分為兩個主要原因：其一，新製生茶的苦澀程度與否，應與茶品的原料或製程的優劣大有關係。其二則應歸功於先民流傳至今的品飲方式，例如佤族的瓦罐茶、哈尼族的土鍋茶、拉祜族與納西族的烤茶、傣族的竹筒茶、德昂族的砂罐茶、布朗族的青竹茶等，以現代的眼光來看，都可說是另一種「烘焙」的形式。少數民族藉由傳統的烘、烤等方式達到高溫殺菌的效果，並去除雜質、將原有的苦澀轉化，應該是可以成立的。

隨著現代交通的日新月異，昔日的茶馬古道今日多為高速公路與航空運輸所取代，過去依

雲南瀾滄縣邦崴拉祜族的烤茶也算是另一種烘焙形式。

靠長時間運輸自然轉化發酵的條件早已不復存在。再以現代的眼光來看，製成的茶品必須留待數十年以後才能品飲，根本不符經濟效益。因此在七〇年代發明了人工快速發酵的工藝，此即多年前還被列為「國家機密」的「渥堆」法。生茶經過灑水渥堆後熟發酵工序後，即成為熟茶，原本的苦澀及刺激性幾乎已完全消失，可以立即品飲，又不失普洱老茶應有的「陳香味」，無怪乎在推出後一度席捲大部分的普洱茶市場，成了當時最受消費者歡迎的茶品。

渥堆工序的發明，還一度讓《中國茶經》更狹隘地界定普洱茶「是用優良品種雲南大葉種，採摘其鮮葉，經殺菁後揉捻曬乾的曬青茶為原料，經過潑水堆積發酵（渥堆）的特殊工藝加工製成」，可知熟茶在普洱茶發展史上扮演了極其重要的角色。

經過渥堆以短時間完成多酚類等物質的變化後，熟茶的茶菁呈偏黑色或紅褐色，部分則呈現土黃色。茶氣可明顯感覺渥堆後的「熟」味，而口感較為濃稠甘醇，茶湯顏色則依渥堆時間的長短從深紅色至黑褐色不等。

熟普的誕生，一般說法皆為一九七三年前後，由昆明茶廠首度研發，從此開啟了「熟茶」的製作風氣。也有學者表示，俗稱熟普的人工發酵普洱茶，早在五〇年代初期就已出現於香港、澳門地區，悄悄躋身茶樓餐飲之間。由於熟普的製成較具經濟效益，因此雲南茶葉進出口公司特別自一九七三年開始，由昆明茶廠自廣東、香港等地考察後引進，將曬青毛茶進行灑水渥堆，促成快速陳化；隨即推廣至勐海、下關、景谷、瀾滄等茶廠，成了當時普洱茶製作的主流。當時普遍以手抄鋼板刻印流傳的《茶葉製造》一書，對於「黑茶初製」就有詳細著墨，全部工序包括殺青、初揉、渥堆、複揉、烘焙等五大過程，作為當時熟茶製作的重要操典。直至九〇年代以後，品飲陳年普洱的風氣逐漸流行，未發酵的生普才又鹹魚翻身，站回多數的生產線。

生茶與熟茶孰優孰劣？其實很難以科學的方式來區分高下；一般來說，普洱生茶強勁、活潑、活性高，柔韌有彈性，但新品青澀口感難免，適合長期貯藏，且越陳越香。而熟茶溫和醇厚、陳香顯著，入口也較為滑順，可以立即品飲，無須再等待漫漫長夜，兩者可說各有特色。不過熟茶必須經過嚴苛的渥堆工序，從車間環境、溫度控制、酵母菌調製比例，以及實際的操作技術、經驗等，在在都影響熟茶製作的成敗，一般小型茶廠根本沒有能力製作，非現代化的大廠不可。這也是今日多數民間小廠只能生產生茶，且市場上生茶產量通常較熟茶高出許多的原因吧？

除了生茶與熟茶，市面上還有所謂的「半生熟茶」，早期半生熟茶的產生，是由於渥堆發明之初，工序或技術尚未純熟，以致部分茶品未能完全發酵、或發酵度較輕，因而留存至今的茶品，就兼具了普洱生茶與熟茶的滋味與口感，如七〇年代雲南省茶葉分公司的七六三八茶磚（綠字），以及輕度發酵的七子大黃印等。

而在渥堆工序臻於完美、但茶廠百家爭鳴的今日，為考量新品生茶不免苦澀、難以輕易品飲，而熟茶雖能順暢入口卻陳味稍重，二者均無法面面兼顧。因此將生散茶與熟散茶依不同比例拼配，或將不同年份的舊茶與新茶送做堆，再蒸壓為多數消費者都能接受的半生熟茶餅、沱茶或茶磚，以利市場行銷。甚至還有茶廠或以生熟新舊雜混拼配、或採濕倉快速陳化、或透過烘焙等方式，將新茶以十年以上生普陳茶名義銷售，至於風味喉韻如何？端看消費者舌尖舞動味蕾的程度了。

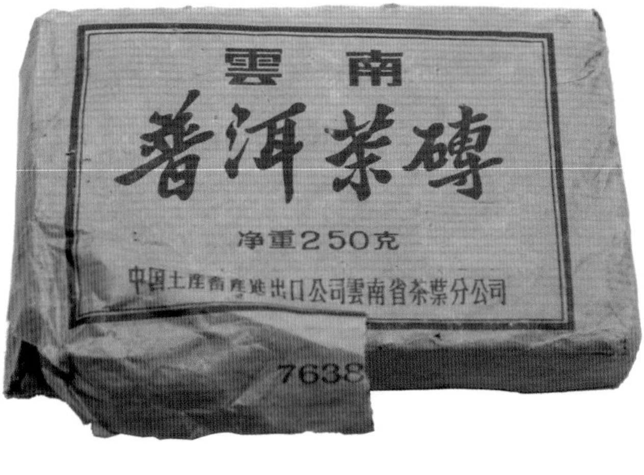

半生熟的70年代雲南省茶葉分公司的7638茶磚。

普洱茶的型制

普洱茶與其他茶品如綠茶、烏龍茶、紅茶等「散茶」最大的不同，就在於它往往以緊壓後的各種不同型制出現，包括茶餅、茶磚或沱茶、緊茶等。事實上，普洱散茶的生產從古至今一直未曾停歇，只是市面出現的數量較少而未引起注意罷了。此外還有在過去醫藥不甚發達的年代，始終扮演「能治百病」角色的普洱茶膏以及近年逐漸風行的捆茶等。

有人說緊壓茶的由來，是為了方便早期馬幫的運輸，以及防潮性較佳且方便貯藏。其實只說對了一半：打開中國茶葉史，不僅西南邊陲的少數民族，千百年前即已將茶葉「蒸而團之」；中原地區遠在唐宋時期即有所謂「團餅茶」的量產，且唐、宋、元三代均產「團茶」。無論唐代的蒸青團餅茶或宋代的龍團鳳餅，均係摘採茶樹鮮葉，經過蒸青、磨碎、壓磨成型而後烘乾製成的緊壓茶。

今日緊壓成型的普洱茶，除了圓形的七子

普洱茶最常見的茶餅型制，一般多以「圓茶」稱之，又因七餅以竹箬包裝為一筒而稱七子餅茶。

普洱沱茶（左）與西藏民眾最喜愛的緊茶（右）。

餅茶、長方形的普洱磚茶、正方形的方茶、碗形的普洱沱茶外，尚有更多豐富的造型。例如從人頭茶演變而成的金瓜貢茶，以及昔日馬幫成員隨身攜帶的飯團茶、香菇頭狀的緊茶、象棋造型的棋沱茶，以及近代茶廠推出的茶柱、茶匾等「裝飾茶」，或拇指般大小的袖珍沱茶等。

緊壓茶蒸壓的工具，過去民間私人茶號或一九五四年以前的國營大廠，蒸茶均使用落地式土灶與大鐵鍋，由於蒸汽無壓力使得蒸茶時間過長、含水量也相對高，茶品容易發生過度發酵現象，因此目前僅有民間個體戶沿用。現代茶廠則已全部改為直立式鍋爐，不僅可以縮短蒸茶時間，也增強了品質的穩定性。

傳統普洱圓茶的製作工序，從秤重、放置內飛、袋裝、束包、石磨定型，至晾乾、脫袋完成，缺一不可。

普洱茶磚一般以250公克最為普遍。

普洱方茶通常以100公克為主流。

首先要將篩選後的曬青毛茶秤重，通常每片圓茶以三五七公克為標準，秤重後放入銅或鐵製的蒸鍋內蒸軟，再將茶葉倒入特製的三角形布袋中用手輕揉，並置入內飛。然後將袋口緊接於底部中心，完整放進特製的圓形「茶石鼓」即石磨之中，壓製成四周薄而中央厚，直徑寬約七、八吋的圓形茶餅；由於壓製時必須配合布袋揪緊所造成的布球團，因此完成後的圓茶背面都會發現一個凹入的圓孔，統稱為「布球孔」。

至於茶磚與方茶的蒸壓工序大致相同，只是方茶緊壓時多會在模具加上商標或文字，例如「八中茶」凸形圖樣、「普洱方茶」或「福祿壽禧」等不同的字樣，其中「福祿壽禧」的方茶又稱「四喜方茶」。

緊茶一般俗稱為「香菇頭」，因為外觀與香菇實在太相像了，但茶廠多稱為「心型緊茶」，在雲南則普遍稱為「蘑菇頭」，過去係以供應藏族日常生活飲用為主。例如下關茶廠最著名的「班禪緊茶」，就是為紀念一九八六年，西藏班禪活佛前往下關茶廠視察所推出的緊茶。

普洱茶明星茶區與斷代變化

清朝《普洱府志》曾提到：「出普洱所屬六大茶山，一曰攸樂、二曰革登、三曰倚邦、四曰莽枝、五曰蠻磚、六曰慢撒，周八百里，入山作茶者數十萬人。」將當時的普洱茶區作了大致界定。但近代學者認為，古代「六大茶山」指今天西雙版納州境內，瀾滄江以北的原始森林無疑。但「周八百里」的範圍，則應包含今天普洱市全境與臨滄地區部分縣，即景東、鎮沅、普洱、景谷、江城、鳳慶、雙江等地，這樣的範圍才能達到清代「年產普洱茶八萬擔」的生產能力。

事實上，基於對普洱茶的熱愛，早在西南地區高速公路尚未開通、大部分聯絡道路也處於顛簸或泥濘不堪的年代，我就開始不斷深入雲南各地，作普洱茶區與茶鄉的密集考察探訪，當然也乘遍了所有的交通工具，從巴士、麵包車、四輪驅動車、曳引機、騾馬、竹轎到步行，可說跋涉了八千里路雲和月。影像紀錄從早期傳統相機正片，到不斷提高畫素的數位相機，累積拍攝的照片至少三萬張以上；也親眼目睹或

易武近年由台商「乾永字號」推出的張家灣、彎弓、刮風寨、楊家寨等四大明星茶品。

普洱茶三大主要產區對照圖
大理白族自治州
魯史鎮
保山市
鳳山鎮
雲縣
楚雄彝族自治州
景東彝族自治縣
瀾
永德縣
大雪山
鎮沅彝族哈尼族
拉祜族自治縣
玉溪市
鎮康縣
臨滄市
臨翔區
（鳳慶）
勐庫鎮
景谷傣族彝族自治縣
耿馬傣族
佤族自治縣
雙江拉祜族佤族
布朗族傣族自治縣
墨江哈尼族自治縣
滄
普洱市
磨黑鎮
滄源佤族自治縣
紅河
哈尼族
彝族自治州
寧洱哈尼族彝族自治縣
緬
思茅區
西盟佤族自治縣
江
江城哈尼族彝族自治縣
瀾滄拉祜族自治縣
大渡崗
惠民（景邁）
孟連傣族拉祜族自治縣
西雙版納傣族自治州
越南
勐遮
勐宋
基諾山
象明
曼撒
西定
景洪市
易武
巴達山
勐海縣
南糯山
甸
曼邁
老
曼囡
新班章
布朗山
勐宋
勐臘縣
湄公河
撾

見證了普洱茶在雲南從沉寂、復甦至今蓬勃發展的變遷情況。面對二十一世紀的激烈競爭，雨露均霑的茶鄉固然有瞬間崛起、有急起直追、或迅速興盛者；但也有茶鄉不進則退，或從炫燦回歸平淡，或曾經執牛耳卻退居二三線，且短短兩三年的消長與變化皆令人驚異。

可以說，以瀾滄江為界，自清末以迄民初，普洱茶幾乎都集中在瀾滄江以北的古六大茶山，最早的倚邦因遭逢瘟疫與祝融而大幅沒落，重心才轉移至易武，較著名的老字號除了來自普洱市江城縣的「敬昌號」、寧洱縣的「猛景號」外，其他如福元昌號、同慶號、宋聘號、同昌號、車順號、鴻昌號、陳雲號等私人茶莊都設於此，而以今天勐臘縣的易武鄉為中心，堪稱普洱茶「號字級」古茶的第一個明星茶區。

至一九三〇年代以後，瀾滄江南的勐海逐漸熱絡。中共建國後，私人茶號幾乎都被消滅殆盡，也使得江北易武元氣大傷。加上

古代六大茶山（瀾滄江北）與近代六大茶山（瀾滄江南）

明星茶區老茶號對照圖

普洱茶近百年明星茶區變化速見表

年代	行政區	明星茶區
清末至民初	古代六大茶山	西雙版納傣族自治州、瀾滄江北，從倚邦、蠻磚逐漸移至勐臘縣易武為中心
民初至中共建國	西雙版納傣族自治州	瀾滄江南，以勐海縣為中心
文革至1990年	西雙版納傣族自治州	瀾滄江南，以勐海縣為中心＋下關與昆明茶廠
中國改革開放至2000年	近代六大茶山	瀾滄江南六大茶山＋易武（瀾滄江北）
2001至2010年	普洱市 西雙版納傣族自治州	瀾滄縣景邁茶山 老班章、南糯山（勐海縣）＋易武刮風寨（勐臘縣）
2011年至今	臨滄市 西雙版納傣族自治州 普洱市	冰島、昔歸、那罕 老班章 景邁、邦崴

五〇年代開始，在計畫經濟的指導原則下，勐海茶廠因緣際會成為生產圓茶的最大廠家，不僅創造了紅印、綠印等明星產品，更在二十世紀末葉以七子餅茶最大贏家的身分，成了紅遍港台兩地以及東南亞的超級巨星。而六大茶山也開始出現了現代版本，以勐海為中心，包括江南的勐宋茶山、南糯茶山、勐海茶山、巴達茶山、南嶠茶山，以及緊鄰勐海縣的普洱市景邁茶山等。至一九九〇年代末期為止，明星茶區可說完全以勐海為中心，少有其他茶區可以匹敵。

不過即便今天步入易武石板斑剝的老街巷弄，凹坑不齊的馬蹄印依舊閃耀著曾有的光芒；同慶、宋聘、同興、車順……，一連串美麗的驚嘆號在眼前如影像倒帶般逐一浮現，難掩滄桑的落寞，卻依然在全球普洱茶發燒市場上扮演著舉足輕重的角色。儘管在偌大的中國地圖上，只是一個毫不起眼的小鄉，隸屬於雲南省西雙版納傣族自治州勐臘縣，卻在半世紀或更早以前開啟了普洱茶的輝煌盛世，今天依然是許多茶商、茶人嚮往的朝聖之地。因為所有價值不菲的古董老茶幾乎都出自於此。

左　易武老街重新擦亮招牌的同興號。（唐文菁提供）**右**　勐海茶廠從國營改制為民營的十多年來大門幾乎沒有任何改變。

而且在多數茶人的心目中，易武仍是目前六大古茶山中保護最好、古茶樹遺存最多，且產茶量也最大的茶山。頂著百年老茶號的歷史光環，使得長久以來易武品牌深受世人肯定，導致少數不肖茶農或茶商以鄰近茶山的茶菁，利用魚目混珠的手法，打著「易武正山」的名號低價銷售，不僅造成品質與價格的紊亂，更使得正宗易武茶蒙受重大打擊，因此今天不再只見單純的「易武」名號，而細分為麻黑、高山、落水洞、曼秀、三合社、易比、曼撒等七村，與刮風寨、瑤族丁家寨、漢族丁家寨、舊廟寨、新寨、倮德寨、大寨、張家灣寨等「七村八寨」，各有不同的風貌與特色。而福元昌號、同興號、車順號等遺址，無論後代子孫傳承或財團併購，也都重新刷亮招牌，逐漸恢復昔日的榮光。

因此二十一世紀開始，隨著國營四大茶廠陸續改制，與民營茶廠如雨後春筍般紛紛崛起，加上普洱茶的再度復興，明星茶區也有了重大變化：西雙版納除了風雲再起的勐腊縣易武鄉七村八寨、異軍突起的勐海縣布朗山鄉老班章，還有逐漸走紅的南糯、巴達等茶山。其中號稱「茶價十五年翻千倍」的老班章，更成了兩岸茶人爭相朝聖捧著大把現金「搶茶」的新星。

此外，普洱市的景邁茶山因擁有全球最大的萬畝千年古茶樹群落，且有全球唯一四大國際有機認證加持，得以閃耀國際市場，聲勢始終不墜，遠遠蓋住其他如寧洱縣困鹿山、鎮沅縣千家寨、西盟縣佛殿山、孟連縣娜允等同樣發現大批古茶樹茶山的光芒。

二〇〇七年普洱茶一度崩盤，市場逐漸復甦後，明星茶區又來個乾坤大挪移，除了近年異軍突起的臨滄市，包括臨翔區因普洱岩茶崛起的邦東鄉娜罕與昔歸兩地、鳳慶縣大飛樹，還有雙江縣勐庫鎮的冰島等。普洱市的景邁與西雙版納的老班章依然如日中天，加上江北六大茶山再度復興的易武、蠻磚、攸樂等地，可說江南江北六大茶山也在近年相互爭輝。

而普洱茶的「斷代」近年也起了重大變化，在新生代普洱尚未成為市場主流之前，學者或茶商通常以茶品的新舊來斷代：其一為一九五〇年以前的「號級茶」，即福元昌、同慶、宋聘等私人茶號全盛時期。緊接著為中共建國後計畫經濟時期國營茶廠，從一九五二至一九六九年的紅印、綠印等「印級茶」。再來為一九七〇至一九九六年間的「七子級茶」。而從一九九七年至今則統稱為「新生代普洱」等四大類。

不過，有鑑於中國大陸品飲普洱茶的風氣約從千禧年才開始，隨著市場的蓬勃發展，斷代方式也將普洱茶分為「古、老、中、青、新」五代，除了號級茶列為「古」茶、印級茶為「老」茶外，從一九七六年至一九九九年國營茶廠產製的普洱茶都列為「中」生代，再多列了二〇〇〇至二〇一〇年為「青」代，新生代普洱則從二〇一一年四月、雲南省農業廳公告「普洱茶原產地證明」暨國家地理標誌保護產品正式實施後才開始起算。

此外，普洱茶的計重方式與包裝名稱近年也有重大改變：話說七子餅的數量，從清末迄今大多依《大清會典事例》來界定：「雍正十三年提准雲南商販茶，系每七圓為一筒，重四十九兩。」當時為方便馬幫運輸，每餅三五七克，以竹箴外殼包裝七片圓茶，再用竹皮線綁緊為一「筒」，因此有「七子餅茶」的通稱。將十二筒放入竹編的大簍內稱為一「籃」或一「件」（台灣稱為「一支」），也就是八十四餅裝。通常馬幫以兩籃為一擔，每一匹騾馬馱運一擔，約重一二〇斤。

但今日交通發達，普洱茶已完全揚棄馬匹的載運，因此不再按當年精確計算每匹騾馬可以承載的重量。從早年大批湧入的台商為了方便計算，將原本三五七克的七子餅改為台灣十兩的三七五克；從此大家相互較勁，從四〇〇克、一〇〇〇克甚至以上越做越大。包裝的計算也大多改七餅為一「提」不再稱「筒」，而「四提」即可成一「件」，甚至將過去的「半件」六筒稱為「一小件」，消費者在選購時可得多加留意。

西雙版納傣族自治州茶山分布圖

民營茶廠崛起後的新茶爭鋒

一九九六年以後，大量的陳年普洱茶從香港流向台灣，帶動了整個市場的蓬勃發展。隨著中國加速經改開放的腳步，私營茶廠也紛紛崛起，大量個體戶加入供應鏈，普洱茶從此進入群雄並起、新茶激烈競爭的局面。

二十世紀末期至今，雲南國營大廠連番受到重大衝擊，而紛紛作出調整生產線、轉型、改制、拍賣股權等大動作。先是昆明茶廠於一九九四年宣告結束，改制後雲南茶葉進出口公司則在昆明市郊跑馬山新建昆明茶廠。下關茶廠也在二〇〇四年四月經公開拍賣轉為私營企業。而勐海茶廠儘管於一九九四年啟用「大益」全新品牌力圖振作，仍不免在二〇〇四年十月為雲南某大財團兼併。

私營茶廠興起，解放前活躍於西雙版納易武的私人老茶號並未風雲再起，取代的是小型茶廠與個體戶，或重新擦亮易武正山的金字招牌，或有後代子孫力圖振興等。而新茶逐漸成為普洱茶市場主流，百家爭鳴的品牌大戰也打亂了市場舊秩序：各

勐海茶廠自1994年啟用「大益」全新識別品牌至今，前期的簡體字（左）與後期的繁體字（右）青餅均深受市場青睞。

改制前的下關茶廠（上）與民營後（下）不同的大門外觀。

早年的昆明茶廠（上）與改制後的新廠（下）。

家茶廠為求脫穎而出，無不挖空心思改變工序或配方；老茶號與印級茶除了出現大量仿冒品，商標或茶票也被爭相援用、剽竊甚至搶先註冊；至於包裝則更見新奇鬥艷，從仿古型、禮品型、月餅型，至原木禮盒、竹編、布包等，甚至還有加入茶酒、月餅、茶具或人偶等同質異類結合的商品。

品牌意識的抬頭，以及產製年份、原料的明確標示，在近年也逐漸受到重視。過去古董茶、老茶或青壯茶讓人無法判斷確切年份，以及搞不清產地、原料，讓現代消費者喝茶有如考古或大玩猜謎遊戲的情況，終於能獲得改善。由於國營大廠風光不再，新茶想要擴大市場佔有率，非得建立強而有力的品牌不可。因此從二〇〇三年起紛紛強化自我品牌及企業識別系統，並在每批新產品內票或外包茶票紙清楚註明產地、出廠年份、原料、數量、批號，甚至附上負責人親筆簽名的保證書、收藏證明等，成為二十一世紀普洱茶與世界接軌的新趨勢。

紀念餅與私房茶的大量出現也是近年盛行的現象之一，從慶祝澳門回歸、申辦奧運成功、茶馬古道影片拍攝，到建廠三週年、改制兩週年、簽約一週年等。茶廠無論大小都開始壓製紀念餅，推出的主題林林總總，大到新聞題材，小到紅白喜事，彷彿只要茶商想得出名目，就能搖身一變將單純茶品賦予深厚的文化底韻或喜慶意涵。而兩岸許多著名茶人也紛紛深入雲南各大茶山，精選山頭與原料委由當地茶農或茶廠製作少量私房茶，並自行設計或繪寫內飛、外包茶票紙等，彰顯個人魅力與人文風格。

因此面對二十一世紀普洱茶廠前仆後繼的高峰期，追求老字號、老茶廠、老年份，或茶品編號數字等，都已不具任何意義，而應回歸基本面，依品飲、養生、典藏等個人不同的需求，從原料來源、茶樹品種、土壤、環境、茶區等，尋找合適的新茶，才是正確方向。

私房茶的興起造就不少人文風格強烈且山頭明顯的茶品。

前進古六大茶山

四輪驅動的三菱車緩緩駛入蜿蜒的山道，車速忽然加快了起來，將近一○○公里的時速急馳在顛簸的路上格外顯得險象環生，全然不同於剛剛在高速公路上的龜速行進，忍不住大聲質疑正猛踩油門的劉江海，他的回答居然是「高速公路有測速照相，山路上則沒人管，可以飆個痛快了」，讓心裡猛踩煞車的我哭笑不得。

傣族的劉江海是西雙版納自駕車俱樂部的負責人，經常開著他的北京吉普往來各大茶山，對當地路況的嫻熟自不在話下，

攸樂茶山採摘春茶的基諾族婦女。（劉江海提供）

在清代曾有一段輝煌歲月的倚邦茶山。

此次為了讓我徹底深入古六大茶山，西雙版納州政府特別提供一部新車作為找茶工具，從首府景洪進入勐腊縣，劉江海說為了在中午前趕到蠻磚，特別抄捷徑不經易武直接前往象明。

六大茶山位於瀾滄江以北，除了攸樂茶山，其他都在勐腊縣內。漫撒在易武鄉，革登、莽枝、蠻磚、倚邦則在象明鄉；據說象明係將孔明山與野象山合名而得。

攸樂在歷史上曾位居六大茶山之首，一度大幅沒落，近年又逐漸受到茶人肯定。攸樂本為「基諾」的音譯，是明清以來漢文典籍中對基諾山的專用名稱，因此今天已更名為基諾山（基諾古茶山亞諾村），行政區隸屬景洪市，也是西雙版納唯一不屬勐腊縣的茶山。基諾族傳說為三國時蜀相諸葛孔明南征孟獲所留下之蜀兵後代，是中國政府最後定名的一個少數民族，因此種茶年代久遠，相傳為孔明所遺種。今天所產製的普洱茶兼有香氣高揚與湯水柔和的品質特色。

倚邦是多民族集居的高山區，茶葉栽培歷史長達五百多年，以生產普洱圓茶而著名，年產茶萬擔以上，據說清宮貢茶多以倚邦茶菁為原料，倚邦也因茶莊林立、商賈雲集而繁榮一時，成了當時內地與邊陲往來的經濟中心。乾隆年間的鼎盛時期，人口更達到九萬人之多。清道光二十五年（一八四五），清廷甚至在此設立倚邦茶馬司，在清朝中葉至末期的漫長歲月中扮演重要角色。而創立於光緒年間的「元昌號」，茶葉就曾遠銷四川、西藏、港澳、南洋各地。可惜後來因大型瘟疫肆虐而沒落，昔日繁華的倚邦街子也毀於大火，人口大量流失，從此普洱茶重鎮為易武所取代，元昌號也遷至今天的易武成為「福元昌號」。

今天倚邦依然保有栽培型古茶園近三○○○畝，漫步倚邦老街，除了一道殘破的城牆外，還留下一條建於清代道光年間的茶馬古道青石板路，兩旁屋舍儘管多已斷垣殘壁，家戶仍依稀可見早年大戶人家的石獅子，以及麒麟、花卉等精緻的磚雕牆面，以及大門前的馬

倚邦婦女正以傳統方式炒青。

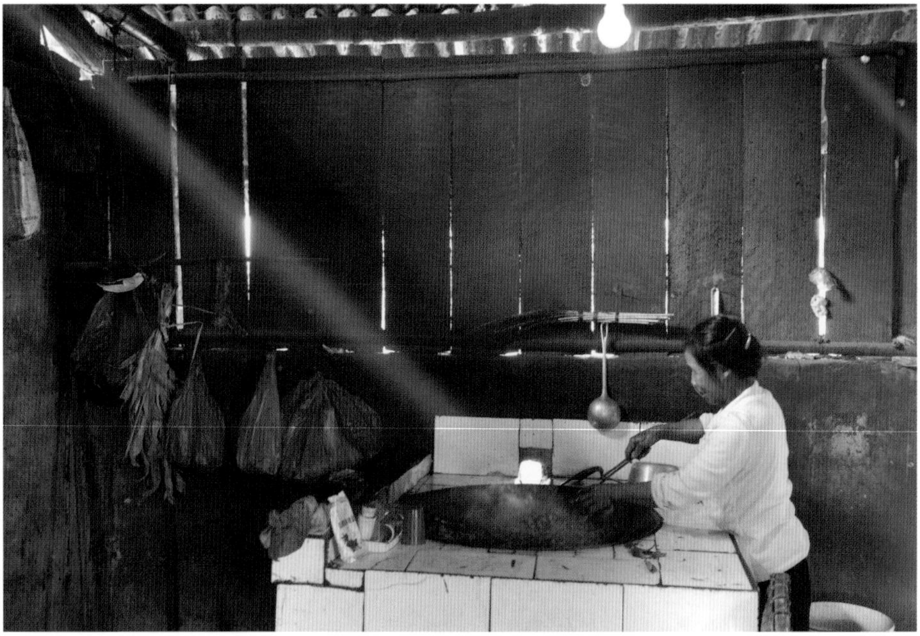

上　今日蠻磚街子一景。下　蠻磚隨處可見緊壓完成的圓茶繼續曬青。

槽，據說至今還有人低頭撿到清朝留下的銅板或銀飾，見證昔日的榮光。

蠻磚茶山則是古六大茶山保存較好的一座，茶園不規則地散布在原始密林中，經幾代茶農的精心管理，至今仍有栽培型古茶樹園二九〇〇畝，年產茶葉萬擔以上。我拜訪了當地兩家較大的茶莊，鱗鱗千瓣的瓦屋前面都曬滿了一餅一餅的圓茶，主人楊志華的手工緊壓與七子餅筒包的工藝遠近馳名，尤其完全按古法以麻竹竹箬包裝，竹篾捆綁技術也最為講究（目前許多大廠僅簡單以鐵絲綑綁），因此不少包括台灣在內的茶商往往不辭千里載運毛茶來此包裝，二〇一五年榮膺「國際名茶評比」普洱茶金獎的台商「老吉子」就是其中一位。

蠻磚普洱茶有醇厚的山靈之氣。

楊君告訴我，曬菁毛茶經壓製為青餅後，必須先在室內陰乾一天，隔日在太陽下再曬一日才大功告成。一旁劉江海補充說，影響普洱茶最重要的因素在於「陽光、時間、濕度、溫度」，陽光尤其重要。

接著前往蠻磚的「權記號」茶莊，正值午飯時間，主人權曉輝熱情地招呼我們用餐，吃飽喝足後還來不及說謝謝，他家人這才悄悄湧上餐桌吃剩餘的飯菜，讓我感動得說不出話來。細看他取出的茶品，除了茶芽雪白晶亮，品飲後更有一股醇厚的山靈之氣在舌尖與喉間迴盪，讓我回味再三。

南糯山半坡老寨的「南二九茶屋」。

南糯茶山

有人說「古有六大茶山，今有南糯山」，話說勐海縣境內共有南糯山、布朗山、西定山、巴達山等四大茶山，其中南糯山曾以一九五三年所發現、一棵主幹圍粗四・三四公尺、高五・五公尺的八百年栽培型古樹王而轟動一時。

儘管茶樹王已在一九九四年壽終正寢，但絲毫未減南糯山茶的魅力，今天仍重新覓得另一株八百歲以上的新茶王樹，也仍擁有萬畝以上的古茶園。土壤以磚紅壤與赤紅壤為主，土層深厚且土質肥沃，經常性的濃霧更具備了大葉種茶樹最佳的生長環境，也是各大茶廠競相採集茶菁的熱門茶區之一，代表作為「南糯白毫」。

南糯在傣語本為「筍醬」之意，源於山上哈尼族人擅於製作筍醬被列為貢品而得名。而南糯山又名孔明山，民間普遍傳說茶樹是被尊崇為「茶祖」的諸葛孔明當年南征孟獲時留下的枴杖所長成的；至今每年農曆七月二十三日孔明誕辰，茶山各村寨都會舉行盛大的「茶祖會」，並以隆重儀式設酒、雞、茶、飯來祭拜老茶樹。

我就曾在二〇一三年春天，委託當地茶農以南糯山半坡老寨的曬青毛茶，全程以手工石磨緊壓製作了兩百多餅，做為我的私房茶「德亮藏茶」。由於完全採自單一茶料，無其他雜氣，因此茶質十分純正、茶氣盛而不霸；茶面條索勻整，醇厚的茶湯呈通透的

南糯山彝族的傳統炒青工序。

南糯山彝族大多在屋頂上搭平台曬青。

蜜黃色，入口甘滑飽滿，香氣則清遠淡雅，且山頭氣足、口感強烈，回甘尤其濃郁，堪稱純度完美的一餅好茶。

由於南糯山近年名氣日增，每年都吸引許多包括台灣、北京、上海等地的茶人來此「鬥茶」或舉辦兩岸交流茶會，其中最著名的「南二九茶屋」，由於全部以百年老厝拆下的老木料所搭建，可說冬暖夏涼，拙樸之間不失大器，特別受到台灣茶人的喜愛。

細看陳化僅三年的南糯山古樹私房茶，餅面油亮紋理清晰，白毫分布均勻，茶菁鮮嫩肥厚，一眼就可認出手工製作且曬青足夠的鑿痕。金黃泛紅的湯色濃亮清澈，湯面還會蕩漾白毫，杯底香明顯。入口醇厚、黏稠，雖略帶苦味但回甘甜而持久，舌底生津，耐泡度可達十泡以上。

十五年翻漲千倍老班章

班章茶區是近年崛起最為快速的一個「奇蹟」，因為面對近年一波波的普洱茶熱，班章毛茶的價格在短短十五年間翻漲了千倍之多：二〇〇〇年時勐海茶廠來此收購一級茶菁的價格每公斤不過八元人民幣。二〇〇一年小漲至十一至十二元之間；至二〇〇四年開春價則突然暴增至三十至四十元之譜，此後價格就一路攀升，從二〇〇五年的七十至一八〇元、二〇〇七年的一六八〇元，至二〇一五年已狂飆至每公斤近萬元人民幣的超級天價，令人咋舌。

其實班章是位於布朗山的一個老寨子，從勐海縣城通往打洛的公路上往南，約莫六十公里的車程，但路況不佳，且每逢下雨就會因道路崎嶇而與外界隔絕。今日前往老班章，沿路所見盡是簡陋的村寨，然後忽然眼前一亮，看

老班章堪稱是近年普洱茶爆紅造就的奇蹟。（肖玉瓊提供）

陳升號的金班章茶磚包裝極為精美。

到櫛比鱗次的豪華屋舍，以及停滿的各國名車，就知道老班章到了，村寨大門還設有停車檢查哨，斗大的告示寫著「奧巴馬也不例外」，明著告訴來者即便美國總統到來一樣要停車受檢，引人發噱。不過據說地方政府唯恐影響兩國邦交，今天已經將告示取下，換成傳統牌樓了。

儘管班章包括了「老班章寨」與「新班章寨」兩個地方，但一般來說，「班章茶」通常指的是老班章，與相隔七公里崎嶇道路之遠的新班章有所區分，茶價也有天壤之別。

班章茶山海拔約在一六〇〇至一八〇〇公尺之間，

台灣「二木茶坊」在老班章製作的圓茶茶湯十分圓潤。

目前行政區隸屬於西雙版納傣族自治州勐海縣布朗山鄉，所轄除了班章、新班章外，尚有老曼娥等加起來共三個村寨。儘管是全中國唯一的布朗族鄉，但僅老曼娥寨居住的是布朗族，老班章與新班章居民則多為哈尼族，也有人說他們是哈尼族的分支「僾尼人」。據說古代僾尼人就是在戶外以大土鍋煮水，正巧有強風將樹葉吹落鍋內，使得沸騰的鍋中頓時香氣四溢，飲之則苦中帶甜且十分爽口，從此才發現了茶樹，並將樹葉稱為「老拔」廣為種植。

老班章古茶樹大多環抱寨子周圍與和寨內，茶園與森林共生，茶樹粗大且年代久遠，樹齡從數百年至千年以上都有。因此目前布朗山鄉的茶葉就以老班章茶的名氣最大，茶質也最好，特色為條索粗長、茶氣足，開湯後山野氣韻強且湯質飽滿；無怪乎茶價能一路狂飆，至今且毫無退燒現象。

不過，儘管老班章曬青毛茶價格年年攀升，市場流通的茶品卻沒有隨著陳期而大幅飆漲，究其原因，其一應為老班章除了有數十戶人家與「陳升號茶業」簽約，得以穩定且持續推出質優茶品上市外，其他農民大多將毛茶直接販售予每天絡繹不絕的朝聖觀光客，價格自然一日三市，卻大多未經壓餅僅為自行收藏或品飲，因此很難形成氣候。其二是老班章名氣太大，打著「老班章」名義銷售的仿冒或山寨品充斥市面，一般消費者很難分辨，茶品自然無法有效增值了。

今天陳升號推出的茶品大別為老班章、金班章與銀班章三者，省城昆明頗負盛名的「天添茶業」主人肖玉瓊說，最高等級的「老班章」全以當地純料為主，金班章則已拼配布朗山其他茶區毛料，至於銀班章則多來自布朗山其他茶區的茶菁所製，價格自然大不相同。

此外，台灣新竹「二木茶坊」主人林德欽，近年也頻頻遠赴老班章收購毛茶緊壓製作普洱圓茶，所謂「二木」，是將自己的「林」姓拆開而名。他說每年製作的老班章圓茶「僅需經歷兩年取樣沖泡，湯色即已轉紅，口感更加醇厚，茶湯也很快轉為圓潤」，認為好的普洱大樹茶轉化的速度絕對優於台地茶，無論口感或老韻。因此儘管成本甚高且年年飆漲，但林君始終勇往直前。

為了證明他所說的正確性，我特別要求林君將三種不同年份的二木圓茶以每樣三公克的標準秤重沖泡，果然逐年轉化後的口感與喉韻，以及從橙色、深橙色至暗橙色每年不同的湯色表現都令人激賞，且都保留了茶湯飽滿與強勁茶氣等特色，所言的確不虛。

僾尼族把把茶

從普洱市瀾滄縣經二一四國道進入西雙版納勐海縣，幾年不見，縣城的景象令人吃驚：寬廣的馬路兩旁盡是一幢幢新建的高樓大廈，密集的酒店餐廳閃爍流動的霓虹，水舞更不斷以七彩炫燦的聲光向往來收茶的車輛招手。拜近年普洱茶價狂飆之賜，勐海從一個與緬甸接壤的邊境小城，一躍成了富庶的熱鬧城市；將茶葉比擬為「綠金」，在勐海可說再恰當不過了。

僾尼族婦女爬上自家周邊的高大茶樹採摘春茶。

「勐海」是傣族語，「勐」指地方，「海」則為勇敢之意，所謂勐海，就是「勇者居住的地方」。不僅擁有雲南最大產值的普洱茶，境內的南糯山、布朗山、西定山、巴達山等四大茶山，也幾乎囊括了近年最炙手可熱的明星茶區，聲勢銳不可當。

驅車續往西雙版

納州政府所在地景洪前行，就在接近南糯山的路上，一棵高大的茶樹在路旁吸引了我的注意，樹梢有兩位優尼族妝扮的婦女正專注採茶。急忙下車探個究竟，果然順著兩棟瓦房中間的石階往上望去，一大片的喬木茶樹就簇擁在屋後不算太高的陡坡上。

看我不斷舉起相機拍照，兩位資深美女不以為忤，其中一位還笑盈盈地背著竹簍跳下樹，熱情地邀我們進入屋內喝茶。推開咿呀咿呀的木門，牆上掛滿了各式各樣的少數民族刺繡、頭飾、獎狀與大型海報，原來女主人名叫亞主，不僅曾勇奪二〇〇九年國際民族工藝刺繡大獎，個人還名列中國非物質文化遺產，看來我是有眼不識泰山了。

亞主說優尼族是哈尼族的一個支系，也是非常喜愛飲茶的民族，通常多以「土鍋茶」待客。看她熟練地將土鍋盛入山泉水，放在火塘架上煮沸，隨即抓起一把自家的曬青毛茶置入，煨煮約五分鐘後但聞茶香四溢、湯色金黃，再用竹杓一一舀入竹製的茶盅內。我恭敬地接過細細品嚐，陽光飽足的山頭氣果然原汁原味，渾

優尼族以把把茶待客可以掃去晦氣、掃進福氣。

厚的底韻更從丹田直沖腦門，讓人回味再三。

飲罷三盅，亞主取出了一小束掃把狀的茶葉，虔敬地以雙手遞給我，這不就是茶商口中的「捆茶」嗎？亞主卻說是「把把茶」，她說僾尼族源自老祖宗的傳承，認為茶不僅是吉祥之物，且具有強大的氣場能量，因此將茶葉捆成束狀做為把把茶致贈貴賓可以掃去晦氣、掃進福氣，象徵最高的禮遇與祝福，倒讓我有些受寵若驚了。

其實我早於八年前就在台北紫藤廬看過把把茶，主人周渝當時以四只猶留有沉船鑿痕的天目黑碗，分別置入四枚約莫巴掌長度的大葉種青普、再注入滾沸的開水，在兔毫輕煙升起的淡淡茶香中，以極簡的方式闡述他對茶藝的看法。只是手中的大葉青普與一般散茶明顯不同，每片茶都是筆直帶梗，與一般揉捻過的捲曲散茶大異其趣，體積也大得多了。

事後得知那是雲南近年才逐漸風行的茶品，由於包裝方式是將茶葉一把一把捆在一起，因此茶商姑且以「捆茶」稱之，形容尚稱貼切。沖泡時僅需抽取數根橫放茶碗內，直接沖以沸水就可以品飲香醇豐美的普洱茶。做為茶藝或茶道能充分展現幽雅的氛圍，因此頗受茶藝家或不喜繁瑣的茶人青睞。

當時我對把把茶的粗淺印象，似乎以一心一葉的採摘方式，挑選較大的茶菁直接曬青而成，大概連炒菁、揉捻的工序都免了，才會枝枝挺直而葉面完整不受損吧？不過當時周渝僅含糊地告知原料來自西雙版納野生喬木，命名為「太和」，沖泡後有明顯的大葉種茶香，卻沒有新茶的苦澀味。

看我陷入沉思，亞主特別「解惑」說：把把茶的製作是哈尼族及其支系千百年來的傳統習俗，認為祖宗流傳下來的曬青普洱茶，在醫療尚未普及的年代既然可治病，必有偉大的神秘力量，可以驅邪趨吉。因此除了採製飲用外，更將採下來的鮮葉，揀選壯碩長枝、且必須一心四葉或五葉的茶菁，保留較長的葉梗便於捆紮。經萎凋、攤涼、殺青等工序後，先以雙手搓揉反覆攤直至完全緊結，再集十二枝代表十二個月綁在一起曬乾，放置或掛在家中廳堂、廚房、糧倉、畜欄、村口山門等處，表示掃進吉祥，

把把茶一般稱為「捆茶」，在茶碗內特別具有禪意。

掃出穢氣晦事，以保當年平平安安。

顯然我過去的認知是錯誤了，陪同前往的資深茶人抱拙則補充說，漢族往往將掃把視同「掃把星」，認為不吉利、甚或帶來凶兆等觀念。但在哈尼族或支系僾尼族的習俗中，把把茶卻是吉祥的象徵；我想起早先在六大茶山的蠻磚，當地哈尼族就毫不忌諱稱做「掃把茶」。而天性樂觀好客的僾尼族，更樂於將把把茶呈獻給賓客。

亞主說僾尼人在西雙版納分布甚廣，且大多居住在勐海縣，每年元月二日至四日是當地僾尼族年度的嘎湯帕節，在這一天家人團圓思念祖先、棄舊迎新，除了盛裝歡歌載舞外，把把茶也是敬神祭祖最重要的供品。

普洱市（原思茅地區）主要茶區圖

無量山3307米
楚雄彝族
自治州
景東縣
哀牢山3166米
九甲千家寨2700歲
野生型古茶樹王
瀾
鎮沅縣
滄
玉溪市
大黑龍潭
滄浦塘古茶樹群落
寬葉木蘭發現地
北回歸線
景谷縣
墨江縣
邦崴1700歲
過渡型古茶樹王
江
磨黑鎮
困鹿山
寧洱縣
板山
紅河哈尼族
彝族自治州
佛殿山
帕令黑山
思茅區
江城縣
營盤山
西盟縣
瀾滄縣
牛洛河
越
緬
孟連縣
西雙版納傣族自治州
南
腊福黑山
景邁茶山萬畝古茶樹群落
甸

不一樣的普洱（一）

邦崴過渡型古樹茶

車子剛開進邦崴寨子，撲面而來的竟是春天歌詠的奼紫嫣紅，一九〇〇公尺海拔的山上，櫻花出奇地在十一月提早綻放，將周遭一欉欉濃密的喬木古茶樹襯托得更加繽紛。透過相機觀景窗望去，湛藍的天空被茶樹剛長出的嫩芽吻成了大海，幾個在樹梢採茶的拉祜族男女，服飾上寶藍、翠綠、金黃、亮白、粉紅等各種顏色，就像海中翻騰的熱帶魚，不斷穿透枝葉間隙在鏡頭前變換。

要好幾位成人才能合抱的邦崴過渡型古茶樹王。

有人說「沒喝過過渡型古樹茶，別說你懂普洱茶。」所謂過渡型前已述及：野生型即自然孕育而來的茶樹，由於完全未經任何人為管理或馴化，因此並不適合作為飲用。野生型茶樹自然落下種籽後在周遭長出茶樹，經由先人發現後加以利用，或生採藥用或熟煮品飲，即為過渡型茶樹，儘管未曾管理，卻可說是人類最早飲用的茶種，與後來人類自行取回茶籽有計畫地種植管理利用的「栽培型茶樹」，可說完全迥異。

瀾滄縣拉祜山向為普洱茶的重要產地，一九九一年在境內富東鄉邦崴村發現一千七百歲的過渡型古茶樹王後，更是聲名大噪。茶樹甚且在一九九七年風光登上中國郵票，可說是三大古茶樹王之中名氣最為響亮的王者之樹了。

最早登上中國郵票的邦崴過渡型古茶樹王。

之所以為「過渡之王」，是因為邦崴古茶樹既有野生大茶樹的花果種子型態特徵，又具有栽培型茶樹芽葉、枝梢的特色，是野生過渡至栽培的珍貴遺產，更為中國雲南省作為世界茶樹原產地找到了活生生的物證。

不過要拜訪茶王樹可不容易，比台灣面積還大的普洱市，大清早從省城昆明出發，經高速公路轉一般道路，入夜才能抵達瀾滄縣城。翌日再起個大早，沿著不太寬廣的縣道蜿蜒而上，中途還遇上每週一次的少數民族趕集而耽擱，折騰約莫四、五個鐘頭，總算抵達邦崴，還得徒步穿越寨子，爬上一段陡峭山路才能瞻仰龍顏。

因此十多年來儘管進出普洱市不下二十餘次，足跡踏遍寧洱、孟連、西盟、景邁、九甲、江城等茶山，卻遲至今年深秋，才在台商黃傳芳的力邀下前往。

相見恨晚的茶王樹，從一千多年前的原始森林起飛，穿過重重的風雨，吸收無盡的日月精華，才能生氣昂然地佇立在眼前吧？我不禁熱淚盈眶了起來。高達十一・八公尺的喬木型大茶樹，樹姿直立且分枝密，根部樹幹直徑一・二公尺，無怪乎全球學術界要譽為「茶樹原產地的活化石」了。

世居當地的拉祜族茶農徐改雲說，九〇年代初期整個中國包括雲南幾乎都不喝普洱茶，辛苦爬上樹梢採得古樹茶每斤僅二至五角人民幣，可說毫無經濟價值，因此他小時候最恨採古茶，加上茶樹往往影響了莊稼的生產，導致當時村民都拚命砍伐古茶樹作為柴火。

所幸今天依然留有眾多的古茶樹，樹齡多在八百至一千多年間，包括部分過渡型的古茶樹，以及後來陸續種植的栽培型古茶樹等。徐家大院後方就有一株經專家考證為一千二百歲的過渡型老茶樹，儘管每年都固定採摘，但外界知悉的並不多，茶樹們才得以自由生長、快樂存活至今。

同心合力在茶樹上採茶的拉祜族小徐夫婦。

滿足地拍攝完照片，徐家為了歡迎我的遠道而來，也在瓦屋前擺下拉祜族傳統茶席款待。拉祜語稱古老的烤茶方式為「臘紮奪」，先將小土陶罐放在火塘上烤熱，再放入茶葉進行抖烤，待茶色焦黃時，再沖入沸水調整濃淡後倒入杯中待客。烤出的茶湯香氣十足，且味道極為濃烈，頓時拂去我連日來長途跋涉的疲憊。

邦崴過渡型古樹茶3年即有茶湯轉紅與柔軟的稠感（以吳金維柴燒金彩壺沖泡）。

徐改雲說，已列入保護的古茶樹王本為鄰居魏狀何所有，每年可採摘約五十公斤的新葉，一九九二年時政府徵收，給付相對的補償後，採摘權也歸為地方政府。徐家目前約有過渡型與栽培型老茶樹共五〇〇株，九〇年代後以有性繁殖栽種的矮化型喬木茶園則約五十畝；採春、夏、秋三季，年產量約五噸，可說量少價昂了。

我特別再央請小徐取出今春的過渡型曬青毛茶，以沸水注入小壺沖泡，瞬間釋放強烈的山頭氣，與一般栽培型所沒有的霸氣跟些微野性。儘管未經陳放，金黃透亮的茶湯已在杯緣泛起油亮的湯暈，入口後但覺水細綿長，輕柔中透出無比醇厚甘冽的蘭花香，味釅且生津，茶韻更在喉間不斷升起飽滿的快意。邦崴過渡，果然了得。

拉祜族以傳統烤茶款待賓客。

景邁茶山萬畝古茶園

擔心申遺成功後會引來大量商業入侵，在申請成為雲南省第六處、中國第四十六處世界文化遺產之前，我又去了一趟景邁山。

號稱「世界古茶園之最」的景邁萬畝古茶園，位於瀾滄縣惠民鄉海拔一四〇〇公尺的景邁山區，鬱鬱蒼蒼的喬木型古茶樹綿延起伏共一萬多畝，至今仍為世居當地的傣族與布朗族按時採摘，作為祖先留下取之不竭的無窮財富。根據傣文史料記載，景邁山大面積所種植的古茶葉園區，始於傣曆五十七年（六九六年），距今已有一千三百多年的歷史，堪稱人類文化遺產的奇葩。

約在中原的唐朝時期，布朗族首領叭岩冷帶領族人在瀾滄江沿岸遷徙輾轉，落腳在景邁山，成了世界茶文化史上留有遺跡、且有據可考的種茶始祖。不僅為野生茶樹進行人工移栽與培植，採摘茶果帶回村寨周邊種植，把「野茶」馴化成了「家茶」，並留下了景邁萬

景邁萬畝古茶園號稱「世界古茶園之最」。

畝古茶樹群落。叭岩冷在留給後代子孫的遺訓說：「留下金銀財寶終有用完之時，留下牛馬牲畜也終有死亡的時候，唯有留下『腊』種，方可讓子孫歷代取之不竭、用之不盡。」

在布朗族語中，「腊」即為茶葉，而佤族人則稱「緬」，久而久之「腊緬」就成了所有雲南少數民族對茶葉的統稱。此後凡有布朗族聚居的地方必然種有茶園，叭岩冷的睿智遠見不僅庇蔭了後代子孫，也為源遠流長的茶文化奠定了厚實基礎。

不過，二〇〇一年春天，我第一次前往景邁卻備嘗艱辛。當時還稱為「思茅地區」的普洱市並無航班，高速公路也還未全面開通，從省城昆明花上十四小時漫長車程抵達思茅過夜，翌日經四小時多到瀾滄；從瀾滄縣城前往惠民還要兩小時以上。尤其山路彎彎曲曲且大多坑坑洞洞，遇到路面嚴重破損塌陷還得拜託當地農民幫忙推車。好不容易抵達惠民後，仍須換乘四輪傳動吉普車前往半山腰的曼根傣

岩家大姊在景邁古茶樹上採茶。

今日景邁村一隅。

族村寨，再搭乘農民耕作與運輸慣用的曳引機，在崎嶇窄小的山徑足足搖晃震盪數個鐘頭，才能看見萬畝古茶園的遺世勝景。

當年搭乘曳引機顛簸上山，儘管全身上下被震得酸麻不已，五臟六腑也早已不聽使喚，但眼前展現的每一吋風景卻讓我精神大振。行經氣勢磅礡的景邁大寨，不僅建築輪廓優美典雅，也無一不呈現了陶淵明筆下「屋舍儼然，阡陌交通、雞犬相聞」的桃花源景象。

經我多次大篇幅報導，吸引了不少茶商進入景邁，遠在美國的台商蔡林青就是其中之一。二〇〇三年春天，正當SARS（非典型肺炎）肆虐兩岸三地與亞洲大部分地區，所有入境均需受到隔離的敏感時機，「勇敢的台灣人」卻昂首闊步踏進了雲南省瀾滄縣，以每年二十二萬人民幣的代價取得五十年的林權證，攬下景邁山的萬畝古茶園。

蔡林青是來自台灣新竹的客家人，由於

裕嶺一古茶園嚴格規定茶葉不落地的攤涼工序。

左　裕嶺一茶廠為茶磚進行包裝。**右**　進入裕嶺一茶廠均須換上全套的衣、帽與鞋套，圖為現代化殺青工序。

當時台地茶價格比古茶樹貴，古茶樹茶菁較黑、不整齊、條索較大，村民都只用來拼配。為了多種一公斤十六元的台地茶，村民寧可讓古茶樹一株株地躺下。而他則為了疼惜人類珍貴的自然遺產，一年連同收茶要花上二百多萬人民幣，還不包括建廠的費用。原本世代在新竹北埔種茶、以後又長期定居美國經商的他，就這樣撩落去。

延續美國的「一〇一」公司名稱，「瀾滄裕嶺一古茶園開發有限公司」於焉成立。從合約的內容即可明白他的決心：「二〇〇三年四月第六屆中國茶交會期間，美國一〇一公司與中國雲南瀾滄縣人民政府簽訂，對景邁山千年萬畝古茶園進行保護與開發」。以及「我們將加強與政府和國際有關機構配合，完成中國景邁千年萬畝古茶園民族文化遺產的申報，積極有效地保護這片歷盡滄桑的世界文化遺產。」令人不禁為他的勇氣喝采。

為了不負千年古茶園的美名，也為了去除國際上長期對普洱茶詬病的「臭脯茶」形象，公司完全採取「有機食品」的嚴苛標準。從茶葉採收不落地；廠房一律穿戴防護衣、帽、鞋套、口罩方可進入的控管，到生產過程、蒸壓採用古法石磨，炒菁則使用天然氣，避免木柴或炭火造成污染、破壞環境生態；甚至連內飛與外包茶票紙都要求「食品級」。

收購的茶菁除了限定古茶樹，也嚴格要求農民「只能摘取樹

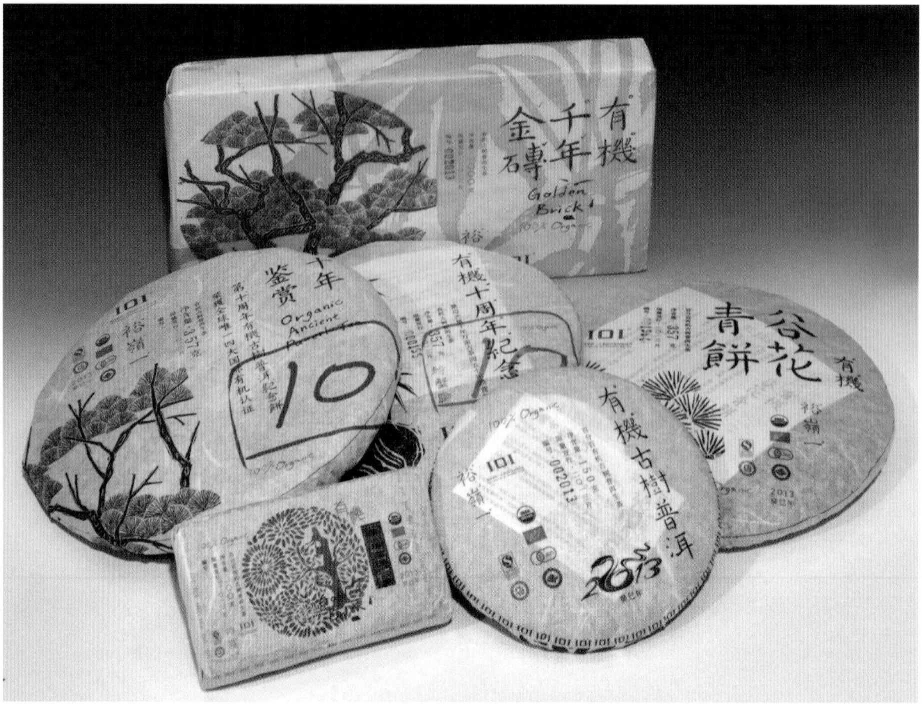

裕嶺一古茶園所有茶品均獲得國際四大有機認證。

緊壓後的圓茶必須自然陰乾而非加熱乾燥。

梢頂尖的嫩葉」，以免折下老葉而影響老樹的正常生長；蔡林青表示，老葉必須留下作光和作用。採摘的時機也有限制，例如公司不出品春尖茶，深怕採芽而導致古茶樹的死亡。

由於景邁山區台地茶與古茶園共

生，為了避免農民以台地茶混充，公司也設下四道手續來檢驗，茶菁用眼睛看、用手感覺、用口咬，再折碎用開水沖泡，並使用檢驗劑。三十分鐘即可測出是否魚目混珠，因此蔡林青自豪地表示，裕嶺一所產製的普洱茶原料全都來自千年古茶樹，絕對品質保證。

果然投產後第二年就陸續獲得先進大國的有機認證，包括歐盟EU有機茶認證、日本JAS有機茶認證、美國NOP有機茶認證，二〇〇七年再取得中國認證；成了全球唯一榮獲四大國際有機認證的普洱茶。茶品也大多外銷，包括日本、美國、歐洲、韓國、日本、香港等地。至二〇〇五年才開始內銷，並立即擊敗其他茶類，勇奪二〇〇五年在南京舉行的「中國第十屆全國運動會」唯一指定茶品。

為配合上班族需要而推出的小金磚與普洱扣小沱茶。

景邁古茶樹的特點在於茶的香味獨特、苦澀低，由於是栽培型的喬木古茶樹，早已經過先民不斷的馴化，因此所產製的青普新茶不僅能夠長期收藏陳化，也可以立即品飲而不苦澀，才能受到「買茶即飲」價值觀根深蒂固的老外普遍歡迎。對於大多數的外國人來說，買茶要放上數十年才能品嚐，根本不符經濟原則。蔡林青則補充說：「一個茶品如果要存放五十年才能品飲，就絕對不是好茶。」

蔡林青的堅持也表現在建廠的態度，很難想像在人煙罕至的景邁山區，現代化、標準化的八〇〇多平方公尺（約二五〇坪）廠房，比任何都會區的茶廠都來得漂亮、嚴謹，加上四〇〇〇平方公尺（約一二〇〇坪）的環保型配套加工場地，規劃設計處處可見他的用心。例如廠內牆與地之間不見任何直角，一律採弧形轉折，他說這樣才不致有清潔上的死角，也不會積累落塵。

由於堅持自然、有機、品味，且所有工序在衛生的要求下又必須完全遵循古法，而且更進一步，石磨緊壓前先以機器整型，茶品得以兼具傳統輔以現代手法的優點，每天最多四〇〇片圓茶。做好的茶餅且採自然陰乾方式而非加熱乾燥；因此年產量至今不過三十公噸而已。不過蔡林青也強調，由於他已全然取得古茶樹群落的摘採權，因此二〇〇三年四月以後，任何以景邁千年古茶樹為號召的普洱茶「非偷即盜」，或必然是贗品。今天坊間充斥以「景邁古樹茶」為號召的產品，辨識方式只需看有無四大國際有機認證標誌即可，真偽立判。

蔡林青於二〇〇三年秋天生產的首批「谷花青餅」，二〇〇四年開始產製的「週年紀念餅」，以及每年推出的生肖餅，與採集千年以上老樹最優質茶菁，所分開處理壓製而成的「千年金磚」等，由於曬青完成後都會貯藏一年後再行壓製，因此當年茶品就已陳化一年以上，且均轉為柔順，強烈的山林之氣更轉為濃郁的幽香，散發飽滿的活力；滋味則醇厚帶甘，原有的青澀短短數年即去化。

堅持品質、不盲目擴充的理念，使得公司不僅在二〇〇七年中國大陸普洱茶崩盤風暴中穩如泰山，今天則更站穩了兩岸甚至全球有機普洱茶的龍頭地位。

景邁茶山傳說中的千年古寨「糯干大寨」。

　　十二年後的今天，我第五度前往景邁，當地傣族茶農岩依昆特別在大門掛上了「歡迎阿亮老師回到普洱茶故鄉」布條，讓我感動萬分。不過我的擔心卻非杞人憂天：景邁山在二〇〇七年成了中國首座「民間文化遺產旅遊示範區」後開始湧入大量遊客，不僅有財團斥資興建酒店，民宿也多了起來；窄小山徑拓寬的大道上充斥進口的休旅車，不時更有大巴呼嘯而過。兩旁也盡是新建的樓房，儘管大多沿襲傣族竹樓形式，但數棟馬賽克洋樓卻凸出在景邁大寨原本漂亮的竹樓之間，造成無法挽回的扭曲風貌，令人扼腕。

　　搭上岩依昆的休旅車續往晗宛方向，看著岩家大姊葉選共帶領傣族姊妹俐落地在樹梢採茶，萬畝古茶樹群落孕育的普洱茶菁肥嫩柔

上　唯恐萬畝古茶樹群落受到破壞，近年進入景邁茶山均需嚴格檢查。

下　景邁萬畝古茶園的開發帶動當地繁榮景象。

軟、白毫豐滿，強烈的山野氣韻在喬木古樹茶中也最為明顯突出。

看我還在為景邁大寨的驟變而搖頭嘆息，岩依昆語帶神秘地要我別太失望，果然前行五公里後，就在茶園盡頭的山坡上，彷彿作夢一般，一座比景邁大寨更完整的傣寨赫然呈現眼前，儘管家戶都裝了藍色的太陽能板，卻不影響聚落整體的原始風情，正是傳說中的千年古寨「糯干大寨」，讓我忍不住跳車猛按快門。

岩依昆說糯干大寨是景邁芒景八寨之一，也是著名的長壽村，有二十多位活過百歲以上，全村平均年齡九十歲，令人欽羨。「糯干」在傣語意指「鹿飲水的地方」，據說過去常有群鹿來此飲水而得名。村寨四周由古茶樹環抱，北邊還有一座緬寺庇佑；在現代文明不斷入侵下，經由政府嚴格把關，有幸保留了古樸的風貌，並成了今天申請世界遺產的重要標的；讓我的心也不禁開朗了起來。

普洱尋諸葛丞相未遇

西雙版納的傣族好友劉江海來電說幾年前我們一同前往巴達茶山，拍照採證的一千七百歲栽培型古茶樹王「駕崩」了，讓我感到錯愕又難過。

在雲南少數民族的心目中，「茶」是聖物，傣族、拉祜族、布朗族、與哈尼族多稱為「腊」，佤族則稱「緬」，久而久之就以「腊緬」為茶葉的統稱。每屆春茶採摘季節，各族人都會舉行盛大的祭茶儀式；除了少數祭祀古茶樹或當地山神外，大多祭拜三國時代的蜀國丞相諸葛亮，尊奉為「茶祖」，迥異於江南一帶茶農茶商普遍崇拜的神農氏。

儘管普洱茶來源的傳說甚多，其中最讓雲南少數民族堅信不疑的，卻是「武侯遺種」：認為一千七百年前，南征孟獲的諸葛孔明即已在雲南

普洱市為紀念茶祖諸葛亮而有洗馬河與市中心的「孔明興茶」大型塑像。

早先以茶王樹及與周邊古茶樹採摘製作的巴達圓茶。

教導茶樹的種植與利用，這也是孔明被奉為「茶祖」的由來。每年農曆七月二十三日孔明誕辰，茶山各村寨都會舉行盛大的「茶祖會」以感念武侯恩德。普洱市還以洞經古樂、茶韻舞樂祭之；據說傣族在潑水節期間施放「孔明燈」，也是源自先民對孔明茶祖的尊崇追思。

清人檀萃在《滇海虞衡志》一書說「茶山有茶樹，較五山獨大，本武侯遺種，至今夷民祀之。」而清朝道光年間編撰的《普洱府誌》也有「舊傳武侯遍歷六山，留銅鑼于攸樂，置銅於莽枝，埋鐵磚於蠻磚，遺木梆於倚邦，埋馬蹬於革登，置撒袋於慢撒，因以名其山。」清人阮福的《普洱茶記》更提到「其治革登山，有茶王樹，較眾茶獨高大，相傳武侯遺種，夷民當採時，先具酒醴禮祭於此。」

古六大茶山之一的攸樂，今天已更名為基諾山，基諾族傳說即為三國時諸葛亮南征留下的蜀兵後代，因此自稱「丟落」，世代尊奉孔明，許多習俗也都與諸葛亮有關：如居住的房屋以「孔明帽」為屋頂；男子服飾衣背繡上八卦印，以示崇敬和懷念，稱為「孔明印」。還有學者大膽推測，基諾族女子頭戴三角形尖帽、身背麻布袋，彷彿漢人孝服的服飾，就是當年為武侯殞落時戴孝所遺留。佤族更尊稱孔明為「阿祖阿公」，剽牛盟誓，信守西元二二五年歸順蜀漢、永不背叛的盟約至今。

而傳說係當年孔明寄箭祭風所在的「孔明山」，位於今日勐腊縣象明鄉境內，以二三〇〇公尺的海拔成為西雙版納最高峰，古代「六大茶山」攸樂、莽枝、蠻磚、倚邦、革登、曼撒等都在其下。除了留有傳說中的祭風台遺跡，也因山北側翹立狀如孔明的帽子而名。不過如以「武侯遺種」的年代來推論，時間最接近的一棵茶樹就是巴達鄉一千七百歲的栽培型茶王樹了。

今日除了在普洱市洗馬河畔留有大理石雕的孔明坐像，市中心也有數年前由台商天福集團捐贈、手持茶苗的「孔明興茶」立像。而紅河州建水團山大乘寺內，更罕見地發現當地彝族將劉備與諸葛亮的坐像居中並祀，而台灣民間最尊崇的「恩主公」關羽與張飛反而隨祀兩側，對武侯的尊崇遠超過中原與江南等地。顯然在中國大西南地區，曾經「五月渡瀘，深入不毛」的諸葛丞相，彪炳的功業當不止於唐朝大詩人杜甫所讚頌的「功蓋三分國，名成八陣圖」才是。

不過，跟雲南省所屬的「西雙版納傣族自治州」、「大理白族自治州」等其他地州很不一樣，思茅從國民政府到中共建政，始終就是個「地區」，直到近年普洱茶風起雲湧，受到全球矚目後，各地方政府無不卯足勁爭取普洱茶的主導權或歷史地位，思茅政府才積極運作，於二〇〇四年五月改制為「思茅市」，登錄為「中國茶城」。更為了讓世人知悉思茅過去曾作為「貢茶古府」的輝煌，短短三年不到，又向國務院爭取於二〇〇七年四月再度更名為「普洱市」。只是這個「市」還真大，四萬五千平方公里的面積，遠超過三萬六千平方公里的台灣，首府為「思茅區」。

至於「普洱」則源於當地哈尼族語，「普」為寨、「洱」為水灣，普洱即「水灣寨」的意思。今天也從隸屬思茅市的普洱

雲南少數民族每年諸葛亮誕辰都會以隆重儀式設酒、雞、茶、飯來祭拜老茶樹。

1700多歲的巴達茶王樹與諸葛亮南征的時間最為接近。（劉江海提供）

縣，更名為普洱市寧洱縣，自古以來即以普洱茶的重要產地與集散地馳名，在明清兩代，更是向朝廷進貢普洱茶的「普洱府」所在地。而普洱茶之所以稱「普洱」茶，也因過去所有經普洱府運往京師或西藏等地的茶品，均冠以「普洱茶」的緣故。

清朝時隸屬普洱府思茅廳的思茅，地名的由來也充滿了傳奇色彩；民間咸認是諸葛孔明南征時，大軍在此洗馬，因「思」念隆中的「茅」盧而得名。不過考據史實，三國時代的諸葛丞相雖「五月渡瀘」，經考證「瀘」即今日之金沙江，揮軍曾遠至麗江旁的石鼓鎮，卻從未到過思茅，傳說只能說明當地百姓對諸葛武侯的崇敬之情罷了。

因此茶人前往普洱朝聖，遍尋諸葛丞相未遇，只能說是傳說的美麗錯誤吧？來自台北臥龍街的阿亮，只能隨俗在巴達山茶王樹前，以兩年前委請當地布朗族幫我在周邊採摘壓製的私房茶餅，向臥龍先生、諸葛亮茶祖致敬了。

臨滄市（原臨滄地區）主要茶區圖

大理白族自治州
保山市
◎魯史古鎮
香竹箐3200歲
栽培型古茶樹王
幸福鎮大宗山/
湧寶鎮堂梨樹村
/漫灣鎮大　山
/白鶯山
●鳳山鎮
●大飛樹
中華木蘭發現地/
明朗/勐板/烏木龍
/亞練/大雪山
鳳慶縣
雲縣
瀾
大雪山
海拔3504米▲
大雪山◎
滄
永德縣
鎮康縣
●邦東
南美●
臨翔區
娜罕
昔歸
大青山/
芒洪鄉
耿馬縣
▼
孟定
◎
勐庫鎮
江
勐庫大雪山
冰島村
北回歸線
緬
雙江縣
滄源縣
糯良大黑山
/單甲鄉
甸

娜罕與昔歸普洱岩韻

車輛顛簸在泥濘的山道上，前一天才下過大雨，山坡上土石與斷落的樹枝不停滑落，不時還得冒險下車，與師傅共同搬開路上橫臥的落石；擋風玻璃前方擺放的「YNTV雲南電視台採訪車」標示，不知已震落了多少次。早晨八時從鳳慶縣城出發，一路驚險經過雲縣進入臨翔區邦東鄉，已經過中午了。

正打算向蹲在路旁擺攤的老農購買「花紅」果腹，那是雲南特有的一種口感類似蘋果、但大小與外觀卻酷似李子，且奇酸無比的水果。就在師傅幫忙挑三揀四的同時，副駕駛座上一路同行的台商黃傳芳忽然興奮地大聲尖叫，原來前方道路右側出現了許許多多的巨石奇岩，滿覆著青苔、野草與許多不知名的小花，而一株株喬木老茶樹就昂然錯落挺立其間。

娜罕茶樹大多不尋常地長在岩石或石縫之間，使得茶品有濃濃的岩韻。

趕緊下車瞧個仔細，果然是一大片古茶樹林，只不過與過去常見的群落不盡相同，茶樹大多不尋常地長在岩石或石縫之間，最大的約莫有六米高，光憑肉眼就可以辨識，應該都有五百歲以上的樹齡了，生命的韌性令人驚嘆。問問一旁採茶的大娘，她說此地名為「娜罕」村，儘管係當地拉祜族語音譯而來，但濃濃的地方口音卻讓我一度以為她要我大聲「吶喊」。

腦際頓時閃過挪威畫家孟克，在二〇一二年紐約蘇富比拍出一・一九億美元的名畫「吶喊」。只不過孟克畫中噩夢般的中心人物與火紅色彩，象徵著現代人無比的焦慮和絕望，而娜罕村則洋溢著對生命的熱愛，同樣是吶喊，拉祜族的表現顯然更具正向的力量吧？

古茶樹環抱的娜罕村寨。

帶路的彝族小李是臨滄茶區資深的料頭，他說娜罕海拔約在一五〇〇至一七〇〇公尺上下，大多為紅壤土質，茶山坐北朝南，茶樹屬鐵幹銀枝喬木型。由於茶樹每天日照長達十餘小時，夜間又沐有緊鄰的瀾滄江露水，早在清朝道光至咸豐年間，就曾連續十二年被送往京城作為貢茶，量小而精。因此儘管地處邊陲，卻早有「古茶滋味，飲於喉吻而悅於心神；古茶神韻，觀於眉目而縈紆夢寐」的讚嘆。

岩石簇擁的大葉種茶樹，以曬青工藝製成普洱茶後，是否也跟武夷山名滿天下的「岩茶」一樣，具有「岩骨花香」的岩韻，才能以邊陲之姿，榮獲天子的青睞呢？我想起去年夏天，黃君返台時攜來一餅他監製的「普洱岩

傳芳號普洱岩茶（左）與陳升號普洱「正岩」（右）比較。

茶」，與沖沖地要我品嚐，我卻不以為然，連試飲都拒絕了，讓他頗感尷尬。因此在徵得大娘的同意後，當下就決定跟她返回寨子買些茶樣，希望能當場試出娜罕的原始風味。

大娘取出的是今年四月留下的明前曬青毛茶，以沸水注入後，一股蘭花香頓時幽幽然撲鼻而來，輕啜一口入喉，停留在口腔內飽滿的山頭氣，則緩緩釋出不同於一般普洱的厚重岩韻。儘管全然未經發酵的生普，與武夷岩茶重發酵、重焙火催化的岩骨花香截然不同，但透過舌尖傳遞的那一股岩石清韻，卻瞬間直抵腦門，喚醒連日來油膩滿覆的味蕾，令人精神為之一振。

總算扳回一城的黃君頗為自得地告訴我，大凡生長在岩石區的茶樹，由於長年累月吸收大量岩石風化後的礦物質，而產生滋味厚重的岩韻，武夷岩茶大紅袍就是一個明顯且廣為人知的例子。兩者都是經由先民將茶樹種在石頭與石頭間的土壤中，只不過娜罕栽種的時間更為久遠，屬於栽培型的實生種野生古茶樹。茶樹耐活的特性即便「生於憂患」，也能成長茁壯為大樹，滋味不僅迥異於肥厚土壤呵護的茶樹，更不同於西雙版納熱帶雨林豐沛滋養的古茶樹群落了。

其實娜罕與近年紅透半邊天的昔歸同屬邦東鄉，兩地山水相連、茶氣相通，品質也頗為接近，只是娜罕多了些岩韻，卻由於窮山惡水較少茶商進入炒作，台灣茶人所知更不多，反而讓茶樹擁有更多更自在的空間，幸與不幸間，就不知當地少數民族如何界定了。

滾滾瀾滄江與忙麓山之間的昔歸，地理條件得天獨厚，無論水土、緯度、氣候或海拔堪稱最適合雲南大葉種生長，尤其河谷地水蒸汽上升造就的雨露均霑，更使得茶品具有獨

以陶藝名家吳金維創作的柴燒金彩茶碗沖泡娜罕新茶，名作家亮軒特別書寫文字讚譽。

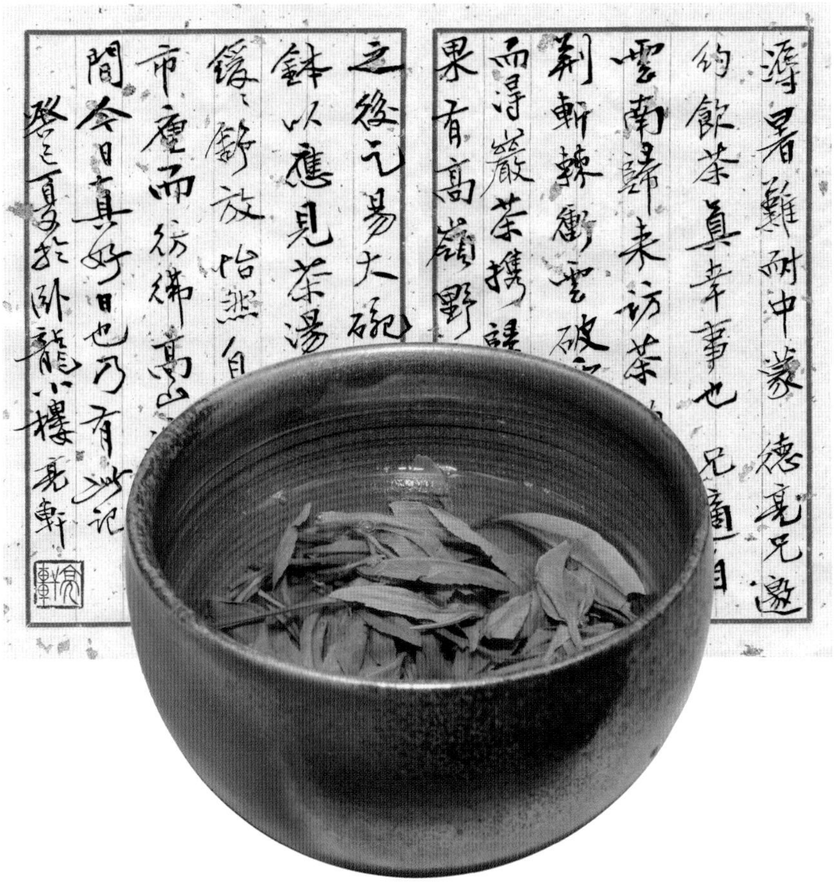

一無二「香氣霸但不失幽雅」的表現，喉韻更令人難忘。我們一行抵達忙碌山麓的忙碌茶廠，主人王支良說，昔歸茶產量每年不到十公噸，但市面出現的昔歸茶起碼數萬噸以上，名氣一大、仿冒者就猖獗，他兩手一攤，露出無可奈何的表情。

王支良說目前昔歸曬青毛茶產地價格，春茶約二千八百元、夏茶一千元、秋茶則在一千八百元人民幣左右，但市場價格卻炒得漫天作響。因此他說儘管市場價格高，但茶農利潤卻小。從昔歸與娜罕村寨的景象，遠不及近年爆紅、村民猛蓋豪華農舍或別墅的老班章或鄰近的冰島看來，王君所言應不虛才是。

雲南找茶十多天後返台，特別邀請對武夷岩茶有獨到見解的名作家亮軒，到我工作室共品來自邦東的娜罕青普。首先以紫砂小壺沖泡，入口時略帶苦澀，但瞬間就被隨之而來的回甘所取

作者（左二）與台商黃傳芳（左三）一行在瀾滄江畔的昔歸忙碌茶廠品新茶。

昔歸春茶湯色與葉底表現。

代，儘管茶氣強勁且霸氣十足，味蕾卻不致外斂刺激，而且從第一泡至第三泡都極具變化，岩韻的表現也不盡相同，跟當時在娜罕寨子以玻璃大壺沖泡的滋味又有明顯差異了。

不過，茶過三盞後亮軒仍不作評論，卻要求以大碗大口品飲，儘管有些錯愕，我仍取出珍藏的吳金維柴燒創作璀璨金碗，直接撮一把茶葉置入。以沸水沖開後，隨著葉片的婆娑起舞舒展，花香更為明顯。但見他雙手捧碗聞香品飲，先是點頭表示肯定，再露出讚嘆的表情，當場並取出隨身攜帶的筆墨，以安徽涇縣的宣紙信箋，一氣呵成地將感受揮灑於紙上：

「溽暑難耐中蒙德亮邀約飲茶，真幸事也。兄適自雲南歸來訪茶約半月，披荊斬棘衝雲破霧忍飢耐寒，而得岩茶攜歸，其香悠遠果有高嶺野意，啜數口之後乞易大碗，出天目缽以應見茶湯，清澈茶葉緩緩舒放，怡然自得。雖身處市塵而彷彿高山流水白雲間，今日真好日也，乃有此記。」

超級新星冰島茶

長期深入雲南各大茶山的台商黃傳芳，五月忽然從上海來電，說他拼配的一款冰島普洱茶在上海茶博會榮獲金獎，電話彼端掩不住自得的興奮。冰島？不就是今年雲南最「紅火」的明星茶區嗎？因此特別叮嚀他，返台時務必帶回讓我好好品賞。

座落中國西南邊陲的冰島，當然與北歐五國之一、位處北極圈的島國冰島毫無關係，只是雲南省臨滄市雙江縣勐庫鎮的一個小小村落罷了，在偌大的中國地圖上很難發現它的存在。原本稱為「丙島」，源於當地少數民數拉祜族語的直接音譯，意為「長青苔的水塘」。有人猜測應在金融海嘯之後，首度宣告破產的冰島受到全球關注，丙島也在不知不覺中，被茶商轉唸成「冰島」了，信不信由你。

儘管很早就以普遍超過五百歲的大葉種古茶樹林聞名，但在二〇〇六年以前，冰島茶大多僅涵蓋在「雙江勐庫茶」之中，每公斤毛茶的價格

冰島春茶由右至左分別為老、中、青三種不同樹齡茶樹的乾茶與湯色比較。

也從未超過人民幣百元，前年突然暴漲至六百，隨後就一直節節攀升，從去年的二千四百元，迅速飆至今年報載的八千五百元人民幣。不僅讓專家跌破眼鏡，也讓許多人質疑其中炒作的成分，更憂心二〇〇七年普洱茶崩盤的歷史教訓重演。

因此二〇〇三年我特別走訪冰島村，看看到底這個與北歐小國同名的小村落到底有何魅力？從臨滄市首府臨翔市區出發，沿途還得經過「南美」，又是一個與拉丁美洲同名、但卻是拉祜族的一個小小村寨，辛苦抵達抵達冰島後，眼前的景象讓我大吃一驚，原來全村都在大興土木，豪華的別墅型房舍櫛比鱗次促擁在村內稍稍平坦的坡地上，顯然茶價的爆漲讓所有的村民都爆富了。

其實冰島的古茶樹並不多，從二、三十歲到八百歲，老、中、青三種茶樹加起來也不過數百株，但市面上打著「冰島古樹茶」名號的茶品卻何止萬噸？千里迢迢來到冰島，當然要各買了些茶樣沖泡比較了。

冰島村入口處的茶園與歡迎詞。

從「青」字輩的小樹茶開始，感覺菁味重、香氣較雜，品飲後收斂性較強，醇和度也不太夠。而老樹茶醇厚不帶收斂性，且回甘持久，尤其山頭氣與茶樹本質香更是其他二者所無，入口後不僅兩頰生津不斷，還有明顯的冰糖味在口腔內蕩漾，堪稱是冰島茶的上品了。至於「中」字輩茶樹則介於二者之間。

兩週後黃君攜來他親筆落款的幾餅普洱圓茶，茶票紙上罕見地以燙金壓上「冰島琴韻」四個大字，拆開後以雙手捧住仔細端詳，三五七公克的圓茶表面，但見條索特別粗壯肥厚，且隨處可見金晃晃的芽峰顯毫，儘管還是今春才壓製的新餅，但外觀已明顯帶有黃金般的油亮光澤。

迫不及待以沸水注入蓋杯沖泡，滋味與我原先購得的冰島茶不盡相同，只是山靈之氣更為明顯，香氣也更為清揚，與他多年前餽贈的「臨滄秘境」普洱茶倒是十分接近。

看我一臉狐疑，黃君坦承新作與臨滄秘境無論原料或製作工藝都完全相同，只是當時冰島尚未竄紅，且擔心產地公開後將有眾多茶商蜂湧進入，破壞原有的純樸與寧靜，甚至將價格漫天炒作，因此姑隱其名。今天看來，黃君當時的想法絕非多慮：群山之中的冰島村子不大，當地拉祜族多年來一直與世無爭地快樂過活，沒有利慾薰心的開發商，沒有繁華的集市，茶樹得以自由生長、暢快呼吸。近年爆出天價以後，卻成了茶商競逐的殺戮戰場，毛茶價格一日數變，茶商捧著大筆鈔票徹夜守候的夢魘再現，市面上反而出現大量的贗品，令人憂心。

其實擁有許多大茶樹的冰島村存在著許多寨子，開出天價的冰島寨只是其中之一罷了；因此黃君今年特別轉向周邊的十數個寨子尋求原料，認真拼配後反而更具優勢。他進一步解釋

冰島茶區是近年竄紅最快的明星茶區。

說，大部分茶商都不懂拼配，四處追逐單一山頭單一茶菁的後果，就是讓產地價格狂飆，並造成過度採摘的後遺症，更讓近年新發現的老樹茶區，如臨滄市轄的昔歸與冰島等順勢崛起。

我想起許多年前跟著他深入幾個尚未開發的古茶園採訪，包括普洱縣的困鹿山、西雙版納的勐混廣別老寨等，大量報導與媒體曝光引來其他茶商的紛紛跟進，將毛茶價格炒高至無法收拾的地步，害得他只能黯然退出，讓我頗有「我不殺伯仁，伯仁因我而死」的遺憾。

因此黃君常說自己並非「台商」，而只是一個愛茶成癡的先驅者，早在九〇年代初期就大膽引進普洱茶，引領台灣品飲普洱茶的風潮。此後又隻身進入雲南，在當地人根本不喝普洱茶的年代，在當時還稱做「思茅地區」且茶廠不過七家的普洱市，翻山越嶺到處找茶，還反客為主地在省城昆明推廣普洱茶。十多年後的今天，普洱市茶廠早已超過五千家，普洱茶且在兩岸三地造成搶購，價格瘋狂飆漲，並擴及日本、韓國、馬來西亞等地。應是已小有成就、但始終自嘲「為人作嫁」的黃君所始料未及的吧？

昂然佇立的冰島老茶樹。

勐庫茶山以勐庫河為界，分為東西兩個部分。黃君說東半山茶香氣高昂且毫顯，但茶氣相對較弱；西半山則茶氣十足但香氣弱，居中的冰島村恰好融合兩者特色。從他攜來的冰島琴韻來看，開湯後不僅霸氣十足，水甜而滑口，飽滿的回甘更從喉頭接續瀰漫至整個口腔，顯然所言不虛，且無論鮮活度、香揚度與清甜度都堪稱上乘。

風慶大飛樹茶山

一路顛簸的「包穀路」不知在什麼時候，轉換成泥濘不堪的「泥水路」，並在細雨趕來湊上一筆的當下，駛入濕漉漉見底的河床。透過雨刷揮動的間隙望去，前方已有一輛貨車陷入泥沼動彈不得，還有兩輛休旅車搖搖晃晃迎面而來。

「還要涉險前進嗎？」李師傅轉過頭問我。不待我回答，他忽然又加緊油門往前衝，還安慰大夥說「沒事，車上我早準備了睡袋，卡在半路上沒啥大不了。」就這樣冒險渡河，好幾次打滑深陷在先前重車留下的輪轍，並險些與對車撞成一團。思緒瞬間拉回三國時代，諸葛亮為七擒孟獲而「五月渡瀘，深入不毛」，當年蜀軍入滇的艱辛似乎千年不減。至於丞相旌旗馬鳴是否行經此處？就不得而知了。

這是臨翔區前往三叉河鎮的路上，儘管大清早就忙著在冰島採訪拍攝，一行都已疲憊不堪，但帶路的彝族小李仍堅持在天黑前趕抵大飛樹，理由是「順路」。否則返回鳳慶縣城，明早又要回頭再顛三個小時；萬一再來一場大雨，行程必受延誤。我也只好咬緊牙回應「阿亮寫普洱，字字皆辛苦」自嘲一番了。

近年與冰島、昔歸同時崛起，躋身臨滄明星茶區之列的「大飛樹」茶山，是人稱「小李」李昭江的家鄉，隸屬鳳慶縣三叉河鎮繡衣庄村羅家寨，距離縣城將近兩百公里遠。我們從反方向的臨翔抄近路過來也已花上四小時車程，沿途經過大雪山鎮與三叉河鎮，卻無暇停留拍照，連茶馬古道上重要的三叉河風雨古橋遺跡都錯過了。

就在細雨稍歇，陽光逐漸露臉的同時，嘹亮的少數民族歌聲在前方響起，眼前不算太高的一大片茶樹群落之中，幾位穿著傳統服飾的彝族男女正專注摘採茶菁，總算抵達大飛樹了。

走進古茶園，深深被整個林相生態及植被所震撼與感動；叢叢茶樹之間還有棵麻栗樹，上面居然

穿著傳統服飾的彝族男女在大飛樹專注摘採茶菁。

取鳳慶五處不同山頭古樹茶之特色比例拼配所得最佳茶品（上中）。

彝族傳統的土罐茶。

有俗稱「螃蟹腳」的蕨類共生，儘管與瀾滄縣景邁山萬畝古茶園、寄生在千年古茶樹上的螃蟹腳明顯不同，也讓我嘖嘖稱奇了。

更令我驚訝的是，大飛樹古茶園在羅家寨完整自成一個獨立茶區，四周全無任何連線性喬木茶區或茶園延伸。與雲南其他茶區，在一個鄉鎮或一個寨子內，都會有一片接連一片的茶園景象全然迥異，令人不解。

趕緊請教當地耆老，原來根據《魯史縣誌》種茶史料記載，三百年前羅家寨山區並無茶樹，族人辛勤開墾種植雜糧蔬果，生活一直過得艱辛。其中有位孝子日夜祈禱，希望有天也能種茶改善生活，並藉以奉養雙親。孝心終於感動上蒼，某夜夢見仙人指引，說次日將飛來一棵結滿茶果的喬木大茶樹，可以就近採摘繁衍。果然一覺醒來，屋旁居然出現一棵喬木茶樹，驚喜之餘立即發動村民，利用茶籽做有性繁殖，歷經三百多年而有今日的茶山規模。

儘管純屬傳說，情節且與安溪鐵觀音的由來神似，但居民都深信不疑，茶山也因此得名為「大飛樹」。隨著近年普洱茶價不斷攀高，村民也逐漸脫貧致富。

從大飛樹驅車近三小時，穿透綿綿細雨返回鳳慶縣城，天色已然抹黑，推開土庫房咿呀咿呀作響的木門，一陣誘人的茶香穿透縷縷輕煙迎面而來，瞬間拂去大夥顛簸的疲累。令我訝異的是，小李家不用常見的傳統彝族土罐烤茶，而是以鐵鍋文火慢慢焙烤，彷彿韓國的鐵板火鍋，釋出的茶香介於台灣常見的手工炭焙，與陳放約三年的普洱古樹生茶直沖之間，且不同於西盟縣佤族的瓦罐茶，或普洱縣哈尼族的土罐茶了。

我想起前年在鳳慶縣城，小李的岳父邀我品飲一款彝族烤茶，滋味非同小可，儘管時間已晚，我仍希望請出老丈人，將剛剛採下的大飛樹鮮葉以他獨有的烤茶方式分享。未料他眼眶一紅，哽咽說老人家已在今年春天去世，讓我難過得一時說不出話來。小李的大哥見狀，趕緊應允以土罐烤茶待客，一解我兩年之「饞」。

擺起火盆，穿著彝族傳統服飾的李哥先將土罐放到火上，烤熱後舉起土罐置入半把茶葉，再連同土罐一起放回火盆。待茶葉烤至金黃酥脆，茶香四溢的同時，但見李哥抓取鐵壺直接以沸水沖入土罐，只聽得「滋」的一聲，焙烤的香氣在青煙瀰漫中衝出。熬煨片刻後起罐，倒出的茶湯未經殺青，依然金黃透亮，充滿濃醇的焙火香，啜飲入喉且無明顯的炭火味，但覺渾身舒暢，飽滿的陽光氣息在口腔內頻頻釋放，堪稱此行喝到最難忘的一泡茶了。

左　大飛樹曬青毛茶與彝族土罐茶使用的鐵壺。
右　大飛樹彝族小李自家樓上的渥堆車間。

在世界遺產的梯田發現茶

歷經了十三年的努力，二〇一三年六月二十二日，在緬甸舉行的第三十七屆世界遺產大會上，雲南省紅河州的哈尼族梯田，終於成功列入世界文化遺產，成為中國第四十五處世界遺產地。就在眾人快樂歡呼的同時，多年來為梯田四處奔走的申遺小組組長史軍超教授，拿出了「國際梯田聯盟」製作的「申報世界遺產紀念餅」普洱茶，分送與會的各國專家與領袖，並當場拆開沖泡作為慶祝。

元陽也有茶嗎？儘管統稱為「元陽梯田」，令人震撼的哈尼梯田奇景其實涵蓋紅河州的元陽、紅河、金平、綠春等四縣，總面積約一〇〇萬畝，坡度多介於十五度至七十五度之間，且每座山坡最大的梯田階數高達三千級以上，是哈尼族人一千三百多年來，生生不息、歷經世世代代的耕耘開墾才完成的鉅作。我曾為了拍攝梯田四季不同風采，連續三年多次造訪元陽，除了在建水古城途中發現少數的台地茶園，偌大的元陽梯田可從未見過茶樹，尤其是喬木古茶樹群落。

負責製作紀念茶餅的台商黃君則告訴我，其實紅河哈尼族彝族自治州的紅河與元陽兩縣，早有七百歲以上的古

國際梯田聯盟製作的「申報世界遺產紀念餅」普洱茶。

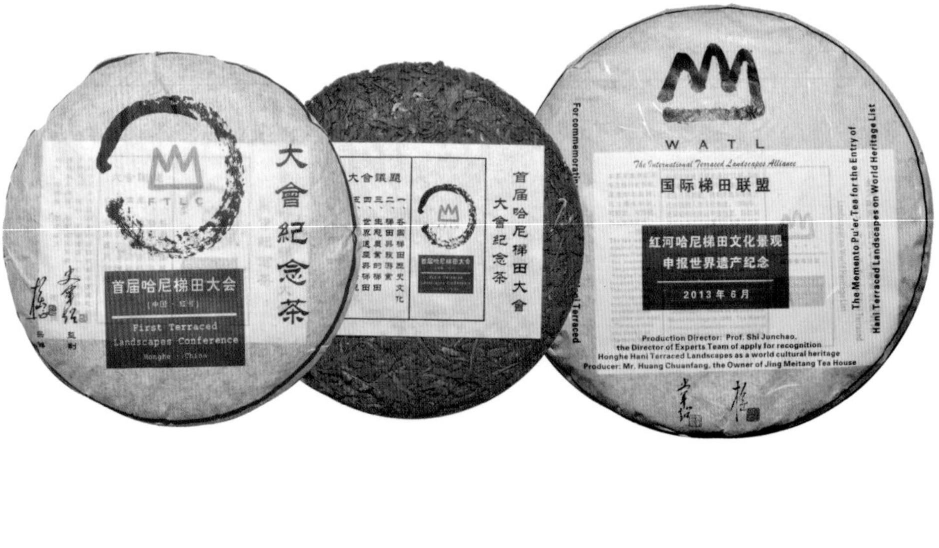

元陽的哈尼梯田已經列入世界文化遺產。

茶樹遍佈，儘管大多數的水梯田以種植稻米為主，但也有以種茶為主的旱梯田。而綠春縣更有高達二十萬畝的茶園，並以瑪玉茶、哈尼秀峰、哈尼珍香茶、瑪玉銀針、綠春綠茶等最為著名。

中國雲南省是全球公認的茶樹原鄉，據說哈尼族是世界上最先栽培茶葉的民族，而世上第一杯茶則是哈尼族的「土鍋茶」。今日雲南少數民族普遍稱茶為「腊」，據說也源於哈尼族、布朗族、德昂族先民「濮人」無意中發現茶葉，而不斷載歌載舞歡呼「啦—啦—啦」而來，信不信由你，在支系僾尼族人口中則稱做「繪蘭老潑」。其實就是承襲了在烘焙機具尚未發明以前，先民一直沿用至今的最簡單的烘焙方式，將原本苦澀的普洱生茶轉化為甘醇入口佳茗。哈尼族人通常將土鍋架到火塘的鍋樁石上，待水燒開，加入精心揉製的茶葉，煨煮三、五分鐘後將土鍋端離火塘，就可以直接飲用幽香撲鼻、色澤金黃的土鍋茶了。

除了擅於種茶外，哈尼族更擅長利用山

形和水勢開墾種植水稻的梯田，紅河州的元陽就是以壯闊的梯田奇觀聞名於世，讓中外攝影家絡繹不絕。而普洱縣城前往困蘆山的路上，山腰也經常可見有如外星圖騰般的梯田，全為哈尼族人的傑作。一九九五年，法國人類學家歐也納博士就曾讚嘆說：「哈尼梯田是真正的大地藝術，真正的大地雕塑，而哈尼族人就是真正的大地藝術家。」

元陽的哈尼梯田號稱世界之最，也是中國最神奇的景觀之一：約在兩千年前，現居住元陽的哈尼族祖先，為逃避戰禍，就沿著元江河谷，從四川大涼山地區不斷遷徙到地勢較低的哀牢山區，在紅河環抱的大山裡定居。先民巧妙地利用山勢的起伏波瀾開闢梯田，種植水稻、土豆與各種蔬菜，並在水耕梯田旁的山坡旱地種植茶樹，更「山頂戴帽」地留下大面積的原始生態森林，與大自然和諧互動，成就今天震驚全球的梯田世界。即便雲南全境近年飽受大旱所苦，元陽梯田依然生氣蓬勃，令人讚嘆。

由於梯田坡度緩且展開空間寬廣，因此茶質更多了一股清爽開朗的山頭氣。

梯田茶園採茶女性清一色是阿婆而命名為「阿婆紅普」。（黃傳芳提供）

距離元陽縣城約二十二公里的老虎嘴梯田，是我多次拍攝奇景的最愛，也是紅河州公認最壯觀的梯田，面積約一七○○公畝。冬天水滿梯田彷彿黑白的壯闊山水，夕陽飽滿的艷紅且更添繽紛；春天儘管落霧不斷，卻常有插秧的新綠與湛藍天空倒影輝映的驚喜；夏季則滿滿的綠意推湧田埂石階，成就豐盈的暖融融巨浪；晚秋成熟的稻穗俯瞰則宛如金晃晃的一塊塊金磚，讓整個山谷都成了耀眼的巨大金庫。可以說，四季都有不同氣勢的一篇篇大地交響曲，觀看千遍也不會厭倦。

當地耆老告訴我，梯田上的喬木茶樹大多粗如男子的腰圍，大片的古茶園任由山櫻、杜鵑、朱榆、核桃、多依果等奇花異果共生，草本植被更不計其數。史教授則取出紙筆，以圖解的方式補充說，由於山谷紅河的水氣受熱蒸發，至海拔近二○○○公尺的寒冷山巔，凝聚成霧成雨而滋潤著草木，加上偌大梯田自然生態的完

紅河梯田周邊原本就有1950年代種植的鳳慶籽苗種普洱茶樹。（黃傳芳提供）

美，茶樹採摘後製成的曬青普洱茶，質地厚潤而味醇，應是無庸置疑的。

黃君則認為，梯田大山裡的古茶樹深受大自然垂愛，千百年來無需施肥或人工灌溉，僅憑山巔滲流而下的天然元素就足以滋養，加上梯田的坡度緩，展開空間寬廣。因此茶質更多了一股清爽開朗的山頭氣，這是其它茶區無法比擬的。

其實紅河梯田周邊原本就有一九五〇年代種植的鳳慶籽苗種普洱茶樹，原以製作「磨鍋綠茶」為主，只是隨著大躍進、文化大革命等因素而荒廢了數十年，至今僅有少數保留，境內還有少量上百歲的老茶樹，可以判斷當地大規模種茶歷史甚早。

黃君說由於近年中國掀起一陣紅茶熱，因此目前梯田茶園大多以製作普洱紅茶為主，簡稱「紅普」，又由於當地年輕人大多外出打工，採茶女性清一色是阿婆，因而命名為「阿婆紅普」，讓人忍不住與台灣淡水馳名的「阿婆鐵蛋」產生聯想了。

號級古董普洱茶收藏與辨識

多年不見的友人A君忽然來電，說最近收了一筒「龍馬同慶號」圓茶，希望我能前往辨識真偽。原則上，我是從不幫任何人做普洱茶鑑定的，但電話彼端傳來誠懇又急切的請託，還說附近有家知名法國餐廳，邀我「順便」共進晚餐。

受不了法國美食的誘惑，我勉強赴約前往，就在A君小心翼翼自紙箱取出竹箬包裝的筒茶時，我毫不猶豫地告訴他「不必拆了，是贗品」。此話一出，法國菜自然也不用吃了，但見A君臉色鐵青並表示尚有要事，等於是下了逐客令。

事後A嫂打電話來，為先生的魯莽感到抱歉，並解釋說該筒茶花費百萬購得，心情不免沮喪；但仍不甚服氣地表示，我連竹箬殼都未打開，怎能貿然判定真偽？我說普洱茶在一九五〇年以前都是沒有外包紙的裸餅，筒雖未開，但透過竹箬的縫隙一眼就可費以瞧見裡面包著白紙的茶

號稱「普洱茶王」的福元昌號（白底內飛）與茶湯表現。

餅，真偽立判。

話說普洱茶本源於中國雲南，卻風靡於香港，並在台灣發光發熱。近年則不僅延燒至日本、韓國、東南亞等地；更在中國經濟快速崛起的今天，以劇力萬鈞之勢風雲再起。而超過五十年以上陳期的老茶，由於奇貨可居，價格的表現更是一日千里，成了許多人繼紅酒之後的最大投資標的。

例如日前才經由中國嘉德拍出的一筒「福元昌號」圓茶共七餅，就以一〇三五萬元人民幣成交，創下普洱老茶最高的拍賣紀錄，十年前的價格卻不過數十萬台幣，漲幅驚人。

目前市場上所流通的古茶，大多為福元昌號、同慶號、宋聘號、敬昌號、同興號、車順號、陳雲號、同昌號等私人茶莊，在二十世紀初期至五〇年代產製的「號級」古茶，年份約在六十至九十年之間。其中「福元昌號」號稱「普洱茶王」，茶品以不同內飛分為較剛猛的藍票與紫票，以及較柔順的白票三種，一律印朱紅色圖字，而今年嘉德拍出天價的福元昌號為藍票內飛。

同樣風靡兩岸的同慶號圓茶，則號稱「普洱茶后」，市面上依不同筒票大別為「龍馬同慶」與「雙獅同慶」兩種。由於年代久遠，開啟時餅緣不免鬆動，沖泡後的茶湯表現且一如大票所述「水味紅濃而芬香」呈剔透的深栗色、幽雅內斂，入口則細柔滑順。

「品相不凡、老韻十足，香陳味醇、氣強而化」十六字，道盡了現代人對古董茶的普遍評價。不

從剝開竹箬後的筒茶可以看出，古董茶沒有外包紙，僅有置於第3片（左：敬昌號）或第2片（右：龍馬同慶號）茶餅上方的大票。

過經過十多年的大量消耗，存量已急遽驟減；加上兩岸茶商與收藏家的不斷推波助瀾，天價自是在所難免。

同樣在北京嘉德拍出天價的「宋聘號」，茶莊創建於清光緒六年，袁家「乾利貞」創建或接續於清光緒二十二年（一八九六年）；至民國初年，袁、宋兩家聯姻，茶莊才合併為「乾利貞宋聘號」，因此內飛開始有了白底深藍色的「乾利貞宋聘號」的「平安如意圖」。至民國十九年（一九三〇年）以前則有白底紅字圖的「宋聘號普茶政府立案商標」內飛，之後的內飛則為白底深藍字圖的「宋聘號普茶政府立案商標」內飛，作為辨識的重點。

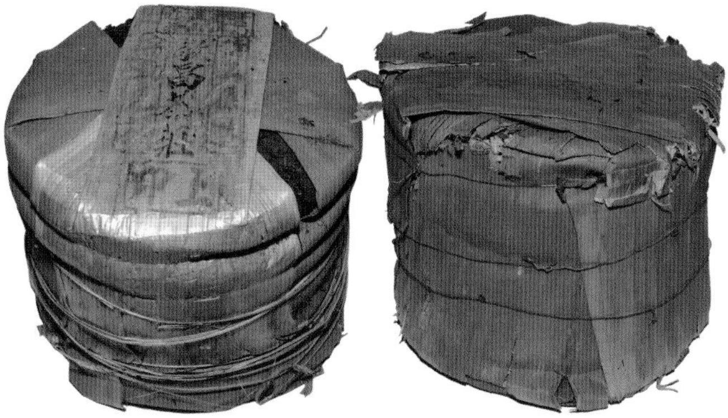
古董茶（左）竹篾外包蓋有茶號印記的最上層，葉面必是反過來的光滑面，與1952年以後（右）全為正面粗葉的筒包全然不同。

此外，三大古董茶之一的同興號圓茶至今的數量也甚為稀少，使得不同年代的多款茶品眾說紛紜。事實上，目前市面上至少留存四款以上的普洱圓茶，包括清末至民國成立前（一九一二年前）的「早期同興老圓茶」或稱「貢品同興」、一九一三至一九三三年的「同興老圓茶」，以及目前較常見的「同興圓茶」（一九三四至一九三五年），還有一九三五年以後所產製的「後期同興圓茶」等。

品飲同興號圓茶，但見茶面條索分明，一副老當益壯的凜然雄風。沖泡後的茶湯則呈褐黃色，與其他古茶常見的棗紅色明顯有別，表面且泛起明鏡般的濃亮油光。入喉後口舌生津，餘韻更可以「盪氣迴腸」來比擬，且沖至第十泡後仍不減茶性，抒揚的茶氣與甘醇依然洋溢，彷彿滲透至靈魂深處的精靈，令人難以忘懷。

這是許多朋友品飲「可以喝的古董」的共同經驗，普洱圓茶早期又名「元寶茶」、「僑銷圓茶」，一般則多稱為「茶餅」，是普洱茶最早、也是目前最常見的一種型制。據說最早始於清朝雍正十三年（一七三五），並在乾隆初年由開設在易武的同興號與同慶號首度推出。

如何辨識號級古董茶？首先，單餅絕不可能有外包紙，僅有內飛與大票（又

乾利貞宋聘號圓茶在1930年後為白底深藍色的平安如意圖內飛。

完整的筒包同興號圓茶第一泡至第十泡始終完美，茶湯表面泛起明鏡般的濃亮油光。

稱筒票）；而大票大多置於第二片、少數在第三片的上方；內飛且為手工製作的薄棉紙，並多以木刻蓋印。此外，茶餅不會用短而細小的茶菁拼配，也不會大量使用茶芽（最多只撒一些在茶面上）。而餅形製作或整體包裝也十分用心，即便完全以手工石磨緊壓而使餅形大而鬆，卻因茶梗放在茶餅底部配以粗壯的茶葉，因此歷經多年也不易散開，反而更有利於陳化。

再者，過去老茶號除了製茶賣茶外，大多兼營油糧食品或馬幫運輸等業務，因此所留下的餅面往往會出現米殼等穀物。而在整筒（七片）的包裝上，最底層的一片茶餅大多倒轉放置，這都是號級茶才有的特色。

龍馬同慶號普洱茶的精緻筒票近年也成了收藏家的最愛。

敬昌號老圓茶（大內飛）水性極為細柔。

印級與七子級普洱陳茶收藏與辨識

記得幾年前在台灣「命運好好玩」電視節目中，某位閩南語知名歌手被問及致富之道，只見他不慌不忙從背包取出了一餅普洱圓茶，說是用價值二百八十萬台幣的一輛賓士轎車所換來。看到主持人一副難以置信的表情，他笑說「一共七餅，也就是一筒啦」，並解釋自己並非敗家而係眼光獨到，當時他頗為自得地表示「今天市場價格已飆破三百五十萬了」。

歌手拿的普洱圓茶，白色斑剝的外包紙上，無論上方的「中國茶葉公司雲南省公司」，或下方的「中茶牌圓茶」字樣，還有正中央由八個「中」字圍繞的「茶」字，全部都為紅色，正是今日普洱茶的當紅炸子雞「紅印」。時間不到兩年，今天紅印每餅已飆破二百萬台幣天價，也就是說，假如那筒茶還在他手上，就有一千四百萬台幣以上的價值了。

藍色印墨褪去後露出「甲級」或「乙級」字樣的早期綠印又稱藍印。

話說新中國建立後，所有私營茶號從一九五〇年起紛紛結束，普洱茶的產製正式進入計畫經濟國營茶廠的時代。一九五一年十二月，「中茶牌」商標正式在北京完成註冊，一九五三年西雙版納「佛海茶廠」更名為「勐海茶廠」。而「印級茶」就是勐海茶廠異幟後所生產的首批普洱圓茶，由紅印打頭陣，綠印緊跟在後，再後為黃印；直至一九七〇年代以後才全面為「七子級茶」所取代。

不過，紅印、綠印、黃印三者，都是現代茶商為了便於行銷而自行「追加」的封號。勐海茶廠在出品時並未做任何命名，只有中茶牌商標的「茶」字，分別以紅、綠、黃三種不同顏色區別。

頂著「中共建國第一餅」的光環，紅印的原料來自勐腊縣包括易武在內的優質單一茶菁，特色為「茶菁肥碩、條索飽滿」，沖泡後茶湯呈透亮的栗紅色，且明顯輝映均勻的油光。尤其茶氣強勁、厚重感十足，使得現代人趨之若鶩。

綠印則是紅印的姊妹產品，大別為早期（五〇年

近年風靡兩岸的「紅印」係新中國建立後，國營勐海茶廠產製的第一批圓茶。

代）與後期（六〇年代末）兩種。早期綠印又稱為「藍印」，因為除了八中標誌中間的綠色「茶」字外，下方還印有綠色的「甲級」或「乙級」兩字；當時由於乙級乏人問津，因此再用藍色墨水將甲級、乙級兩字塗蓋，可說「欲蓋彌彰」了。只是人算不如天算，藍色墨水經過數十年後多已褪去，甲乙級今天又重現世人眼前，因此早期綠印又分為「甲級藍印」與「乙級藍印」兩種，「藍印」指的是下方作為掩蓋的藍色墨水，令人啞然失笑。

相對於紅印與綠印均屬單一茶菁製作的生茶，同屬勐海茶廠在五〇年代末期製作的「黃印」，卻是國營茶廠拼配茶的「始祖」。主要以中壯茶葉摻雜嫩芽拼堆、毫頭多，且由於在製作過程中產生了發酵效果，而普遍被認為是「二分熟」的茶品。儘管在陳放五十年後的今天，沖泡後的茶氣依然強烈、喉韻甘潤，但水性卻柔和偏熟。

稀有珍貴的印級茶與今日較為普及的七子級茶，無論年份、口感、價格等均有極大差異，但兩者卻極易混淆，必須小心辨識。首先看外觀的最大不同：印級茶外包紙上方的「中國茶葉公司雲南省公司」，到了七子級茶改為「雲南七子餅茶」；下方的「中茶牌圓茶」改為「中國土產畜產進出口公司雲南茶葉分公司」；且印級茶所有文字均「由右至左」，七子級茶則「由左至右」，最下方還多了兩行英文字，表示從七〇年代開始國際化了。

黃印是國營茶廠拼配茶的始祖。

撥開外包紙檢視茶餅：印級茶內飛僅有八中商標。假如商標下多了「西雙版納傣族自治州、勐海茶廠出品」兩行橫字，就是七〇年代以後的「七子級茶」了。而且比起印級茶，七子餅茶還多了一張中英文對照的大票。

必須注意的是：七〇年代後產製的普洱茶，無論茶商如何追加大黃印、小黃印或大藍印等封號，都不能歸為「印」級圓茶，而是外包紙上方清楚標示的「雲南七子餅茶」。「黃印七子餅」也絕對不等於「黃印」，可千萬別被唬哢了。

在外觀上，一九五二至一九七〇年代初期的「印級茶」，以外包茶票紙上紅、綠、黃三種顏色的「茶」字作為識別。「七子級茶」則僅以四碼編號來區分，外觀上沒有多大差異。而勐海茶廠常規性的七子餅茶，生茶就以八五八二、七五四二、七五三二這三者最多；其中僅編號七五四二的茶品就超過百種以上，熟茶則以七五七二、八五九二兩種居多，五種茶品歷久不衰，即便在國營勐海茶廠已改制為民營，並以「大益」取代「中茶」為商標的今天，每年仍有大量產製，也是開始入門收藏普洱的朋友們，始終不變的堅持，更是對岸眾多新手或藏家較為放心的「績優股」。

印級茶（左）與七子級茶（右）外觀文字明顯不同，七子級茶下方還多了兩行英文字。

有人說「數字會說話」，在七子級茶的辨識上可不一定行得通，首先得搞懂編號數字所代表的意義：以八五八二為例，前兩個數字代表從一九八五年「開始」生產此一批號或配方，而「絕不代表該年所生產」。第三個數字代表茶菁的級數，通常茶菁從最細的芽尖至最粗的大葉分為一至十級，八即為第八級的茶菁，級數的高低並不等於品質的好壞，只是粗細的分等罷了。第四個數字則代表茶廠，如最末數字為二即為勐海茶廠，末數三代表下關茶廠；末數一則代表昆明茶廠。例如七五四二或八五八二圓茶就必然出自勐海茶廠，七五八一茶磚則出自昆明茶廠。

不過，同一個編號在不同時期往往會出現不同版本，例如七五七二就至少有六種版本；尤其近代茶商喜歡在某些年度生產的某些編號另外加上新的命名，例如常聽到的「雪印青餅」、「七三青餅」、「八八青餅」、「七子小黃印」、「七子大藍印」等。

以市面上炙手可熱的「七三青餅」為例，其實就是勐海茶廠於七〇年代中期產製的嘜號七五四二餅茶。一般來說，七子餅茶外包紙八中標誌內，綠色的「茶」字大多以網版做第二次印刷，只有該批七五四二使用手工蓋印，因此有人特別以此作為辨識或鑑定的最大特徵。

印級圓茶內飛只有八中標誌（左），七子級茶內飛則多了「西雙版納傣族自治州勐海茶廠出品」字樣（右），還多了一張中英文對照的大票。

無論茶商如何追加大黃印（左）、小黃印（中）或大藍印（右）等封號，都不是印級茶，而是上方清楚標示的「七子餅茶」。

再者，勐海茶廠產製的茶餅編號，並不直接出現在茶餅外包茶票紙上，而是貼在整支（即十二筒、大陸稱「一大件」）竹編的「支票」上，俗稱「嘜號」。除了大量進貨的茶商外，一般人很少會購買整支的茶品，因此根本看不到支票上的嘜號，即便有嘜號可循，二〇〇三年以前所有支票也從未標示出廠年份。也因此收藏七子級茶品，難度更超過印級老茶。

我早在二〇〇八年出版的《普洱藏茶》就曾提到「八五八二青餅將是繼印級茶後的明日之星」，果然近年在七子級茶中，就以一九八六年前後出品的八五八二青餅最受青睞，價格也年年飆漲，近日甚至還有投資名嘴在電視上加碼推薦。

從嘜號來看，八五八二應為八級的茶菁，但實際卻使用三、四級幼嫩芽葉鋪面，再以七、八級較粗葉毛茶為底茶，後期更出現拼配五、六級青壯茶菁的情事。大致來說，八五八二增加了粗大原料與茶餅的疏鬆透氣性，有利於加速茶餅的自然陳化發酵，因此有人說，在勐海茶廠的三大常規性產品之中，今天就以八五八二青餅的轉化最佳，不僅茶氣強、活性高，樟香與印級茶尤其接近。茶湯含在口腔的飽滿度明顯，即便沖泡多次，茶湯色澤依然偏紅透亮，湯水甘甜且香氣度高。

由於一九八五年起勐海茶廠才獲准私自接單，八五八二七子餅茶在南天公司訂製後必須通過質量檢驗，而在筒包上貼有綠色橢圓形「中國商檢」貼紙標籤、英文「ＣＩＢ」字樣，並於一九八六年正式進入香港，因此該批普洱在台灣也一度被稱為「商檢茶」。

此外市面上還有一款厚紙包裝的八五八二，由於餅身略厚而膨鬆，俗稱「鬆餅」，應為八〇年代後期至九〇年代初期的產品。由於餅形特別膨鬆使得轉化情形甚佳，陳韻及樟香味十分明顯，茶湯也堪稱甘甜滑口。

與其他兩款常規性青餅七五四二、七五三二比較，八五八二的餅面較大，放在手上的感覺也比較厚實，底茶更有較粗甚至較大的茶葉，可作

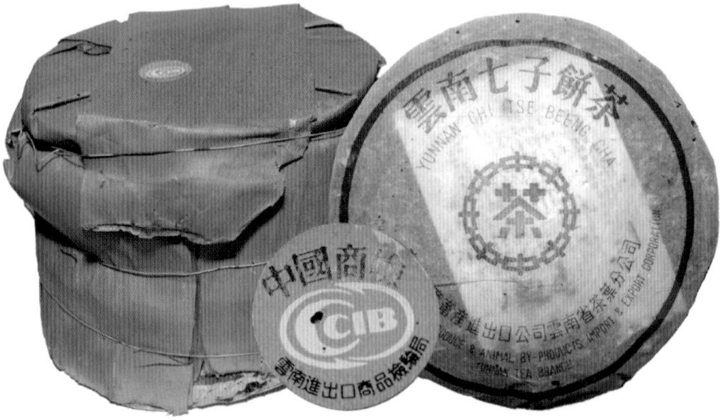

香港南天公司於1985年正式引進的前期8582，因貼有綠色「中國商檢」標籤而被稱為商檢茶。

七三青餅其實是勐海茶廠於70年代中期產製的嘜號7542餅茶，外觀明顯可見手工蓋印的茶字作為辨識。

同樣是7542青餅，70年代（上）、80年代（中）、90年代（下）茶湯與葉底顏色就完全不同。

為辨識的依據。

其實辨識七子餅茶的最佳方法就是實際沖泡：通常以沖九泡為標準，前三泡為「環境泡」，從明顯的悶濕或清揚或雜氣研判存放環境究竟係乾倉或濕倉。四至六泡為「茶質泡」，從觀察葉底與茶湯色澤來判定茶品原料的優劣。後三泡則是最重要關鍵的「年份泡」，因為此時影響茶品的物質多已淡化，葉底的變化度也趨於穩定，此時年份較輕者茶湯變淡、葉底則偏黃或偏綠，山寨版的「作手茶」此時也會現出「葉底偏黑」的原形；而年份超過二十年以上的陳茶葉底會越來越紅，湯色也會維持原有的飽和度。

普洱茶磚收藏與辨識

話說中國嘉德、北京榮寶、華中西泠印社等龍頭拍賣公司，自二〇〇八年開始，就已陸續將普洱茶與紅酒並列為拍賣會新寵，至今且更見紅火，成交率往往超過七成以上。台灣財經電視節目近來也不斷邀請名嘴大談二者投資致富之道，不難看出兩岸收藏投資普洱茶的熱絡盛況。

一般來說，普洱茶以圓茶的收藏最為熱門，茶磚則緊追在後。沱茶與緊茶次之、散茶更次之等。

茶磚的出現，一般多認為最早應來自一九二五年由周文卿創立的「可以興」茶莊，不過當時所生產的並非今日常見的二五〇公克（六兩半）標準茶磚，而是十兩重（三七五公克）的生茶大磚。

今天市面上已剩不到幾片的可以興「末代遺作」茶磚，就茶質、茶氣、茶韻而言，足可稱為「磚中至尊」，市場價格也最高。以頂級勐海茶菁的細黑條索產製，辨識方式為磚面上的大內

今日收藏家最愛的可以興茶磚有醒目的紅色鹿鶴商標內飛作為辨識。

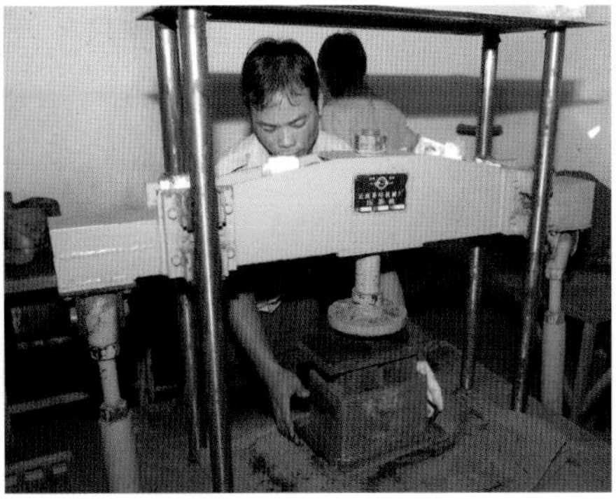

左　雲南六大茶山茶廠的茶磚製作工序。**右**　普洱市玥樹茶廠以壓茶機壓製茶磚。

飛，明顯的紅色鹿鶴商標，以白棉紙包四塊為一墩，外面再裹以竹篾。具有陳化非常均勻，色棗如紅、湯色明亮、湯紅不濁等特色。翻開中國嘉德公司二〇〇八年的拍賣紀錄，每磚成交價就已高達十四萬五千六百元人民幣，今天價值更不可同日而語了。

傳統普洱茶磚製作的工序與圓茶大致相同，只差蒸軟後的茶葉所倒入的是磚型模具罷了；有時模具也會加上凹型文字，讓茶磚面出現緊壓成形的凸出文字，例如八〇年代雲南省茶葉分公司出品的「減肥茶磚」就在茶面上緊壓「減肥」兩個凸出大字，令人莞爾。茶磚的包裝也跟圓茶的七餅為一筒不同，傳統普洱茶磚大多取四片為一包，再用竹筍葉殼或牛皮紙包裝，取十六包為一「籃」，兩籃為一擔。

一九七三年昆明茶廠成功研發渥堆工序後，八、九〇年代產製的茶磚就大多為熟茶，生茶（又稱青磚）反而是少數；顯然因為熟茶比起生茶較為黏稠，也較易緊壓成磚的緣故吧？例如昆明茶廠著名的七五八一茶磚就多為熟茶；而六〇年代勐海茶廠的「文革磚」則為生茶。

除了生茶與熟茶，市面上還有所謂的「半生熟茶」，如七〇年代雲南省茶葉分公司的七六三八茶磚，偏黃的橫紋外包紙上僅有綠字或紅字單色印刷兩種規格，當年也僅此一批，側邊則明顯印有七六三八字樣，非常容易辨識。

而將生茶與熟茶依不同比例拼配，再蒸壓為半生熟茶磚，即便已陳放多年，辨識方式也不難，沖泡數泡後，若明顯出現偏紅或偏黑兩種顏色的葉底，就八九不離十了。

目前在市面上最具知名度的「老」字號茶磚應為文革磚：話說文化大革命始於一九六七年，至一九七七年結束；長達十年由「革命委員會」出品的文革磚，歷經前後始末不同的動亂紛擾，因而出現許多版本。

不過，中國普洱茶學會會長鄧時海卻認為：中茶公司直到一九六七年才開始生產茶磚，利用緊茶的原料壓製成磚，因此文革磚應該是中共建國後第一批茶磚，且在一九六七至一九七三年間，長達十年由「雲南省勐海茶廠革命委員會」具名、印有傣文內飛的「雲南磚茶中茶牌」，才可以稱做真正的「文革磚」生茶。茶菁採勐海大葉種灌木茶樹，茶面呈栗紅色，而茶湯則為栗色，水性沙滑。中國嘉德公司

上　1967到1973年間由勐海茶廠革命委員會具名生產並標示的傣文的文革磚。

下　70年代茶磚以4片為一包的牛皮紙包裝。

早於二〇〇八年拍出一萬零一百九十二元人民幣的高價，至今且屢創新高，聲勢銳不可當。

目前坊間尚有文革結束前後，一九七五或七六年間所產製的厚熟磚，重二五〇公克，辨識方法則在外包紙上的水滴雲、磚有勾等，一般多以「七三茶磚」稱之；而八〇年代所產製「水滴雲、磚無勾」的反而被坊間稱做文革磚。因此近年也有專家將上述茶磚特別加註為「文革類磚」，把早期的景谷茶磚也包括進去。

至於昆明茶廠出品的編號七五八一茶磚，則是市場最常見、最具代表性的普洱熟茶，但也有部分為半生熟茶。由於生產年代長久，包裝與品項高達數十種，包括蠟面紙、土黃色紙、白色紙、黃色紙等。更由於當時壓模的重量，以及後發酵空間的鬆緊而產生不同的收縮變化，厚度竟有三至五公分的差異，但厚、薄、鬆、緊茶磚各有特色。

話說七〇至九〇年代的國營勐海茶廠，主要以產製圓茶為主，少數才為茶磚，其中生茶青磚生產比例又更少，因而更加奇貨可居。代表作為一九八九年正式推出的八九七二青磚，早期均採用勐海茶區巴達山的茶樹，以傳統布模壓製，七級茶料配製。口感最似七子級茶近年價格狂飆的八五八二青餅，堪稱中生代普洱茶磚的佼佼者了。

1975到76年間所產製的水滴雲、磚有勾厚熟磚稱為73茶磚（上），80年代的水滴雲、磚無勾（下）反而被稱做為文革磚。

80年代的7581茶磚還有盒裝版。

八九七二青磚首批原有「窄版厚磚」與今日常見的「寬版」兩種，不過九〇年代以後僅產製寬版，外觀為牛皮紙四片包。最大特徵在磚面上明顯的內飛，除了八中標誌外，尚有「雲南普洱茶磚」、「雲南省茶業進出口分公司」，並直接標示「八九七二」等字樣，在所有茶磚甚至圓茶中都極為罕見。

八九七二青磚一般公認以九〇年代初期產製者最佳，至今已跨越二十年陳期：採巴達山茶菁，以傳統布模壓製。特色為磚面條索肥壯、樟香底韻厚實，茶湯濃郁飽滿、茶氣強勁；且水甜、回甘快。尤其以純乾倉陳放至今，磚面已明顯轉褐紅，紅濃的茶湯老韻也豁然開朗，湯面且呈現老茶般的油亮光暈。在跨過二〇一〇年後更有極佳的轉韻與口感，讓收藏家普遍看好。

至於「青」字代的茶磚，坊間公認以二〇〇四年開始產製至今的「景邁千年金磚」最具收藏價值。二〇〇四年起，完全採千年以上老樹最優質茶菁，所分開處理壓製而成的「千年金磚」，除了少數為六〇〇公克外，大多為一〇〇〇公克規格。特色為香氣純和帶山頭氣，滋味明顯濃稠飽滿，金黃透亮的湯色活性

左　8972青磚是以產製圓茶為主的勐海茶廠難得一見的茶磚。**右**　8972青磚首批原有「窄版厚磚」與今日常見的「寬版」兩種，不過90年代以後僅產製寬版。

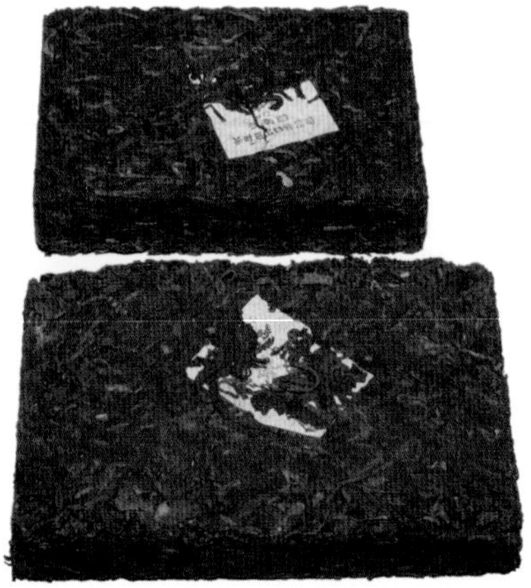

裕嶺一茶廠當年茶品就有明顯香醇湯色泛紅的極致表現，圖為2008年（上）與2009年（下）千年金磚。

特佳，尤其特有的杯底幽蘭香，更是其他茶品所不能及。

由於景邁千年金磚每年限量僅兩千片左右，每年甫推出就被藏家搶購一空，尤其二〇一〇年前推出的金磚，至今更奇貨可居，網路上經常可見天價拍出，令人感受它的無比魅力。以二〇〇八年產製的六〇〇公克千年金磚為例，歷經八年的轉化已頗為柔順，滋味醇厚帶甘，強烈的山靈之氣轉為濃郁的幽香，散發飽滿的活力。

普洱茶膏風雲再起

看著寶哥從精緻的瓷瓶中挖出些許茶膏，在天目碗中以滾水沖入後逐漸融化，向周遭緩緩釋出黝黑晶瑩的茶湯，並在杯緣展開油亮泛紅的光暈，當茶膏全然被茶湯淹沒，鏡面般透亮的湯面已然將香氣溢滿整個室內。入口濃郁的黏稠感與直入丹田的茶氣，讓味蕾頓時迴盪在歷史與現代交織的時空。

果然是源自清末民初的普洱茶膏製作工藝，不過普洱茶原料雖來自雲南，卻是由屏東的林三寶耗時三個月所熬製而成，讓我深感好奇。

二〇一〇年春天，北京榮寶藝術品拍賣會首次推出「普洱茶專場」，其中一盒二十八塊裝的清宮普洱茶膏，成交價格狂飆至一百萬八千元人民幣，換算每塊僅三公克（大小為二公分見方）高達三萬六千人民幣，引發各界關注。

事實上，普洱茶品

北京故宮珍藏的盒裝28片清宮普洱茶膏。

中最神秘的茶膏，在清朝時不僅是最珍貴的貢品，還是具有療效的神奇藥物，清朝趙學敏在《本草綱目拾遺》中曾提到：「普洱茶膏黑如漆，醒酒第一……消食化痰，清胃生津，功力尤大也。」以及「普洱茶膏能治百病，如肚脹、受寒，用姜湯發散，出汗即癒。口破喉顙、受熱疼痛，用五分噙口即癒。」顯然在醫學尚未發達的清代，普洱茶膏往往被當作治病的成藥使用，至現代醫療發達以及成藥普及後才逐漸失傳，因此鮮為人知。

二〇〇四年二月，近代大思想家魯迅所珍藏的三公克清宮普洱茶膏，在廣州以一萬二千元人民幣的高價拍出，而且經專家實際沖泡鑑定，才喚醒許多普洱茶人的記憶。儘管魯迅後人周海嬰提供茶品時稱做「小茶磚」，而使許多未親眼目睹的人百思不解，什麼時候茶磚會出現二公分見方、重量僅三公克的如此小規格？

而根據報載周海嬰的回憶說，從懂事起每逢年節吃完大餐，若感覺腸胃不適，母親許廣平就會取一小塊沖泡給他喝，確能達到神奇的療效；而曾以茶傳情的魯迅與許廣平自己卻始終不捨得喝，今日才能留下一四〇公克的絕世珍品。

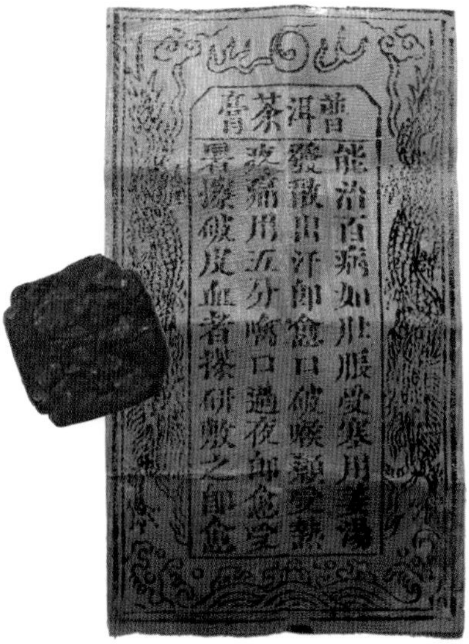

名攝影家莊靈珍藏的普洱茶膏，是早已失傳的絕世珍品。

所謂茶膏，其實是將茶葉先熬成糊狀、濾去茶渣、蒸發水分，再將提煉出的茶汁注入模具壓制成型後烘乾而成，因此今日所留存的清宮茶膏就成了凝結的小方磚狀。

其實茶膏的製作應可溯至一千三百多年前的唐朝，不過當時僅作為「品茶」的一種方式，並未涉及任何療效或養生用途。由於當時多採茶末焙成膏的「煮茶」作為品飲，唐朝貞觀十五年

疑是1952年雲南省茶葉公司鳳慶縣順寧廠留下的解放版茶膏。

（六四一年），唐太宗將文成公主嫁與吐番國王和親，入藏時文成公主所攜帶的茶葉，即為當時名滿天下的「邕湖含膏」。

我曾在名攝影家莊靈家中，親眼欣賞並觸摸了前故宮博物院副院長莊嚴所留下，珍藏至今的一塊茶膏。以放大鏡仔細檢視，但見黝黑的外觀堅硬無比，從表面的氧化程度、花紋的精緻，以及泛黃的說明紙張來看，距今一個世紀以上應無庸置疑。有趣的是說明紙張上的文字，就全然引用《本草綱目拾遺》的記載，且一字不漏、一句未改。儘管莊靈珍藏的普洱茶膏僅有一片，不捨讓我撥開沖泡，但總算讓我大開眼界了。

完整盒裝的清宮普洱茶膏，除了北京故宮還藏有八盒外，市面上已極為罕見。而二〇一〇年榮寶春季拍出天價的茶膏，據說就是魯迅早年所珍藏留下。

根據《雲南茶葉進出口公司誌考記》中，關於茶膏製作的工序，是先將茶及茶末放置大鍋中，充分煎熬至汁出盡為止；再將煎熬之茶湯盛於布袋中壓榨，使茶湯濾出。然後將濾出茶湯再置於大鍋中煎熬，湯表面若浮出淺黃色之物則以小鍋鏟剔去，以保持膏汁的純度。茶湯熬煎至濃茶汁程度時，轉盛於小鍋中煎熬，至液體成膏狀再收膏。完成的茶膏則應具有「取起一團，拉長不黏手，色起淡褐色」的特色，而一百斤上好茶葉才可以熬出二十五市斤的茶膏，可見已經完全濃縮了普洱茶的精華，其珍貴可見一斑。

據說中共建政之初，為支援入藏部隊需要，在一九五〇年曾委託雲南省茶葉公司熬製三五〇〇斤的茶膏，其中省公司與下關茶廠分別一〇〇〇斤、鳳慶縣順寧茶廠一五〇〇斤，總共製成四十二市擔。當時應有少量樣茶流入民間，我就曾在陶藝名家翁國珍手中，見過疑似鳳慶留下的該批茶膏，每塊重約二公斤，直徑二十六公分，呈不規則圓形。

兩地出現的「解放版」茶膏，外包都有厚棉紙，紙色且早已斑白泛黃，與茶膏大部分黏在一起，無法分開，封口處的紙用茶膏做接著劑來黏接。在紙的四周分別印了兩隻鳳凰和太陽的圖案，推測應該是當時

重現江湖的「民國版」民間茶廠熬製的茶膏。

鳳慶縣的圖騰。黑色發亮的茶體堅硬厚實有如瀝青，沖煮後模樣與現今的龜苓膏相似，但有明顯的茶香。

解放版茶膏在以少量沖泡時，湯色與一般普洱茶無異，大多呈棗紅色；但如製茶量過多，則會呈現偏綠的湯色，滋味且略顯苦澀，至今仍讓我百思不解。

後來又在西雙版納傣族自治州台商羅乾灶處，看到另一款年代更早的茶膏，外觀與前述極為相似，但圖案明顯不同，且多了「農商部註冊」、「廈成工廠改良出品」等字樣，從商標與註冊單位來看，應係民國年間由民間茶廠所熬製，只是已無法可考，姑且以「民國版」普洱茶膏稱之。茶膏重約三公斤，直徑約二十公分左右，取下一小塊試泡，發現帶有甘甜的焦味，推測製作當時可能熬煮過頭了。

台北茗心坊以金碗沖泡的心形塊狀茶膏與湯色變化。

由於普洱茶膏彌足珍貴且奇貨可居，因此近年已有不少茶人躍躍欲試，希望能將失傳的工藝復活。尤其在二〇〇六年與二〇〇八年，我的《普洱找茶》與《普洱藏茶》兩本書相繼出版，其中詳細探討普洱茶膏的傳奇與製作方式，又經兩岸各大報刊引述或轉載後，兩岸三地的茶商都開始尋求茶膏的製作與熬煮方法，至今且已遍地開花，雲南省城昆明甚至有茶商成立「茶膏博物館」，熱絡可見一斑。

其實台商黃傳芳早在二〇〇〇年就已在昆明成功製作出膏狀茶膏，甚至將其研磨為粉末做成方便包，提供專利供某大茶廠生產，只是當時並未造成流行熱潮罷了。

台北茶人林貴松則坦承受到我書中的啟發，而在二〇〇八年以八〇年代八五八二普洱青餅為原料，成功研發出塊狀茶膏。每塊重三十七・五公克，每公克可沖泡六〇〇CC。當時在台北市《聯合報》三大樓，我的《普洱藏茶》新書發表會中首度公開，並以純金大碗沖泡分享，果然立即引發騷動與熱烈迴響。外觀雖不若清宮留存至今的茶膏般，充滿歲月斑斑的古趣，但心型的塊狀晶瑩剔透，討喜的造型也依稀可見古法傳承的精神。

屏東林三寶製成的普洱茶膏有凝結為膏狀也有顆粒狀。

而屏東的林三寶也語氣肯定的表示，是在看過我的書後，才矢志遵循古法熬煮茶膏，但他特別強調原料的重要，說曾以各種普洱熟茶嘗試皆不盡理想，尤其雜質過多或膠質不夠的茶品失敗率更高，經過一年多的探討與不斷精進，至今已有持續且穩定的茶品問世，深受茶人喜愛。無論凝結在瓶中的流質狀茶膏，或青瓷罐中整齊切成小塊的固狀茶膏，入喉後濃醇的滋味在口腔迴盪豐厚的餘韻，而飽含焦糖渾然天成的蜜底香氣更令人深深沉醉。

目前市面上可見的「現代版」茶膏，製作來源從雲南、台灣到香港都有，不僅呈現的型制各自不同，也與清宮留下的小方磚狀全然迥異。有製成如龜苓膏般半流質狀、也有即溶式的粉狀，或凝聚為磚形、塊狀或顆粒狀者也不在少數；原料則生普、熟普皆有。

依台灣目前法規「茶品絕不可述及療效」，且至今也無任何實驗或臨床，可以證明古代或現代茶膏是否真具有療效？更無法比較各家茶膏的功效了。因此現代版茶膏在兩岸三地風起雲湧、彼此爭鋒競艷的局面下，消費者或收藏家對茶膏口感、餘韻、湯色，甚至外形、包裝等的要求，往往比一般的圓茶、茶磚或沱茶等還要來得

香港茶商以普洱熟茶製作的顆粒狀茶膏。

雲南台商傳芳號熬製的半流質狀普洱茶膏與沖泡後的茶湯變化。

雲南大理馬久邑茶廠近年推出的長方形磚狀茶膏。

更為嚴苛，而茶膏的造型與包裝自然就顯得愈發重要了。

遠在雲南大理的台商黃華雄，多年前曾租下「馬久邑」人民公社製作普洱茶，並因接受台灣某大旅遊電視節目專訪而聲名大噪。近年人民公社舊址雖已不存在，卻仍致力茶膏的研發，外觀從磚形、青瓷罐裝的顆粒狀都有，最近甚至委託台灣藝術大學攻讀文創博士的女婿張樹楦，將茶膏以模具緊壓為青龍、貔貅等中國傳說中的吉祥神獸，十分討喜。

雲南大理馬久邑以模具緊壓為青龍、貔貅等討喜的普洱茶膏。

三、湖南安化黑茶

從物流手上接過沉甸甸的圓柱包裝，兩人合力費了好大勁才從電梯口「抬」進工作室；果然是遠從湖南安化雲天閣寄來的千兩茶，上面還附了一張鄭重其事的贈茶儀式合照，讓我感動萬分。

二〇一四年五月，我應邀前往湖南長沙演講，經由主辦單位長沙府窯負責人吳琪的安排，以及安化縣茶葉辦主任肖偉群的全程陪同導覽，得以拜訪安化老字號的「白沙溪」茶廠，以及近年快速崛起的雲天閣、香木海、怡清園、建鈴等現代大廠，深入採訪了安化黑茶的沿革、原料，以及從傳統到現代化的製作工藝等，可說收穫頗豐。

作為中國著名的茶鄉，湖南省除了洞庭湖君山島上的黃茶「君山銀針」，以及湘西的「古丈毛尖」綠茶外；中北部益陽市的安化縣則是源遠流長的黑茶產地，包括近年兩

以竹編包裹緊壓而成圓柱形的千兩茶，因每支茶葉淨含量合老秤一千兩而得名。

由左至右為鬆緊適度的茯磚茶，與緊結的花磚茶、黑磚茶。

岸炙手可熱的千兩茶，以及緊壓成磚的茯磚茶、花磚茶、黑磚茶等，統稱為「安化黑茶」，都早已馳名天下。

以竹編包裹緊壓而成圓柱形的「千兩茶」，因每支茶葉淨含量合老秤一千兩（約三十六・二至三十七・五公斤，與現今台兩大致相同）而得名，由於外表的篾簍包裝成花格狀，又名「花卷茶」。近年則因行銷等考量，而陸續推出了百兩茶（三・七五公斤）、十兩茶（三七五公克），甚至還有展示用的萬兩茶（三七五公斤），豎起來幾近兩層樓高，令人咋舌。其實根據史料，清朝道光年間（一八二〇年前後），安化製作出的第一支花卷茶僅有百兩，至同治年間才改百兩花卷為千兩茶。

茶館橫跨資江兩岸，以古色古香建築作為縣城東坪鎮最顯著地標的「雲天閣」茶業，主人李雲係書法家出身，渾身散發優雅的文士氣息。他說千兩茶的製作工藝，比起普洱茶可說繁複多了：從採青、殺青、揉捻，到渥堆後烘乾，水分的高低、溫度濕度的控制，都有極其精確的計算。製成黑毛茶後尚須在七星灶上用松木烘烤，形成獨有的高香。

再經揀梗、拼配，並秤重裝包，以每包七・五公斤、每五包才能填滿為一柱千兩茶。

儘管五月中旬並非千兩茶的製作季節，李雲仍特意從郊區調回七位身材魁武的師傅，從蒸、裝、勒、踩、涼置等工序一氣呵成，實際製作兩柱千兩茶讓我全程拍攝。

上　雲天閣倉庫內陳放的千兩茶。
下　安化縣內保留的茶馬古道上可以看到騾馬運送千兩茶的實況（雲天閣提供）。

李雲說，編妥的竹簍必須在二十四小時內使用以免硬化，篾簍內先置入一層棕櫚葉、再置入一層粽葉，連同篾簍共三層，因此有人戲稱是「三層肉」，不僅可防雨水、防異味，粽葉還有藥用保健作用，而三層防護也便於早期騾馬的長途運輸。

從車間取出五包精製後的毛茶，三名師傅熟練地以大型蒸汽木桶，將茶葉蒸軟後逐一倒入篾簍內，並不斷以人工棍槌擠壓填滿，有如擰花卷般擰成圓柱型，用竹篾捆緊封口後，再以竹片及竹條加

橫跨資江兩岸的雲天閣，前排為清朝保留至今的商場，後為新建的茶館。

千兩茶的製作工藝：

1.

左　經製後的黑毛茶置於木桶以蒸汽蒸軟。

右　將茶葉蒸軟後逐一倒入篾簍內，並不斷以人工棍槌擠壓填滿。

以重壓捆紮，包括絞、壓、跺、滾、槌打等數十道傳統工序，鏡頭下但見五名彪形大漢不停揮汗使力，彷彿世足賽的聚焦爭鋒，充滿力與美的舞動令人血脈賁張。李勁峰經理補充說，千兩茶的捆壓成形，七名大漢從早到晚每天最多僅能完成二十柱，非有足夠的體力不可，因此千兩茶又被稱為「漢子茶」。

完成後的千兩茶尚須露天晾曬四十九天，日曬夜露「吸天地靈氣，收日月精華」才算大功告成，雨天則加蓋塑膠布套或移入室內防雨淋濕，之後在自然條件催化下自行發酵。緊壓為原條千兩茶後，通常高度為一五〇公分、直徑二十公分、圓周約七十公分。

完成後的兩支千兩茶，現場所有參與人員包括緊跟著拍照採訪的我在內，以毛筆或麥克筆在竹簍上一一簽名。李雲當場承諾待茶葉乾燥後，會將其中一支寄至台北給我，我也立即回應「二十年後希望能健康攜回安化跟另一支交換」，作為我與安化千兩茶的二十年之約，並比較兩地溫濕度不同的陳化結果。

千兩茶的由來，據說是因為過去交通困難、茶葉運送不便，因此將茶葉緊壓為樹幹狀的圓柱花卷茶，以便於馱在騾馬等牲口背上兩側作長途運輸。主要銷

2.

左　將茶葉如擰花卷般擰成圓柱型，再用竹篾捆緊封口。

右　五名彪形大漢不停揮汗使力以竹片及竹條加以重壓捆紮。

往內蒙古及黃土高原一帶，作為遊牧民族沖煮酥油茶或奶茶重要原料的「邊銷茶」。

由於花卷茶的製作工序完全倚賴人工，技能繁複、難度大、消耗體力、工效低。而且經長時間陳化後堅硬無比，品飲時必須以鋼鋸連同竹簍鋸開成片，再剁碎置入茶壺沖泡，不僅過程繁瑣又費時費力，茶末也會流失不少。因此安化老字號的「白沙溪茶廠」在一九五八年經過多次試驗後，終於將千兩茶改製為長方形的花磚茶，讓千兩茶一度消失在歷史的舞台，傳統古法的手工緊壓技術也隨之失傳多年。其間白沙溪茶廠雖於一九八三年請回一批老技工製作了三百多支花卷茶流通至各地；但真正恢復量產，則在一九九七年以後了。

儘管陳年千兩茶內質轉化的生物化學原理，至今仍是一個待解的學術之謎，但長年在棕葉、粽葉與竹簍的層層密封下，鋸開後色澤黑褐，沖泡後湯色紅黃透亮，滋味甜潤醇厚，且擁有香、濃、醇、順、滑、涼等六大美韻，令人嘖嘖稱奇。

在肖偉群主任的帶領下，我也拜訪了安化歷史最悠久、目前已改制為民營的原國營「白沙溪茶廠」，園區內館藏豐富的博物館大門「黑茶之源」，清楚揭示「一九三九年製作出第一片黑磚茶、一九五三年製作出第一片茯磚茶、一九五八年製作出第一塊花磚茶。」其實早在一九三七年，國民政府

3. 漢子們的絞、壓、跺、滾、槌打等數十道傳統工序。

成立的「中國茶葉公司」，就在此成立安化支公司與湖南省安化茶廠，一九五〇年中共建政後始由湖南省人民政府接管，成了湖南第一家大型國有茶廠。正如普洱茶早年國營的「勐海茶廠」一樣，具有不可動搖的歷史地位。

我也拜訪了當地資深作家伍湘安的住處，他不僅買下一座老厝改裝為私人非營利的「安化黑茶文物館」，還編著有《安化黑茶》等三本書，堪稱當代黑茶的活字典與論述權威了。他說安化黑茶早在明朝萬曆年間，就由戶部正式定為運銷西北「以茶易馬」的「官茶」，當時陝、甘、甯、晉地區的茶商，到各地「茶馬司」以金（貨幣）易領「茶引」，至安化大量採購黑茶磚，運銷西北以茶易馬，上等馬每匹一二〇斤、中等馬每匹七十斤、下等馬每匹五十斤，可知當時安化黑茶之珍貴。

伍湘安的私人文物館內不僅收藏了不同年代的各種黑茶，還有一座木造的古董級手工揉捻機、早年烘茶的爐灶；而不僅櫥窗內藏有民國二十七年官府發給的「陝西官茶票」，屋簷下還有輾轉覓得的早年裝官茶的大型竹簍，讓我大開眼界。就在他住處不遠，還

右　安化歷史最悠久、目前已改制為民營的原國營白沙溪茶廠。
左　白沙溪茶廠博物館內展示的早期黑磚茶。

有一座超過二百四十年的老茶莊，臨江而建的斑剝四合大院儘管保留完整，卻早已被民眾長期佔據居住，內部破損不堪，當年茶馬古道上的雄風早已不復尋，令人不勝唏噓。

此外，因磚面四邊有花紋而得名的「花磚茶」又稱「花卷」，其實就是由千兩茶「縮小」演化而來的長方形磚茶，正面邊有花紋，磚面色澤黑褐。

花磚茶的原料分為「灑面茶」與「包心茶」，壓製時把較差的茶葉壓在裡面稱為包心，較佳的茶葉則壓在外面為灑面。一九六〇年代中期以後，就不再區分面茶或裡茶，直接進行混合壓製。通常在毛茶進廠後，要經篩分、破碎、拼堆等工序，再進行蒸壓、烘焙。

而黑磚茶係以黑毛茶作原料，色澤黑潤，成品塊狀如磚而名。每塊重二公斤，呈長方磚塊形的半發酵茶。磚面平整光滑，稜角分明；湯色黃紅稍褐，滋味較濃醇。由於去除鮮葉中的青草氣，加以磚身緊實，不易受潮黴變，收藏數年仍不變味，且與普洱茶一樣越陳越香。

茯磚茶早期稱為「湖茶」，約在一八六〇年前

右　伍湘安收藏的早年裝官茶的大型竹簍。
左　超過240年的安化老茶莊斑剝的四合大院。

安化傳統茶廠的人工緊壓磚茶工藝。

後問世。當時用湖南所產的黑毛茶踩壓成九十公斤一塊的篾簍大包，運往陝西涇陽緊壓成磚，因此又稱「涇陽磚」，今日則多集中在湖南安化加工壓製。

茯磚茶壓製需經過原料處理、渥堆、蒸汽壓製定型、發花乾燥等工序，與黑磚茶或花磚茶大至相同，不同點在於磚形的厚度，以及茯磚特有的「發花」工序：磚體必須鬆緊適度，便於微生物的繁殖活動，且為了促使「發花」，緊壓後往往先行包裝，再送進烘房烘乾。烘期也比黑磚或花磚長一倍以上，以求緩慢發花。

所謂發花，即磚內金黃色的黴苗，俗稱「金花」，帶有有黃花清香。金花生長得越多，代表茯磚茶的品質越好。與六堡茶的「發金花」大致相同，但六堡茶的金花係因長年陳化而來，茯磚茶卻是人工促成，且顆粒較大。

茯磚茶外形一樣為長方磚形，磚面色澤黑褐。開湯後要求湯紅不濁、香清不粗、味厚不澀。是新疆維吾爾族的最愛，金花的多寡則視為檢驗茯磚茶品質優劣的標準；此外也是青海、西藏、甘肅、寧夏等地少數民族每日不可或缺的主要飲品來源。

不過，安化黑茶價格與品質最高的卻非千兩茶、黑磚、茯磚、花磚等緊壓茶，而是未經緊壓的散茶「芽尖、天尖、貢尖、生尖」四者，以穀雨時節鮮葉加工而成，早年主要供西北貴族飲用。清道光年間，天尖茶與貢尖茶還被列為皇室貢品，價值不斐。

安化黑茶價格與品質最高的是未經緊壓的散茶「芽尖、天尖、貢尖、生尖」四者。

四、陝西咸陽茯茶

〈老紀說茶〉是中國大陸中央人民廣播電台的一個叫座節目；「涇渭分明」則是大家熟知的成語，兩者看似毫不相干，卻蘊藏了明代以來悠遠的官茶文化。源自《詩經・邶風・谷風》：「涇以渭濁，湜湜其沚。」的成語「涇渭分明」，是說黃河最大支流「渭河」水渾，渭河最大支流「涇河」卻水清，當涇河與渭河在西安北郊的涇陽交會，由於含沙量不同，呈現一清一濁、互不相容的奇特景觀，用以比喻界限清楚或是非分明。

而「老紀」則是中國大西部著名的茶人、「涇渭茯茶」的董事長紀曉明，茯茶是「黑茶」的一種，在全球六大茶類「綠茶、白茶、黃茶、青茶、紅茶、黑茶」中，包括廣西六堡茶，湖南安化的千兩茶、花磚茶、青磚茶、黑磚茶、茯磚茶等，與普洱茶一樣

傳承600多年的涇渭茯茶神秘之處即在剝開後繁星點點金黃色的金花益生菌（以陶藝家黃俊憲創作壺沖泡）。

陝南漢中白岩山壯闊的茶山全採有機種植。

涇渭茯茶董事長紀曉明是中國大西部著名的茶人。

被列為「後發酵」的黑茶類。

不過，作為中國歷史名茶，源於一三六八年的涇渭茯茶，今天在台灣卻少有人知，因此透過友人陳弘斌的介紹，認識了來自西安的茶商金建軍，從他手上拿到緊壓為一公斤重的「涇渭茯磚茶」，就讓我大感驚奇。金君說涇渭茯茶由來甚久，早在明朝洪武年間，陝西咸陽就有產製，明清以來陝西商人「以漢茶為主、湖茶佐之」，匯於涇陽製磚發酵，又稱「陝西官茶」。

他取出一張民國二十七年由陝西財政廳發給的一張「官茶票」影本，進一步解釋說，

右　涇渭茶廠內挑高近3層樓透空的毛茶貯藏空間，潔淨無塵、嚴格控制溫濕度。
左　白岩山上製作茯茶毛茶的現代化廠房。

遠從漢代開始，涇陽就是「官引茶」到中原的集散地，沿絲綢之路銷往西北各地乃至中亞各國，做為肉食為主的邊疆牧民去油膩的生命之飲。茯磚茶則始於明代，中共建政後，一度將涇陽、咸陽兩地數十家茶莊集中，設立國營咸陽茯茶廠，年產五〇〇〇噸茯茶，可惜在一九五八年關閉；直到二〇一一年，陝西蒼山茶業公司投資設廠，才讓中斷五十年的涇渭茯茶與愛茶人再續前緣。

也因此現代茶人提到茯茶，大多僅知有湖南安化黑茶；而茯茶名稱的由來也出現多種版本：有說茯茶乃在伏天加工而成，具有土茯苓的功效而稱「伏茶」或「茯磚」。也有說古代茯茶係以官引製造、交由官府銷售而稱「官茶」或「府茶」。更有說唐代以後，朝廷為鼓勵茶商販運茶葉，每次運到茶馬司交割後，都獎給茶商「附茶」，取其諧音而有「茯茶」。

不過，學者多認為：茯磚茶早期稱為「湖茶」，因而演變為「茯茶」。當時用湖南所產的黑毛茶踩壓成九十公斤一塊的篾簍大包，運往陝西涇陽緊壓成磚，因此又稱「涇陽磚」。

看我滿臉疑惑，金建軍特別提出古老流傳的「茯茶之三不能製作」說：離開涇河水不能製；離了關中氣候不能製；無陝西人技術不能製。認為咸陽的水質與氣候才是茯磚茶加工的最佳自然資源。他說目前涇渭茯茶原料多取自陝南漢中地區的茶山，加工則集中在陝北的咸陽。

為了解開我的疑惑，金君特別熱情邀請我飛往西安，採訪座落咸陽的涇渭茯茶廠，並在紀曉明董事長的親自接待與全程陪同下，從西安驅車經亞洲最長的「終南山隧道」、穿越秦嶺前往漢中地區，深入白岩山與高川兩處高海拔茶區，將傳承六百多年的茯茶做完整揭密。

其實茯茶磚便於攜帶、運輸與儲藏，又可消食解膩，對於居住在沙漠或高原以肉食為主的民族而言，茯茶毫無疑問成了生活必需品，而有「寧可一日無糧，不可一日無茶」之說，茯茶也因此成了明、清兩代絲綢之路上最重要的「神秘之茶」。

比較陝西與湖南或湖北三地的黑茶，陝西為茯茶發源地，湖南主要生產千兩茶、黑磚與花磚，而湖北則以青磚為主。無論古今，陝西僅產製茯茶，湖南省中北部益陽市的安化縣則是今日黑茶最大產地，包括近年兩岸炙手可熱的千兩茶，以及緊壓成磚的花磚茶、黑磚茶、茯磚茶等。

涇渭茯茶貢金（左）與手築以陶藝名家游正民的岩礦壺沖泡的不同表現。

茯茶與所有黑茶最大的不同，就在經過選料、篩制、渥堆、壓制、發花、烘乾等二十多道工序中，被認為「吸天地靈氣，納宇宙精華」的「發花」工序：磚體必須鬆緊適度，便於微生物的繁殖活動，且為了促使「發花」，緊壓後往往先行包裝，再送進烘房烘乾。烘期也比黑磚或花磚長一倍以上，以求緩慢發花。

所謂發花，即磚內金黃色的黴苗，學名「冠突散囊菌」，俗稱「金花」，是茯茶特有的益生菌種，帶有黃花清香。金花菌長久以來口耳相傳的降血脂、降血糖、抗氧化、抗衰老等功效，據說今天在中國已得到醫學界理論與臨床試驗的驗證，金花生長得越多，代表茯磚茶的品質越好。

趕緊拆開外包紙仔細端詳，但見長方形的磚面色澤黑褐油潤，金花如繁星點點在粗壯的條索之間閃爍。以茶刀剝開少許，置入南部陶藝家陳瑞諭的白志野壺以沸水沖泡，正如金君所形容的「湯紅不濁、香清不粗」，入口後渾厚的茶氣與回吐的餘韻，也明顯有別於安化茯磚，來自古都咸陽，果然涇渭分明。

抵達陝南的漢中，正如小時地理課本讀到的「秦嶺為中國南北氣候的分水嶺」，頓時從陝北西安的濕冷轉變

左　穿越秦嶺後的漢中白岩山，金晃晃的油菜花在茶園內輝映彷彿置身江南。
右　涇渭茯茶在漢中高川的有機茶葉原料基地令人心曠神怡。

左　咸陽涇渭茯茶廠內茯茶緊壓後脫模工序。
右　必須全身消毒穿上防護衣始能進入的涇渭茯茶加工廠房。

涇渭茯茶高川茶山環抱的簡易粗製廠房保留了古樸的原貌。

民國27年由國民政府陝西省財政廳發給的官茶票。

為溫暖的氣候，金晃晃的油菜花在茶園內輝映彷彿置身江南。海拔約千米的白岩山是中國最北緣的茶區，一望無際、雲霧繚繞的千畝有機茶園內，隨處可看到一根根佇立的捕蟲黏板，紀董說茶園不噴農藥、完全採有機種植，不僅「高山雲霧出好茶」，「巴山夜雨」的獨特氣候更成就了陝南茶葉的卓越品質。

涇渭茯茶的原料，主要採三至四月的一級茶菁、小葉種，明顯有別於雲南普洱茶的大葉種。採一芽二葉至四葉，依茶園地形不同而手採或機採都有，論工計酬，此外附近農民也會將自家鮮葉送至茶廠加工。讓我大感驚奇的是：茶山上的茶廠儘管僅作為初步加工，卻完全現代化、機械化，茶菁收羅後從篩選、靜置、晾青至殺青、揉捻，全部透過輸送帶逐一進行，最後再輸送至屋頂陽台曬青成為毛茶，再送到咸陽工廠精緻加工。

紀董告訴我，陝南茶區的茶葉生長季節長，內含物質豐富，尤其是氨基酸含量遠遠高於其它茶區，採高山無污染的有機茶作為涇渭茯茶原料，運回咸陽後還須按照不同地域、不同品質、不同季節、含氟量不同等因素嚴格區分入庫，在加工過程中合理拼配，保證茶葉品質一致。

回到咸陽，偌大的涇渭茶廠內，有棟挑高近三層樓透空的建築，用來存放貯藏毛茶。進入潔淨無塵、嚴格控制溫濕度的空間，滿坑滿谷的毛茶香氣撲鼻令人震撼，總經理周興長說涇渭茯茶所用毛茶大多需經兩年以上的存放，因此形成的獨特菌花香絕非其他茶類所能比擬。

紀董說陝西「蒼山茶業有限責任公司」係由「陝西省茶葉公司」轉制，加上原陝西蒼山茶葉有限公司合併組建，集茶葉科研、茶園基地建設、茶葉加工、茶葉貿易、茶文化傳播於一體的現代型茶葉產業公司，目前也是中國茶葉行業百強企業。

為了傳承六百年歷史的茯磚茶製作技藝，除了現代化的廠房，廠區內也複製了一棟古色古香的作坊「益生源記復古茯茶作坊」，運用最原始的手工工藝，製作出傳統茯茶「宗正源清」的味韻。作坊內產製複刻版的「益生官茶」，完全依循一九三〇年代陝西茶商趙居敬的「益生源記」茶莊的茯茶型制，從篩茶、剁茶、秤茶、炒茶、築茶、封茶、發花，完全沿用古法製作而成。背面並加印民國二十七年陝西財政廳簽署的官茶票，不僅見證獨特的官茶歷史文化，還於二〇一一年列入陝西省第三批非物質文化

上　涇渭茯茶廠區內古色古香的「益生源記復古茯茶作坊」。

中　在白氣升騰的古作坊將秤好的毛茶倒進燒紅的鐵鍋裡翻炒。

下　依古法將蒸軟的茶葉灌進木模內的紙封不停舉棍杵築、邊灌邊築。

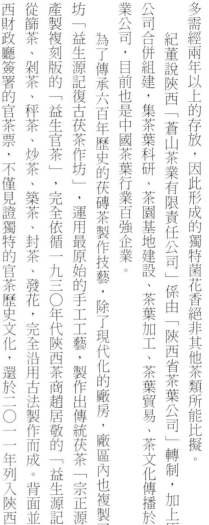

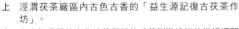

由師傅協助本書作者緊壓完成的益生官茶。

遺產名錄。

在紀董的邀請下，我也特別進入古作坊，先在傳統手工構樹皮紙、紗布與漿糊製成的「糊制封套」上簽名，與師傅共同緊壓製作了一片重達三公斤的益生官茶，將已經剁碎過篩、晾乾後的原料，進行炒茶、烹水、秤重後，由師傅協助我以將蒸軟的茶葉灌進木模內的紙封，不停舉棍杵築、邊灌邊築，並置入我預先寫好簽名的「內飛」。成封後折緊封口、開梆（即脫開木模）出封，再請師傅用麻繩捆紮定型，拍照留念後送入「烘房」發花，全部完成後，一片將交由物流運送來台給我，一片則留存在咸陽總公司展示。

果然就在阿亮返回台北約兩個多月後，茶品終於完成寄來台北，還外加了一個精緻燙金的木盒，讓我欣喜若狂，畢竟是自己親手以古老工藝築茶，且是金總大費周章、輾轉多次才順利運抵我手上的，怎能不格外珍惜呢？

五、安徽六安籃茶

提到六安，大多數人都會想到中國安徽省六安地區所產製，名列中國十大名茶之一的「六安瓜片」。其實以「六安」為名的茶品還包括「六安籃茶」，二者分別歸屬於綠茶與黑茶兩種截然不同的茶類。今天市面上炙手可熱的「孫義順老六安」籃茶，又稱「安茶」，也非產自六安，而是來自安徽祁門縣的蘆溪與溶口兩鄉。

孫義順老六安茶的製法，在尚未取得真相、正式由傳人公開對外說明的一九九八年以前，多半以訛傳訛，認為是以六安瓜片為原料，再加重焙火蒸壓而成的黑茶，其實原料與六安瓜片全然無關，而是與祁門紅茶相同的櫧葉種茶樹鮮葉。

六安籃茶是竹簍包覆的黑茶，先

安茶傳人汪老製作的六安新籃茶以陶藝名家吳堅材的柴燒銀彩壺沖泡十分柔順甜醇。

用殺青、揉捻、曬菁、烘乾、篩分與撼簸等工序，製成毛茶後加重焙火，再蒸壓放入小竹簍內，經過烘焙、夜露、熏蒸等繁複工序，裝簍後還得再烘一次；貯藏方式與暗陳的色澤都與普洱茶相當類似。如同「越陳越香」的普洱老茶，六安籃茶也以一九四〇年代以前、私營茶號「孫義順」產製的最為搶手，稱為「六安龍團」，以竹簍包裝約五〇〇公克後，上面再覆以竹葉，並以長牙籤封裝，至今陳期多已超過七十年以上。

不過，孫義順安茶明明在一九三七年抗戰以後就已停產，直至九〇年代末期才又恢復產製，但目前市面上卻經常可見標榜四十年、五十年或六十年陳期的茶品，且來源說法與價格都十分紊亂。因此今年春天在安徽尋訪全球三大高香紅茶之首的祁門紅茶，從中國知名詩人企業家周墻口中，得知孫義順安茶的傳人就在祁門縣的蘆溪鄉，可真是「踏破鐵鞋無覓處」了，趕緊央求他開車帶我前往，一探六安籃茶的發源與重生之謎。

穿過叢叢茶園與油菜花包覆的蜿蜒小路，抵達蘆溪的孫義順茶廠，門額上清晰的橫扁「孫義順」讓我精神頓時為之一振。頂著「安茶非物質文化遺產技藝傳承人」的光環，近年為痛風所苦、仍為安茶傳承而努力

安籃茶通常以小竹簍加竹筍葉殼包裝，稱為六安龍團。

左 孫義順老六安茶是目前可見所有陳年老茶中，所附茶票最多的茶品。
右 安茶非物質文化遺產技藝傳承人汪震響致力恢復孫義順老龍團的榮光。

不懈的汪震響，依然笑眯眯地前來迎接，簡單帶我參訪拍攝之後，他的外孫汪珂小心翼翼拆開竹藍上包覆的竹葉，撥開少許為我們沏上一壺去年的安茶，聽汪老娓娓訴說老龍團的前世今生。

汪老說安茶應起源於清朝雍正三年（一七二五），在安徽黟縣的一個山村尼姑庵，由住持妙靜師太不經意製成的黑茶作為藥用，技藝傳到黟縣古築鄉的孫家村後，有孫啟明者來到祁門蘆溪，依孫姓為首、義氣為副，並求生意順遂而取名「孫義順」，正式開啟安茶的製作銷售。

不過汪老也補充說，安茶原本稱為「徽茶」或軟枝茶、笠仔茶、徽青等，由於當時大多銷往廣東，以粵語發音徽茶彆扭，才改為安茶，又因具有安五臟六腑的作用，因此又稱為「六安藍茶」，但與六安瓜片全然無關，且陳放五年以上才能稱「老六安」。

一九三七年以前的孫義順老龍團，也跟大多數的普洱陳茶一樣，於一九九七年前後從香港湧進當時「錢淹腳目」的台灣，閩南語稱為「笠仔」或「籃仔」。我也曾在某收藏家處親眼目睹拆封至品飲的過程，並完整拍照作為紀錄，可說是所有陳年黑茶包括普洱茶中，所附的「茶票」與「玄機」最多的茶品了。包含面票、底票、內票、腰票，還有茶團內的藥票以及一枚如假包換的「秋葉」等五票，顯然早年為了防止仿冒，可說煞費苦心，卻仍不敵數十年來的猖獗仿製。而內票中「假冒本號招牌男盜女娼」的警告用語，在一切「向錢看」的今天，也絲毫不起作用了。

明朝聞龍曾在《茶箋》中指出「六安茶入藥最有功效」，而早年安茶大多流行於廣東，據說也是因為清朝時，有來自祁門的醫師在廣東佛山行醫，由於當地夏季悶熱易造成中暑或腸胃不適，醫師多以六安茶代藥，消暑解毒的功能更使得六安茶聲名大噪。求證於汪老，他也明確證實：早期第一年製成的安茶，往往要到第二年才經鄰近的景德鎮運送至廣東佛山，在當時醫藥普遍匱乏的年代，據說對抗廣東一帶流行的瘟疫特別具有療效，還因此被稱為「聖茶」。

不過汪老也明確表示，抗日戰爭爆發後，安茶於日軍佔領鄱陽湖的一九三八年就中

六安籃茶係以祁門蘆溪畔的櫧葉種茶樹鮮葉製作而非以訛傳訛的六安瓜片。

斷生產，直至一九九一年，他輾轉找到早期孫義順茶號的傳人汪壽康老人，並取得製作工藝原始資料，採穀雨前細嫩春茶，製成了中斷近六十年的第一批安茶，但焙火的完整技藝卻遲至次年才大功告成，並獲得香港方面的認可。一九九八年正式註冊「孫義順」商標啟用，但初期銷售並不順利，直至二〇〇三年SARS非典型肺炎肆虐兩岸三地，他所產製的新一代六安籃茶才在廣東等地再度被喚起記憶，重新掀起品飲安茶的風潮。

汪老表示，安茶與一般黑茶最大的不同，就在於獨特的「日曬夜露」工藝，即白天曬太陽晚上吸收露水，因「汲日月精華」而與眾不同。每年在穀雨前，以一芽二葉標準採收當地蘆溪畔的櫧葉種茶樹鮮葉，做到年底才得收料，六月梅雨前曬乾並挑選拼配。至於竹藍則需於立秋水氣下降後採竹、春節前編好；而包覆的竹葉則在重陽後採新鮮的粽葉。

穀雨前以一芽二葉標準採收的櫧葉種茶樹鮮葉做為原料。

攤開孫義順老六安茶大紅色的內票，「本號向在六安州揀選雨前上上細嫩真春牙尖毛蕊，進有冒稱本號甚多，凡賜顧者請認秋葉招牌為記，庶主固不悞。」長久以來，許多茶人對於「秋葉招牌為記」都

今天傳承孫義順老六安而製作的安茶依然附有多種大票與內票以遏止仿冒。

眾說紛紜，有人認為是包裝的竹筍葉殼，也有說是指秋茶，必須等待拆開後才能真相大白，因為包裝內真藏有一枚秋葉，令人莞爾，也不禁讚嘆當時為了遏止仿冒的用心。

孫義順老六安的辨別方式，可以從所附的各種茶票來看，真品與仿品的印刷大不相同，真品印刷清晰明確、字字亮麗，仿品則因翻印而略顯糊狀。其次，由於六安龍團都有竹筍葉殼包覆，貯藏不當或浸淫濕氣，都會出現混濁、味雜或泥味的現象；必須湯色亮、透，且味清無雜氣、無悶味者才是上品。

儘管六安茶與普洱茶同樣由綠茶緊壓並後發酵成為黑茶，但由於產地與原料（一為徽青、一為滇青）的不同，二者無論口感或餘韻皆大逕相庭。六安茶質為乾茶且色澤黑亮，茶底柔軟呈鐵鏽紅色，湯色紅濃清亮，香氣陳醇並帶有西瓜皮味，十分耐泡。其中茶湯爽口及呈西瓜皮味兩項特質，更是驗證老六安茶真品的必備條件。而六安茶不僅可消暑生津解渴，而且還有極強的助消化作用和預防醫學效益，因而被視為珍品。

手中曾有友人致贈的大約三〇年代末期的孫義順老龍團，邀集多位資深茶人品鑑，茶品明顯油光十足、黑亮香醇；緊結不鬆散，茶湯呈紅琥珀色，入口略苦爽後再回甘，香氣馥郁、苦而生津。待第六泡以後茶湯轉甜，陳韻會在唇齒之間留下迷人的香氣，最能顯現六安老茶無可匹敵的魅力。

六、廣西六堡茶

六堡茶是指原產於中國廣西省蒼梧縣六堡鄉的條形黑茶，後來發展至獅寨、長髮、京南等鎮，並擴及到廣西二十多個縣。最大的特色就是帶有特殊的檳榔香氣，且存放越久品質越佳；清朝嘉慶年間（一七九六至一八二〇）就以其特殊的檳榔味而列入中國名茶。過去主要銷往廣東、廣西以及港澳地區，外銷東南亞也甚受歡迎。

六堡茶雖然來自與雲南緊鄰的廣西，但並非大葉種茶樹，而屬於山茶科的常綠灌木，茶葉為長橢圓披針形，葉色綠褐光潤，間有黃花點點。通常採摘一芽二三葉，經攤菁、低溫殺菁、揉捻、乾燥製成。但近年的新品也採用渥堆方式快速陳化，茶品通常分為特級、一至六級等。

六堡陳茶在沖泡後，茶湯呈紅濃明亮且接近琥珀色，香氣醇陳，滋味濃醇甘和，葉底則呈紅褐色；其中尤以茶葉中有「發金花」的最為昂貴。所謂金花，即緊結的黑褐色茶面上生長的金黃色黴菌；根據學者指出，由於金黃黴菌能分泌多種酶，能使茶葉物質加速轉化，形成特殊的風味，作為「養生」的藥效也較為顯著。因此初入門者千萬別誤以為茶品發霉而扔掉了，發金花的六堡茶聞之有濃醇的陳香，與貯藏不當而發霉所發出的霉味全然迴異。

市面可見的六堡老茶通常為竹簍裝的緊壓條形黑茶。

六堡茶至今已有兩百多年的歷史，但也有學者認為應在一千五百年左右，清朝同治年間的《蒼梧縣誌》曾提到「茶產多賢產六堡，味厚隔宿不變。」具有紅、濃、醇、陳四大品質特點，適宜久藏，且與普洱茶同樣越陳越香。茶區範圍內尚可細分為恭村茶、黑石村茶、羅笛村茶、離湧村茶、蠶村茶等，在歷史上最為有名的是恭州村及黑石村的六堡茶。

目前市面可見的六堡陳茶，有散茶和簍裝緊壓茶兩種，均為五〇年代以前所產製的稀有珍貴老茶，價格也直追同昌號、車順號等古董級普洱茶；台灣則以新北市鶯歌區的「東霖茶業」所收藏最為著名。

上　六堡老茶葉面帶有發金花黴菌者為最上品。
下　現代恢復產製的廣西六堡茶。

右　50年代完整未拆的六堡茶。
左　馬來西亞怡保老字號「雙瑞」留下的60年代大票。

六堡茶無論散茶或簍裝緊壓茶的茶葉均條索粗壯、色澤黑褐油潤，外形長而緊結成塊狀；據說品飲後具有清熱解暑、潤肺、祛濕、明目清心、消滯去積、利尿解毒等功效。因此茶饕大多建議在氣候炎熱悶濕時飲用，品飲後身心會特別感到舒適。據說在早年醫療不甚普及的時代，民間常將貯存數年的六堡陳茶，用於治療痢疾、除瘴、解毒。

而馬來西亞盛產錫礦，在早年錫礦全盛時期，就有許多礦工帶著六堡茶前往「錫礦之鄉」霹靂州工作，作為品飲以解熱驅毒，甚至用以洗澡除臭。因此怡保老字號「寶蘭」與「雙瑞」兩家，六〇年代以前即已大量進口六堡茶，再分裝批售予各大茶行，直至錫礦沒落後，有些不及去化的六堡茶就被保留了下來，使得今天大馬擁有最多且奇貨可居的老六堡茶，以及大馬獨有的大票與包裝。

中共建國後，新品六堡茶以梧州茶廠、桂林茶廠、橫縣茶廠為主要生產企業，尤其廣西梧州茶廠所生產的六堡茶，除了有傳統的竹簍、竹籃包裝外，近年也仿效普洱茶緊壓成茶餅、沱茶與茶磚，使之更容易收藏。

七、台灣黑茶

台灣從來沒有普洱茶的產製，這種必須以大葉種茶為原料、經過自然或人工「後發酵」所產生的茶類，全部都來自中國雲南省，也是兩岸簽訂ＥＦＴＡ後，現階段台灣唯一可以合法進口的中國茶類（其他烏龍茶、綠茶、紅茶等均在禁止之列）。品質特徵為：外形條索粗壯肥大完整、色澤褐紅或稍帶灰白、湯色紅濃明亮，香氣陳香濃郁、葉底褐紅、以及滋味醇厚等。

有鑑於喜好普洱茶的國人逐年增加，行政院農委會茶業改良場台東分場從二○○六年起，在場長吳聲舜的努

台東茶改場的緊壓圓茶以陶藝家江世為的金彩岩礦壺最能表現茶湯風味。

茶改場台東分場以本土茶葉製作的手工沱茶（上）與雲南普洱沱茶（下）的比較。

力下，大膽研發製作曬青沱茶與人頭茶，號稱「台灣緊壓茶」，採摘大葉種的「台茶八號」、小葉種的「台茶十二號」與台東永康山野生茶、六龜野生茶等為原料，並分別以紅茶、綠茶、包種茶等不同茶類進行曬青與緊壓實驗，求取消費者能接受的最大公約數，充分展現吳場長作為客家子弟不斷求新求變的硬頸精神。

於是阿亮乃欣然受邀，前往位於鹿野的台東分場，除了深入採訪台灣緊壓茶的原料與製作方式，也以〈普洱茶的製作與品飲〉為題做專題演講。聽眾除了茶改場全體員工，還包括來自台東與花蓮各地的茶農、茶商等，偌大的會議室頓時座無虛席、全場爆滿，讓阿亮感動萬分，趕緊將帶去的十數種普洱茶老、中、青各式茶樣取出沖泡，供大家品飲辨識。主辦單位還特別以視訊跟總場連線，以期講座能發揮最大效應。

台東茶改場研製的手工沱茶與湯色表現，由上而下分別為綠茶、包種茶與紅茶。

上　台東茶改場手工沱茶比照雲南普洱茶置入「內飛」的方式，放入註明品種及日期的小紙張。

下　以自製的緊壓器將沱茶緊壓成形。

話說從清末民初以迄八〇年代末期，雲南普洱茶主要銷往西藏與香港：以肉類為主食的藏人每日必須以普洱茶混和乳製品製成酥油茶以去油膩；香港人則做為每日前往茶樓「飲茶」的常備飲品。台灣則是在八〇年代喝「老人茶」的風氣打開後，伴隨著潮汕壺或宜興壺的進口，開始從香港少量引進，但當時並未造成流行。

一九九七年香港回歸中國前夕，香港四大茶樓大量拋售手中藏茶，使原本堆積在倉庫中的普洱老茶紛紛出籠，來到當時「錢淹腳目」的台灣。陳放了數十年的老茶，迷人的豐姿熟韻與甘醇徹底改變了人們對普洱茶的看法，從人人嗤之以鼻的「臭脯茶」，搖身一變為兼具養生與收藏致富的珍貴飲品，並在茶人與文化人的強力渲染下，價格逐年急遽攀升。今日動輒數十萬甚至上百萬的天價普洱陳茶，再度風光回銷大陸，讓香港人瞠目結舌，更讓二〇〇〇年以前根本不喝普洱茶、且茶品全部急著銷往香港的雲南人為之搥首頓足。

吳聲舜場長表示，台灣茶必須要擁有自己的特色，才能在全球化的趨勢中繼續屹立國際舞台。因此上任以來及不斷開發出當地獨有的新茶品；例如推出不久即一炮而紅的「紅烏龍」等。為了讓茶業走向多元化的發展，二〇〇六年也開始以普洱茶為藍本，研發手工緊壓茶，讓茶葉可以有不同的保存方式及風味，為台灣茶開創新的契機。

儘管台東分場大致沿襲了普洱生茶的曬青、無渥堆方式，所製作的台灣沱茶，經蒸壓成型後，外觀與雲南沱茶不相上下，但二者無論風味、口感、香氣與喉韻等均全然迥異。而我手中藏有二〇〇六年吳場長餽贈的一枚台東緊壓沱茶，即便以台灣原生大葉種茶葉為原料，且炒菁、揉捻，以及曬青而不烘青的工序等，均與雲南普洱茶相同，但陳化多年後依然毫無普洱茶的陳味與口感，顯然原料不同佔了決定性的因素。

不過阿亮則大膽建言，既然同屬「黑茶

台東茶改場手工沱茶製作工序：1.秤重150公克倒入自製的不鏽鋼鍋容器以蒸汽蒸軟。2.將布包套住容器。3.倒入布包。

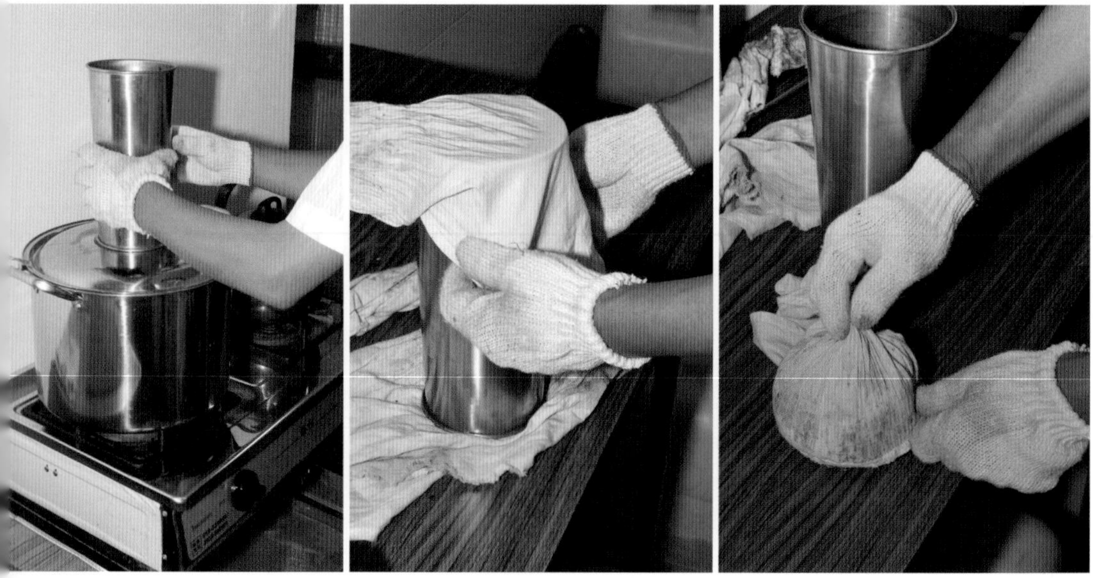

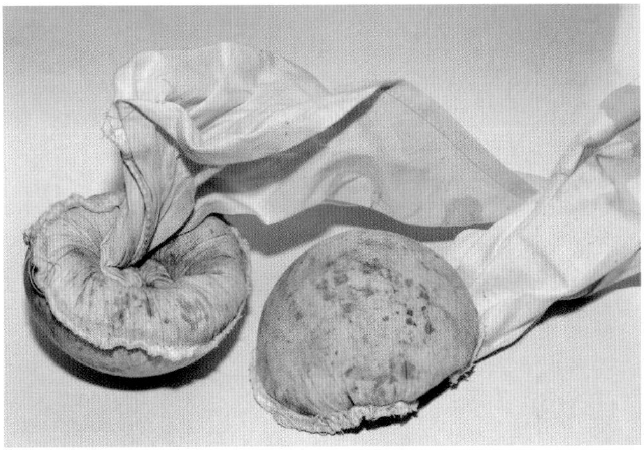

上　用手旋緊沱茶布包。
下　緊壓完成後的手工沱茶，陰乾後褪去布包即完成。

類」的湖南安化黑茶、廣西六堡茶、安徽六安籃茶等，原料均非雲南大葉種，風味也大異其趣，卻都能以其獨特的風韻擄獲消費者的心，百年來也始終受到茶人的青睞。台灣緊壓茶當然大可不必一味追隨雲南普洱茶，以創造出全球最頂尖烏龍茶的製作工藝為基礎，大膽研發出台灣獨特風味與口感的沱茶，誰曰不可？

例如今年在布拉格舉辦的「國際名茶評比」，來自台灣坪林的茶農鄭添福，以雲南西雙版納勐海縣大葉種製作的普洱青餅，就擊敗所有參賽的雲南普洱茶，而勇奪金牌大獎，再一次見證了台灣卓越的製茶工藝。

台東茶改場初期以緊壓成饅頭狀的沱茶為主，製法是將台灣的大葉種茶葉，秤重一五〇公克倒入自製的不鏽鋼鍋容器，以蒸汽蒸軟後，比照雲南普洱茶置入「內飛」的方式，放入註明品種及日期的小紙張，再倒入布包，用手旋緊，接著用手工緊壓器將蒸軟的茶葉壓製成形。緊壓方式除了蒸軟與緊壓的模具與機器不同外，其他大致與雲南沱茶相同，外觀也大同小異。

吳舜聲說近年也開始壓製圓茶，起初用鐵模壓製成雲南下關茶廠常見的「鐵餅」狀，今日則仿雲南手工圓茶的製法，訂做一個石磨包布緊壓，因此壓製成的圓茶外觀，幾乎跟雲南普洱圓茶完全相同，且背面一樣有布團留下的「布球孔」。至於是否要以雲南目前風行的「渥堆」工序快速後發酵成為「熟茶」，他則表示因顧慮菌種及安全性考量，目前暫不考慮。

茶改場台東分場以本土茶葉製作的空心人頭茶。

工藝美學・文化傳承

品味、收藏、傳家的絕世珍品

台灣

團圓茶

茗心坊茶業

地址：106台北市信義路四段1-17號1樓
（捷運大安站4號出口對面）

電話：+886(0)2700-8676

行動電話：+886(0)919-105828

E-mail: msftea@yahoo.com.tw

Facebook: msftea（茗心坊台灣高山烏龍茶）

Website: msftea.weebly.com

阿亮找茶
戲說六大茶類

2017年1月初版 定價：新臺幣750元
2019年7月初版第三刷
有著作權・翻印必究
Printed in Taiwan.

著者	吳德亮
攝影	吳德亮
叢書主編	林芳瑜
叢書編輯	林蔚儒
整體設計	許瑞玲

出版者	聯經出版事業股份有限公司
地址	新北市汐止區大同路一段369號1樓
編輯部地址	新北市汐止區大同路一段369號1樓
叢書主編電話	(02)86925588轉5318
台北聯經書房	台北市新生南路三段94號
電話	(02)23620308
台中分公司	台中市北區崇德路一段198號
暨門市電話	(04)22312023
郵政劃撥帳戶第	0100559-3號
郵撥電話	(02)23620308
印刷者	文聯彩色製版印刷有限公司
總經銷	聯合發行股份有限公司
發行所	新北市新店區寶橋路235巷6弄6號2F
電話	(02)29178022

總編輯	胡金倫
總經理	陳芝宇
社長	羅國俊
發行人	林載爵

行政院新聞局出版事業登記證局版臺業字第0130號

本書如有缺頁，破損，倒裝請寄回台北聯經書房更換。 ISBN 978-957-08-4854-0 (軟精裝)
聯經網址 http://www.linkingbooks.com.tw
電子信箱 e-mail:linking@udngroup.com

國家圖書館出版品預行編目資料

戲說六大茶類/吳德亮著・攝影．初版．新北市．
聯經．2017年1月（民106年）．408面．17×23公分
（阿亮找茶）
ISBN 978-957-08-4854-0（軟精裝）
[2019年7月初版第三刷]

1.茶葉 2.製茶

481.6 105023959